BNAH

U0283335

北京大兴国际机场建设管理实践丛书

以人为本 程序为要

北京大兴国际机场工程安全管理实践

北京新机场建设指挥部 组织编写
姚亚波 李光洙 主编
张 俊 赫长山 何长全 贾广社 副主编

中国建筑工业出版社

本书编写组

主　　编：姚亚波　李光洙

副 主 编：张　俊　赫长山　何长全　贾广社

参编人员：北京新机场建设指挥部：
李　强　李意和　孙　嘉　姜浩军　高爱平　孔　愚
郭树林　赵建明　王　超　董家广　李　维　徐　伟
张宏钧　王海瑛　姚　铁　张　培　王禛筠　彭耀武
邓　文　王效宁　王新彬　王凌云　韩子杰　樊一利
孙　凤　魏士妮　田　涛

同济大学：
王广斌　高显义　孙继德　谭　丹

上海师范大学：
刘龙奎　薛晨溪　孙钰璐　许淑婷

中国科学院大学：
王大洲　王　楠

丛书序言

作为习近平总书记特别关怀、亲自推动的国家重大标志性工程，北京大兴国际机场的高质量建成投运是中国民航在“十三五”时期取得的最重要成就之一，也是全体民航人用智慧、辛勤与汗水向伟大祖国70周年华诞献上的一份生日贺礼。

凤凰涅槃、一飞冲天，大兴机场的建设成就来之不易，其立项决策前后历经21年，最终在新时代顺应国家战略发展新格局应运而生。大兴机场承载着习近平总书记对于民航事业的殷殷嘱托，承载着民航人建设民航强国的初心，也肩负着践行新发展理念、满足广大人民群众美好航空出行向往、服务国家战略以及成为国家发展新动力源的光荣使命。

民航局党组始终把做好大兴机场建设投运作为一项重要的政治任务来抓，在建设投运关键时期，举全民航之力，精心组织全体建设人员始终牢记使命与担当，秉承“人民航空为人民”的宗旨，团结拼搏，埋头苦干，始终瞄准国际一流水平，依靠科技进步，敢于争先，攻克复杂巨系统、技术标准高、建设任务重、协同推进难等一系列难题，从2014年12月开工建设到2019年9月正式投运，仅用时4年9个月就完成了包括4条跑道、143万平方米航站楼综合体在内的机场主体工程建设，成为世界上一次性投运规模最大、集成度最高、技术最先进的大型综合交通枢纽，创造了世界工程建设和投运史上的一大奇迹。我们可以充满自信地说，全体建设者不辱使命，干出了一项关乎国之大者的现代化高品质工程，干出了一座展示大国崛起、民族复兴的新国门，如期向党和人民交上了满意的答卷，取得了举世瞩目的辉煌成就！

习近平总书记强调，既要高质量建设大兴机场，更要高水平运营大兴机场。大兴机场投运以来，全体运营人员接续奋斗，以“平安、绿色、智慧、人文”四型机场为目标，立志打造“新标杆、新国门、新引擎”。尽管投运之初就面临世纪疫情的影响，经过全体运营人员共同努力，大兴机场成功克服多波次疫情、雨雪特情以及重大保障任务考验，实现了安全平稳运行、航班转场的稳步推进，航班正常性在全国主要机场中排名第一，综合交通、商业服务、人文景观等受到社会高度评价，成为网红机场，荣获国际航空运输协会（IATA）“便捷旅行”项目白金标识认证、2020年度“亚太地区最佳机场奖”及“亚太地区最佳卫生措施奖”等荣誉，成为受全球旅客欢迎的国际航空枢纽，初步交上了“四型机场”的运营答卷。

回顾大兴机场整个建设投运历程，就是习近平新时代中国特色社会主义思想在民航业高质量发展的科学实践过程。大兴机场向世界所展现的中国工程建筑雄厚实力、中国共产党领导和我国社会主义制度能够集中力量办大事的政治优势，以及蕴含其中的中国精神和中国力量，是“中国人民一定能、中国一定行”的底气所在，是全体民航人必须长期坚持和持续挖掘的宝贵财富。

当前正值国家和民航“十四五”规划落子推进之际，随着多领域民航强国建设的持续推进，我国机场发展还将处在规划建设高峰期，预计“十四五”期间全行业还将新增运输机场30个以上，旅客吞吐量前50名的机场超过40个需实施改扩建，将有一大批以机场为核心的现代综合交通枢纽、高原机场等复杂建设条件的项目上马。这将对我们的基础设施建设能力、行业管理能力提出更高要求。大兴机场建设投运的宝贵经验始终给我们提升民航基础设施建设能力和管理能力以深刻启示，要认真总结、继承和发扬光大。现在北京新机场建设指挥部和北京大兴国际机场作为一线的建设运营管理单位，从一线管理的视角，总结剖析大兴机场建设的理念、思路、手段、方法以及哲学思考等，组织编写《北京大兴国际机场建设管理实践丛书》，对于全行业推行现代工程管理理念，打造品质工程必将发挥重要作用。

看到这套丛书的出版深感欣慰，也期待这套丛书能为全国机场建设提供有益的启示与借鉴。

中国民用航空局局长

2022年6月

本书序言

北京大兴国际机场作为国家重大工程，其工程建设安全管理的难点包括工程标准高、社会关注高、施工难度高、参与方众多、交叉作业多、跨地域管理等，给安全管理带来了极大挑战。

北京新机场建设指挥部把习近平总书记“人民至上”“生命至上”的安全思想和安全理念作为根本遵循，坚持安全隐患零容忍，坚持以人为本、程序为要，提出了重大事故隐患为零、生产安全责任事故为零的安全目标。构建了基于大安全观的重大工程建设安全管理模式，管理范围包括各种管理对象和管理要素，时间跨度包括建设期和运营期，管理方法强调系统性，实施手段注重综合性，打造了“安全体系、保障机制、关键环节”相结合的重大工程建设安全管理范式，形成了一系列安全管理特色做法，具体包括：跨组织边界的“安全委员会”、多体系融合的安全管理体系、多层次耦合的安全文化建设、六维消防安全监管等。这些成果与实践，有力增强了项目安全管理能力，确保了安全目标的实现，建成了“平安工程”。该项目被授予“国家AAA级安全文明标准化工地”“2018年度国际卓越项目管理（中国）大奖金奖”等多项奖项，得到了政府部门和社会各界的高度评价。

北京大兴国际机场在安全管理实践过程中通过不断创新，迎接各种各样的安全管理挑战，最终在安全管理能力和结果方面获得了良好绩效。搭建了从安全目标到安全结果的桥梁，揭示了中国重大工程安全管理“凭什么行”“为什么能”的内在规律，贡献了重大工程安全管理的中国方案和中国智慧。形成了独特的模式、特色和经验，凝聚了中国力量，走出了中国特色安全发展道路，体现了人的生命在整个项目建设过程中的至高价值。相信本书的出版，将为国内外重大工程建设项目提供重要参考和有益借鉴。

方东平

清华大学土木水利学院院长

2022年8月5日于清华园

丛书前言

北京大兴国际机场是党中央、国务院决策部署，习近平总书记特别关怀、亲自推动的国家重大标志性工程。大兴机场场址位于北京市正南方、京冀交界处、北京中轴线延长线上，距天安门广场直线距离46公里、河北省廊坊市26公里，正好处河北雄安新区、北京行政副中心两地连线的中间位置，与其距离均为55公里左右，地理位置独特，是京津冀协同发展的标志性工程和国家发展一个新的动力源。

大兴机场定位为“大型国际航空枢纽”，一期工程总体按照年旅客吞吐量7 200万人次、货邮吞吐量200万吨、飞机起降量63万架次的目标设计，飞行区等级为4F。综合考虑一次性投资压力、投运后的市场培育等情况，按照“统筹规划、分阶段实施、滚动建设”的原则，一期工程飞行区跑滑系统、航站楼主楼、陆侧交通等按照满足目标年需求一次建成，飞行区站坪、航站楼候机指廊、部分市政配套设施、工作区房建等按年旅客吞吐量4 500万人次需求分阶段建设。主要建设内容包括飞行区、航站区、货运区、机务维修区、航空食品配餐、工作区、公务机区、市政交通配套、绿化、空管、供油、东航基地、南航基地以及场外配套等工程。

大兴机场具有建设标准高、建设工期紧、施工难度大、涉及面广等特点。全体建设者面对各种挑战，始终牢记习近平总书记嘱托，在民航局的统筹领导下，以“精品、样板、平安、廉洁”四个工程为目标，全面贯彻落实新发展理念，以总进度管控计划为统领，通过精心组织、科学管理、精细施工、协同推进，克服时间紧、任务重、交叉作业等重重困难，历时54个月、1 600多个日夜，如期高质量完成了一期工程主体建设任务，一次性建成“三纵一横”4条跑道、143万平方米的航站楼综合体，以及相应的配套保障设施，成为世界上一次性建成投运规模最大、集成度最高、技术最先进的一体化综合交通枢纽，以优异成绩兑现了建设“四个工程”的庄严承诺。

大兴机场的建设投运举世瞩目，持续受到各方的高度关注。工程建设期间，特别是2017年进入全面开工期后，指挥部和施工总包单位几乎每天都能接到大量的调研参观要求，很多同志对于大兴机场建设和投运背后的故事和管理经验十分感兴趣。机场建成投运后，按照习近平总书记“既要高质量建设大兴国际机场，更要高水平运营大兴国际机场”的指示要求，我们一方面努力提升运营水平，瞄准平安、绿色、智慧、人文“四型机场”，进一步打造运营标杆；另一方面，也在思考，如何通过适当的建设经验总结提炼，形成可以传承的知识财富，并在一定层面分享，为大兴机场后续工程建设提供指导，同时发挥标杆工程的示范带动作用，也为行业发展和社会进步作出一点贡献。

我们就大兴机场一期工程建设经验总结召开了数次座谈会和专题会，各主要咨询设计单位、建设单位都十分支持，通过与中国建筑工业出版社、同济大学等单位进一步沟通，我们认识到，针对各方对于大兴机场工程建设的关注点，对大兴机场一期建设管理的理念、思路、方法、手段以及工程哲学思考等进行梳理总结，形成系列总结丛书，还是有一定意义的，为此，我们于2021年2月23日，在习近平总书记视察大兴机场工程建设4周年之际，正式启动了《北京大兴国际机场建设管理实践丛书》的编写工作，计划从工程管理、绿色建设、安全工程、工程哲学等方面陆续推出管理实践丛书。鉴于工程管理特别是重大工程管理是个复杂的系统工程，每个工程各有特点，工程管理理念百花齐放，存在明显的行业、工艺、地域等差异，本丛书只能算作一家之言，不妥之处还请各位读者多多包涵和批评指正！

最后，谨以丛书向所有参与大兴机场建设和运营的劳动者致敬！向所有关心关爱大兴机场建设发展的各位领导、同仁致敬！

首都机场集团有限公司副总经理（正职级）、

北京大兴国际机场总经理、北京新机场建设指挥部总指挥

2022年6月

本书前言

本书为《北京大兴国际机场建设管理实践丛书》之一，本分册以大安全观为主线，站在北京新机场建设指挥部的角度，全面总结北京大兴国际机场工程建设安全管理的实践做法和创新之处。

本分册共分为三篇：安全体系篇、保障机制篇和关键环节篇。其中，安全体系篇包括第1章至第4章，保障机制篇包括第5章至第7章，关键环节篇包括第8章至第14章。第1章为大兴机场工程建设安全管理概述，主要内容包括机场工程建设安全管理概念、基于大安全观的工程建设安全管理理念、大兴机场工程建设安全管理的难点和亮点。第2章至第4章分别介绍以安全委员会为核心的跨边界安全管理组织、多体系融合的安全生产管理体系、多层次耦合的安全文化建设。第5章至第7章分别介绍安全主题公园为特色的安全培训管理、充分参与的社会化安全服务和全方位多层次全时段的安全绩效考核。第8章至第12章分别阐述大兴机场工程建设过程中的安全生产标准化管理、消防安全监管、防汛安全管理、安全保卫管理和安全信息化管理。第13章为航站楼工程施工安全管理案例分析，第14章总结了大兴机场实践与理论双螺旋互动的安全管理进路。

在本书撰写过程中，广泛收集了北京大兴国际机场工程建设安全管理方面的文献资料、档案资料，多轮次多角度访谈了工程建设过程中政府监管部门、建设单位、总承包单位等相关单位的安全管理人员，吸收了安全管理人员和安全管理专家的真知灼见，融合了安全管理、项目管理、工程哲学等多种专业知识，是集体智慧的结晶。特此向他们致以崇高的敬意和真挚的感谢！

本书可供民航机场工程建设安全管理人员借鉴和参考，包括高层指挥人员、安全管理人员、工程技术人员以及行业管理人员，高等院校工程管理、安全工程等相关专业的师生和研究人员，也可为其他类型重大工程建设的安全管理人员提供借鉴和参考。

由于编纂水平有限以及时间仓促，书中难免存在疏漏，恳请批评指正。

为方便读者阅读，本书将北京新机场建设指挥部统称为指挥部，北京大兴国际机场统称为大兴机场，中国民用航空局统称为民航局。

本书编者

2022年8月

目录

安全体系篇

安全体系篇

第1章 大兴机场工程建设安全管理概述

全面总结大兴机场安全管理方面的工作成效，集中展现安全管理方面的创新成果，对于深入贯彻落实习近平总书记关于民航工作重要指示批示精神，充分践行“平安工程”“平安机场”发展理念具有重要意义。在大兴机场建设管理过程中，实现了“平安工程”的建设目标，在安全管理方面形成了独特的模式、特色和经验，凝聚了中国力量，展现了中国智慧，走出了中国特色，提供了中国方案。本项目安全管理方面的实践和创新也为国内外大型机场建设项目提供了安全样板。本章从总体上描绘大兴机场安全管理方面的特色之处，作为后续章节的引言和框架。本章内容主要包括机场工程建设安全管理概念、基于大安全观的安全管理理念、大兴机场工程建设安全管理的难点和亮点。

1.1 机场工程建设安全管理概念

1.1.1 工程安全的哲学内涵

安全是人们免遭不可接受风险的状态。“无危则安，无损则全”，没有危险和损失的状态其实就是安全状态。当然，安全具有相对性，社会发展状况、科技水平、管理主体不同，人们对风险的可接受程度也不同。安全包括安全生产、公共安全、职业安全等不同范畴[①]。安全的产生、发展不仅取决于人类的产生、发展，也影响着人类的发展过程。安全的主体是人，安全是为人的生命价值而服务的。

安全的本质在于人的安全，或者说安全的本质在于人的安全问题的高度复杂性。安全的本质在现实性上是一切影响因素相互关系的总和，这种关系是动态的，因素与目标、因素与因素之间的关联度随现实系统的不同而不同。安全是状态与过程的统一，是动态与静态的统一，是现实与未来的统一。

“居安思危，思则有备，有备无患”。安全的实现受到利益关系的影响和制约，同时安全也成为推动生产关系适应生产力发展需要而不断调整变化的因素[②]。

1.工程安全的本质

工程安全是指在工程建设和运行过程中不出意外地实现设计目标，获得工程建造物。其核心在于解决工程中的安全保障问题，即在工程建设和运行过程中保障工程人员的身体健康，保障工程设备不出故障，以达到按时完工并回收投资，实现设计效益的目的。就工程安全的本质而言，工程安全是预防和保障[③]。

---

① 傅贵. 安全管理学：事故预防的行为控制方法 [M]. 北京：科学出版社，2013：4-5.

② 张景林. 安全学 [M] .北京：化学工业出版社，2009：16-28.

③ 殷瑞钰，李伯聪，汪应洛 等. 工程方法论 [M]. 北京：高等教育出版社，2017：213-214.

2.工程与安全的辩证统一

对于工程安全来说，管生产必须管安全，安全促进生产进度，二者并不相斥。要在思想中树立以人为本的思想，时刻关注人的安全。在物和人之中，人是主要的，人的生命是最重要的。这里的物并不仅指宏观上的实物，也可以表示工程、工期等，但不论这些物在工程中有多么贵重，要始终把人放在第一位。

在工程安全管理过程中，存在安全管理实践、安全生产实践和安全行为实践。其中，安全管理实践主要针对指挥部、管理层等管理人员发生的安全管理计划、组织、协调、控制等工作；安全生产实践主要针对安全生产过程中承包单位对人员、材料、机械、设备、环境等安全要素的管理使用，确保这些要素安全可靠；安全行为实践主要针对一线操作人员和建筑工人的实际行为，确保其行为合规、规范。根据目标定位，本书内容主要侧重于第一个层面的安全实践，即安全管理实践，并重点描述指挥部层面的安全管理工作。

3.重大工程安全的哲学之问

当然，有工程就有安全问题，这是一个客观规律。或许在工程中没有出现事故，但并不影响二者之间这种必然的逻辑关系，只是因为工程不同，其安全隐患不同，但不论是什么工程都一定有安全问题或安全隐患。我们的目标就是揭示工程和安全之间的逻辑关系，让读者能够从我们所表达的内容中理解这种逻辑关系。具体到本书中，则是试图解开如下谜题：大兴机场作为重大工程，是如何做到安全责任事故为零的?

从工程哲学角度来看，这个谜题的解答可以从以下三个哲学概念来解释，即应然性、实然性和必然性。应然性指的是安全目标（即零事故），实然性指的是安全现状（即采取怎样的方法努力达到安全目标），必然性指的是安全结果（做好所有的安全工作就能够达到目标）。

4.大兴机场工程安全的哲学进路

具体到大兴机场这个项目来说，其应然性反映在工程相关安全思想、安全目标和安全标准中（例如，习近平总书记要求的人民至上、以人民为中心，安全隐患零容忍等安全文化，一系列的安全生产标准）；实然性反映在工程当中的事实如何（例如，一般的工程安全事故出现在什么地方，把人放在什么地位，为什么没有关注生命，社会环境造成的事实如何）和大兴机场在安全管理方面的具体做法；必然性反映在大兴机场没有出现安全责任事故的原因（例如，大兴机场践行了以人为本、生命至上的理念）和结果上，在符合客观规律的情况下，如何做避免了事故发生。

从以上应然性、实然性和必然性三个要素来说，大兴机场取得的安全绩效又是顺理成章、水到渠成的。可以说，这一从应然到实然再到必然的工程安全实践逻辑也是大兴机场作为工程实体之外能够贡献给工程人员和社会民众的又一个宝贵财富。

1.1.2 工程建设安全管理的内涵

安全管理作为一项系统工程，是为实现安全目标而进行的有关决策、计划、组织和控制等方面的活动①。广义的安全管理就是事故预防，包括安全工程技术和安全行为控制两个方面；狭义的安全管理只有安全相关行为控制这一个方面。安全管理包括安全计划、安全组织、安全协调、安全报告、安全预算等不同环节的管理内容。安全管理人员需要采取技术、经济、合同、管理等不同方法处理各种安全问题②。随着人类生产活动范围不断扩大，社会发展水平不断提升，人类社会面临的各种安全问题日益突出，安全管理的标准和要求也不断提升，进而促进了安全管理理论和实践的不断发展。

工程建设安全管理是指工程建设项目管理人员依据相关法律法规以及企业内部的各项规章制度对工程建设项目的整个生命周期开展全方位、多层次的安全管控，在确保现场作业人员人身安全的前提下，实现项目效益的最大化③。工程建设安全管理是安全管理的一种类型，由于工程建设项目具有单件性、固定性、资金和劳动密集性等特点，工程建设项目安全管理的难度和复杂度较高。

1.1.3 民用机场工程安全管理的特点

民用机场工程建设安全管理是机场工程建设管理人员对机场工程项目进行的全方位、多层次安全管控。民用机场工程建设项目规模巨大，投资数额庞大，建设程序复杂，工期要求紧，工程技术含量和数字化要求高，工程组织复杂，协调工作量大，风险预测、评估与控制的必要性强④，具有政治性强、专业工程之间统筹难度大、交叉作业多等特点。民用机场工程属于国家基础设施项目，其审批需经过国家发展改革委、民航局等政府部门的审批，同时体现了国家对于区域经济社会的发展战略，因此具有较强的政治性。同时，民用机场工程建设项目涉及航站楼、飞行区、综合管廊、交通工程、管道工程等多个专业，各

① 章雅蕾，吴超，王秉. 基于情感思维的安全管理模式研究［J］. 中国安全生产科学技术, 2018, 14(3):34-40.

② 傅贵. 安全管理学：事故预防的行为控制方法［M］. 北京：科学出版社，2013：8-12.

③ 吴贤国，汤超，张立茂，刘洋，李博文. 基于知识图谱的国际工程安全管理科研合作研究［J］. 中国安全生产科学技术, 2018, 14(8):176-180.

④ 孙继德，王广斌，贾广社，张宏钧. 大型航空交通枢纽建设与运筹进度管控理论与实践［M］. 北京：中国建筑工业出版社，2020：11-15.

专业工程之间往往具有较强的影响和制约关系，需要统筹协调和推进。此外，各专业工程与相应的承包单位之间的交叉性较强，交叉作业面往往需要多次反复切换，加大了管理协调的难度。

由于民用机场工程项目的上述特点，其工程建设安全管理具有相应的特点，具体如下。

（1）民用机场工程建设项目安全管理的要求高。安全是机场建设和运行的生命线。民用机场项目的建设主体往往是各地的机场集团，对安全非常重视，相应的安全标准极为严格，对民用机场工程建设过程中的要求也较高，这种情况一方面是由于机场项目政治属性的影响，另一方面也体现了民航业的行业内在要求。

（2）民用机场工程建设项目安全管理的范畴广。具体来说，民用机场工程建设安全管理既包括安全组织、安全风险、安全文化、安全培训、安全专业服务、安全考核、安全标准化、安全信息化、消防安全、安全保卫等一般建筑业安全管理内容，又包括空防安全、大跨度结构施工安全、飞行安全、不停航施工安全、反恐防恐安全、防疫检疫安全等民航业独特的安全管理内容。

（3）民用机场工程建设项目安全管理的跨度长。这是由于机场项目本身的建设周期较长决定的。与一般的工程建设项目相比，民用机场项目在前期决策阶段、竣工验收阶段、运营筹备阶段的时间均较长，因此机场项目安全管理的周期也较长。在前期决策阶段需要考虑社会稳定风险、安全目标、安全投入等事项，在竣工验收阶段需要考虑安全专项验收要求，在运营筹备阶段需要考虑消防安全、治安管理、交通组织、反恐防恐、空防安全等一系列安全事项。以上特点均加大了机场工程建设项目安全管理的难度，给安全管理工作带来了一系列挑战。

1.1.4 大兴机场的项目结构

大兴机场定位为“大型国际枢纽机场”，肩负成为“国际航空枢纽建设运营新标杆、世界一流便捷高效新国门、京津冀协同发展新引擎”的重要责任，能够提高国际航班通航能力，成为中国进一步对外开放的窗口。大兴机场距天安门广场直线距离46km，距通州行政副中心54km，距天津市区80km，距雄安新区55km，处于京津冀核心区域，对于京津冀发展具有重要推动作用，是京津冀协同发展的标志性工程，是加快中国民航基础设施建设的“牛鼻子”工程，是国家发展一个新的动力源。

大兴机场是全球一次性投运规模最大的机场之一。5条轨道线路南北穿越机场，在航站楼下设地铁、城铁站，无缝衔接，立体换乘，成为世界上集成度最高、技术最先进的综合交通枢纽之一。远期年旅客吞吐量1亿人次以上，年货邮吞吐量400万t，规划用地面积45km^2。项

图1-1 大兴机场全景图

目本期能够提供7 200万旅客吞吐量，占地27km^2，用地面积略小于澳门。建设4条跑道及配套滑行道、站坪等，道面面积达960万m^2，全场建成设施建筑面积为435.7万m^2（图1-1）。

综合考虑一次性投资压力、征地规模以及投运后的市场培育等情况，按照“统筹规划、分阶段实施、滚动建设”的原则，本期飞行区跑滑系统、航站楼主楼、陆侧交通等按照满足2025年目标需求一次建成，飞行区站坪、航站楼候机指廊、部分市政配套设施、工作区房建等按4 500万人次需求分阶段建设。本期工程主要包括飞行区、航站区、货运区、机务维修区、航空食品配餐、工作区、公务机区、市政交通配套、绿化、空管、供油、东航基地、南航基地以及场外配套等工程。作为复杂的项目群，大兴机场工程由三部分组成：第一部分为机场主体工程，投资额为800亿元，包括航站楼、飞行区、工作区、货运区、市政配套等项目；第二部分为民航工程，投资额为400亿元，包括航空公司基地、航油、空管、口岸工程等项目；第三部分为综合配套工程，投资额为3 000亿元，包括噪声治理、征地、居民安置、高速公路、地铁、城铁等项目。

1.机场主体工程

（1）航站区工程

航站区工程包含旅客航站楼及综合换乘中心、地下轨道交通（结构）、制冷站、综合服务楼、停车楼、楼前高架桥以及小区市政工程，总建筑面积约143万m^2，其中，航站楼建筑面积70万m^2，采用集中式主楼加放射状五指廊的布局，可满足年旅客吞吐量4 500万人次的使用需求，并为满足近期7 200万人次的目标做土建预留。航站楼地上5层、地下2层，设置双层高架桥。航站楼可使用值机柜台323个、安检通道119条、边检通道128条、海关旅客入境查验通道19条、登机口107个。与航站楼一体化设计建设综合换乘中心8万m^2、综合服务楼13万m^2、停车楼25万m^2、轨道交通土建工程24万m^2。

（2）飞行区工程

飞行区等级为4F，本期建设“三纵一横”四条跑道（3F1E）及相应滑行道系统，其中，西一跑道（35R/17L）长3 800m、西二跑道（35L/17R）长3 800m、北跑道（11L/29R）长3 800m、东跑道（01L/19R）长3 400m。新建各类机坪机位共计343个，其中，近机位79个、远机位及缓压机位116个、货机位26个、除冰位16个、维修机位13个、试车位4个、隔离机位1个、公务机机位87个、公务机试车位1个，道面铺筑总面积约950万m^2。助航灯光系统一期建设覆盖四条跑道7方向进近及全场滑行道，35L、01L为Ⅲ类，17R、35R、17L、19R、29R 为Ⅰ类。

（3）工作区工程

建设信息中心及指挥中心，公安、武警用房，边检、海关等口岸设施，安防中心、行政综合业务用房、生活服务设施、急救中心、核心区地下人防、非主基地航业务用房及机组出勤楼、教育科研基地、口岸设施等工程，总建筑面积约139万m^2，已建成面积79万m^2。

（4）货运区工程

建设航空货运站、货运代理仓库及货运配套设施，近期规划满足2025年200万t航空货邮处理需求。机场建设货运设施包括国内货运站、国际货运站、海关监管中心、货运综合业务楼等，机场货运站建筑面积7.6万m^2，处理能力60万t。南航货运站建筑面积8.17万m^2，处理能力65.2万t。东航货运站工程规模8.5万m^2，处理能力70万t。

（5）场内交通市政配套工程

建设4.6km主进出场路高架桥，6车道，设计时速60km；建设40km工作区地面道路，总面积120.07万m^2，设计时速50km/h；建设停车场（近端停车场、远端停车场、内部交通场站）约15.8万m^2，提供车位3 295个；建设停车楼（纳入航站区工程）25万m^2，提供车位4 238个；建设15km综合管廊，建设给水、雨水、污水、再生水、电力、电信、热力、燃气市政管网，总里程达到817km；建设全球最大的耦合式浅层地源热泵系统，实现地源热泵与集中锅炉房、锅炉余热回收系统、常规电制冷、冰蓄冷等的有机结合，可满足257万m^2建筑的供暖和供冷要求；建设工作区、飞行区太阳能光伏发电系统，全场总装机容量10MW以上。

2.民航工程

（1）南航基地工程

建设机务维修设施、货运设施、航空食品设施、单身倒班宿舍、运行及保障用房等五大功能区，共6个地块，36个单体建筑，设计规模108.69万m^2。一期建成31个单体建筑，建设规模达87.87万m^2。

（2）东航基地工程

建设货运设施、机务维修及特种车辆维修设施、航空食品及地面服务区设施、核心工作区及生活服务区设施，设计规模约117万m^2。一期建成49个单体建筑，工程建筑面积约47万m^2。

（3）机务维修工程

大兴机场、中国南方航空（以下简称南航）、中国东方航空（以下简称东航）为各航空公司提供大修、航线维修、过站维护等服务。南航机务工程建筑规模20.07万m^2，其中机库和附楼共11万m^2（可同时容纳12架空客A320系列窄体客机）。东航机务维修建设双机位宽体机库、航材库、办公楼等设施，面积9.5万m^2。

（4）航油工程

建设196km场外输油管道、50km机坪加油管网、16万m^3库容机场油库、2座航空加油站、3万m^2综合生产调度中心和6座地面加油站等设施，配套建设37万m^3天津北方储运基地油库与2座5万t级泊位的石化码头。场外管道最大年输送量1 200万t，可同时保障北京、天津两市三场满负荷运行。

（5）空管工程

建设两座空管塔台。西塔台负责大兴机场西一、西二跑道航班起降、地面滑行等空管指挥任务，建筑高度70.3m。东塔台负责东跑道与北跑道航班起降、地面滑行等空管指挥任务，建筑高度73.6m。建设北京终端管制中心、空管核心工作区、雷达站等设施共13.2万m^2。建设航管、通信、导航、监视、气象等设施设备194套，其中包括自动化系统84席位，内话系统149席位，甚高频遥控台96信道等。

（6）航空食品工程

共有大兴航食、南航航食和东航航食三家航食企业，日均产能18万份。其中，大兴航食建筑面积1.9万m^2，日均产能3万份；南航航食建筑面积9.22万m^2，日均产能10万份；东航航食建筑面积4.3万m^2，日均产能5万份。

（7）公务机区工程

建设公务机坪、公务机楼、包机服务楼、公务机机库、维修机库。公务机坪建设87个机位和1个C类试车位，建筑面积4.4万m^2。日均保障航班约115架次，高峰小时保障旅客300人。

3.综合配套工程

（1）绿化工程

涵盖中央景观轴、景观湖、道路、景观河、房建配套、市政场站、绿化基地等，园林绿化面积约126万m^2，全场整体绿地率30%以上。

（2）场外配套工程

建设“五纵两横”为骨干的综合交通网络，包括4条高速公路（大兴机场专用高速、京台高速北京段、京开高速六环路至黄垡桥段、大兴机场北线高速中段），3条轨道交通线路（轨道交通大兴机场线、京雄城际铁路、廊涿城际/城际铁路联络线）。建设水、电、气、通信等场外市政配套设施。

1.2 基于大安全观的工程建设安全管理理念

在大兴机场建设和运营过程中，面临一系列新的时代背景。在民航行业层面，推行平安工程和平安机场建设，打造品质工程，建设平安工地。在建设行业，推动智慧建筑、建筑工业化等新型行业转型发展模式。在国家发展层面，通过打造世界级机场群，带动周边区域的经济发展，促进地方经济国际化和区域发展一体化。而安全是民航行业发展的基石，打造平安工程和平安机场需要具有新型的安全管理理念作指引。

安全观是指在一定的时代背景下，人们围绕着如何确认和维护安全利益所形成的对安全问题的主观认识，一般包括对威胁来源、安全主体、内涵及维护手段等方面的综合判断。一方面，随着威胁来源和安全主体的变化，安全观的内涵也随之发生相应的变化，因此从某种意义上来说，安全属于历史观的范畴，在不同的时代背景条件下有不同的内涵和外延。另一方面，安全观是行为主体对安全问题的主观认识，其不可避免地受到行为主体的世界观、人生观、价值观的影响，因此从某种层面上来说，安全又属于认识论的范畴，即安全体现人的需求性①。

“大安全”即人类安全，强调以人为核心，研究对象包括所有对人造成不安全的因素，具有广泛性和综合性②。“大安全观”指的是在人类生产、生活、生存的各种领域，对安全内涵、安全目标、安全方法等方面的总体认识，这些认识具有普遍性、共同性、综合性、合作

① 张景林. 安全学［M］.北京：化学工业出版社，2009：38.

② 张晓阳, 王平利, 霍达. 基于大安全观的城市管理体制［J］. 北京工业大学学报, 2005, 31(2):161-164.

性等特征，其主要关注内容包括社会安全、工程安全、灾害安全等[①]。大安全观对国家、社会和环境等各个发展要素的全面关注大幅提升了安全问题在国家、区域发展中的地位，安全和发展也将作为两个同等重要、密切相关的部分，相互制约，相互促进，以保证社会发展的可持续性。大安全观的内容十分丰富，但其中人的安全之所以重要，一是它可以危及国家的安全，二是它可以引起社会的关注和干预[②]。由此可见，大安全观不同于传统的安全管理理念，是一种全新的哲学范式，具有全新的指导思想、管理对象、时间跨度、管理模式和管理手段。

1.2.1 大安全观的指导思想是人民至上

从指导思想来看，大安全观的初心使命是关注人的安全，强调人民至上、生命至上。人民至上理念是习近平新时代治国理政思想的重要内容。2020年5月22日，习近平总书记在参加十三届全国人大三次会议内蒙古代表团审议时指出："人民至上、生命至上，保护人民生命安全和身体健康可以不惜一切代价。[③]"在工程建设领域，同样强调人民至上、生命至上，要求所有工程规范必须优先考虑安全问题，所有工程师必须优先考虑公众安全[④]。大兴机场因为参与建设的工人数量众多，保障参建工人的人身安全成为安全管理的重大挑战。这时就要求必须坚持大安全观，生命至上，安全第一，采取一切方法和手段切实保障工人的人身安全。

1.2.2 大安全观的管理对象涵盖全要素

从管理对象来看，大安全观强调从"局部安全"转变为"总体安全"。2014年4月15日，习近平总书记在中央国家安全委员会第一次会议上首次提出了"总体国家安全观"理论，即国家安全体系涵盖了政治安全、国土安全、军事安全、经济安全、文化安全、社会安全、科技安全、信息安全、生态安全、资源安全、核安全等各方面的安全于一体[⑤]。以该理论为指导，大兴机场工程安全管理要求从安全目标、安全组织、安全责任、安全制度、安全方案等

---

① 陈柒叁. 矿山企业大安全观构建途径［J］. 人民论坛, 2011, (11):216-217.

② 张景林. 安全学［M］. 北京：化学工业出版社，2009. 40.

③ 央视新闻. 习近平:人民至上 生命至上[EB/OL].[2020-5-22]. https://baijiahao.baidu.com/s?id=1667389380931597548&wfr=spider&for=pc.

④ 王大洲. 工程实践的人文意蕴审思［J］. 北京航空航天大学学报（社会科学版）, 2019, 32(6):27-33.

⑤ 新华网. 习近平:坚持总体国家安全观 走中国特色国家安全道路[EB/OL].[2014-4-15]. http://www.xinhuanet.com/politics/2014-04/15/c_1110253910.htm.

不同层面一步步建立安全管理体系，做到人员、机械设备、材料、施工工艺、环境等安全管理对象的全覆盖。从人员角度来看，要求高级管理者、中基层管理者、一线工人都要重视安全，实现安全管理主体的全覆盖。

1.2.3 大安全观的时间跨度包括全周期

从时间跨度来看，大安全观要求涵盖安全管理的生产、经营、管理、生活等各个阶段，实现全生命周期的安全管理。对于大兴机场的安全管理，则要包括规划、招标、设计、施工、竣工验收等生产阶段的各个环节及运营筹备、开航、正式运营等运营阶段的各个环节。两个阶段之间虽然总体上是先后依次开展的关系，但很多环节之间有交叉和重叠，带来安全责任、安全风险、安全范围等方面的实际问题。这就要求从大安全观角度出发，在每个环节上考虑到相关环节的安全事项，进而保障工程的总体安全。例如，在项目前期考虑好安全投入，从组织、资金、制度、培训等方面重视员工的安全和健康，避免工程越轨行为，为员工提供安全、健康、舒适的工作环境[①]，就是大安全观的具体表现。

1.2.4 大安全观的管理模式强调系统性

从管理模式来看，大安全观注重系统思维，通过加强系统建设，形成良好的安全文化和健全的安全体系，并根据系统原理，通过主抓关键安全问题，降解系统的复杂性，确保安全目标得到落实和实现。这种系统视角下的大安全观超越了安全管理的具体领域、具体对象和具体层面，容纳了各个领域、对象、层面的安全问题，具有普遍性和包容性。其目的是使系统免遭不可承受的各种因素导致的不利影响[②]。对于工程安全来说，这些影响因素既包括安全文化、安全氛围、安全领导等组织层面的要素，也包括安全能力、安全行为、心理资本等个体层面的要素[③④]。同时，大安全观下的安全管理要求面向未来，预防为主，主动作为，对可能危及人身安全的各种安全风险和安全隐患进行系统预警，系统防控和系统管理，通过系统方法保障系统安全。

---

① 王楠. 工程越轨行为及其相关问题初探[J]. 北京航空航天大学学报（社会科学版）, 2019, 32(6):34-39.

② 王秉, 吴超. 大安全观指导下的安全情报学若干基本问题思辨［J］. 情报杂志, 2019, 38(3):7-14.

③ 贾广社, 何长全, 陈玉婷, 孙继德. 跨层次视角下建筑工人安全行为预警［J］. 同济大学学报(自然科学版), 2019, 47(4):568-574.

④ 何长全, 贾广社, 孙继德. 建筑工人安全行为研究进展与展望［J］. 中国安全生产科学技术, 2018, 14(5):188-192.

1.2.5 大安全观的管理方法注重综合性

从管理方法来看，大安全观要求综合采用软件、硬件和斡件等安全管理手段，提高安全管理效能。硬件是指采用的机械设备、物质性工器具，软件则是指硬件的操作程序和使用方法，斡件则包括管理制度、组织规范等组织管理方面的内容[①]。在大安全观视角下，从硬件来说，工程安全管理手段包括安全防护装备、安全技术、信息技术、智能平台等方面[②]；从软件来说，采用安全知识、安全培训、专项行动、协调活动等手段；从斡件来说，使用安全法规、安全制度、安全方案、安全标准等手段。通过以上硬件、软件、斡件的综合采用，使其相互融合、相互促进，提高安全管理效能。

1.2.6 基于大安全观的大兴机场安全管理模式

基于大安全观这种新型哲学范式，大兴机场在工程建设安全管理过程中在指导思想、管理对象、时间跨度、管理模式和管理手段等方面涌现出了一系列创新模式和特色实践，诞生了高标准、多层次、多要素、全过程的重大工程建设安全管理模式，具体如图1-2所示。

这种安全管理模式包括指导思想、管理对象、时间跨度、管理模式和管理方法这五个方面，类似于五角星的五个角。需要说明的是，在以上五个方面中，指导思想是中心，管理对象、时间跨度、管理模式和管理方法这四个角都是围绕指导思想展开的。此外，该模式形成了从上到下的五个层次，即基本理念、核心要素、主要内容、对应章节、工程实践。该模式既反映了大兴机场基于大安全观的安全管理主要理论，也体现了其安全管理的主要模式和创新做法，同时也是对本书内容和逻辑架构的整体概括。

---

① 李伯聪. 略论运用工程方法的通用原则［J］. 工程研究——跨学科视野中的工程, 2016, 8(4):421-430.

② 何长全, 贾广社, 孙继德. 三方博弈视角下项目安全行为治理策略分析［J］. 软科学, 2019, 33(1):87-90.

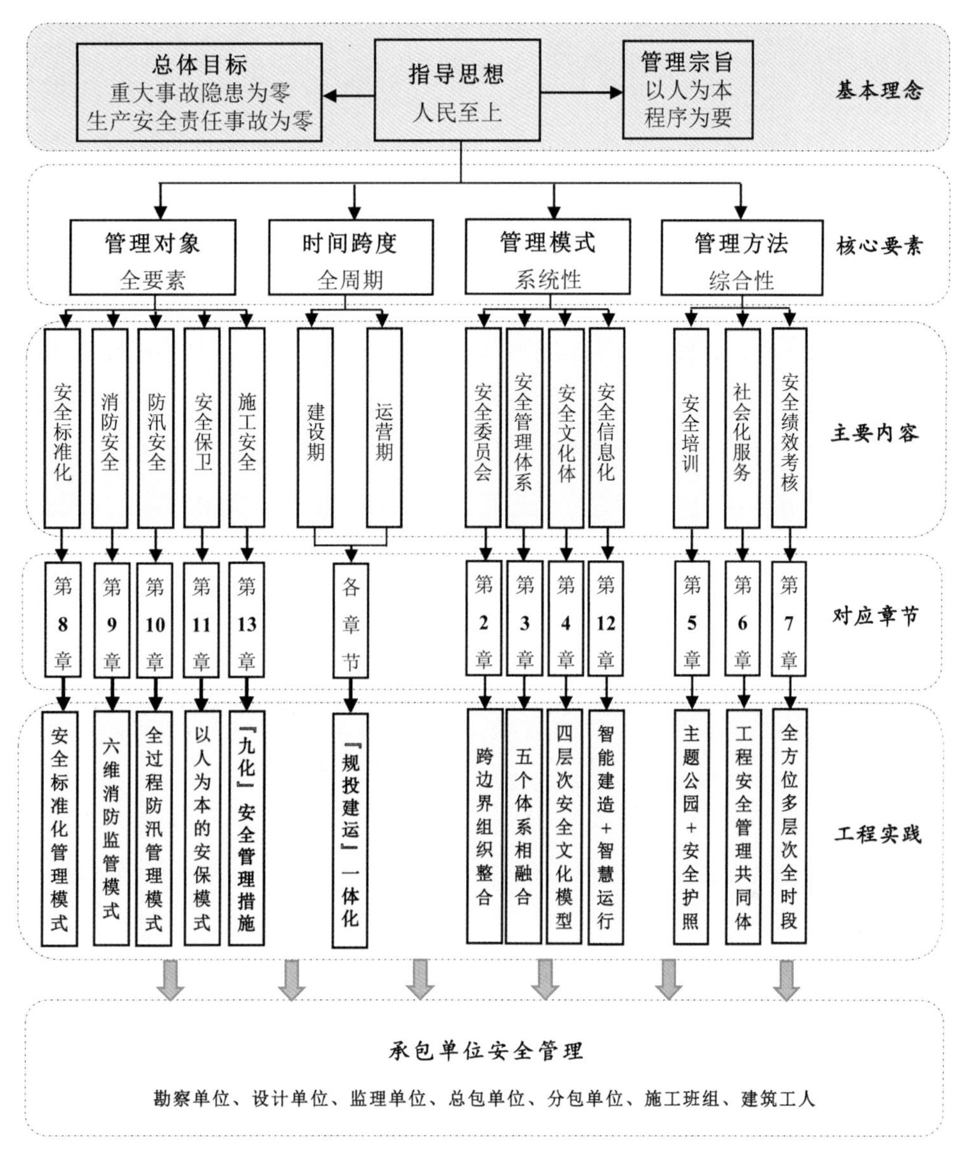

图1-2 基于大安全观的大兴机场安全管理模式

1.3 大兴机场工程建设安全管理的难点

1.3.1 工程标准高

1.服务于国家战略和地方发展

大兴机场是国家重点工程，肩负成为“国际航空枢纽建设运营新标杆、世界一流便捷高效新国门、京津冀协同发展新引擎”的重要责任，是国家发展的一个新动力源。战略层面，大兴机场，作为国家的新国门，从建设到运营，各项标准均按国门标准考虑；作为首都的新航空枢纽，各项标准均按大型国际枢纽机场考虑；作为京津冀的中心机场，各项标准均按充分发挥新动力源作用考虑。建设层面，作为民航高质量发展的“牛鼻子”工程，大兴机场建设初始就确立了“引领世界机场建设，打造全球空港标杆”的定位。技术层面，大兴机场按照“尽可能多的近机位、尽可能短的旅客步行距离、高效的跑滑系统、高度的信息化集成、便捷的综合交通体系、充足的设备和人力储备”6个标准进行规划。

2.涉及面广、影响力大

大兴机场项目自谋划之初就从体制机制上统筹布局，合理谋划。在国家层面，由国家发展改革委牵头，成立了包括空军、原国土资源部、生态环境部、铁路总公司、京冀两地政府等组成的“北京新机场建设领导小组”；在民航层面，民航局成立了由局长任组长、各副局长任副组长的领导小组，统筹解决行业内的事项，同时与京冀两地政府，建立“一对一”协调机制，解决涉及地方的重点事项；项目法人首都机场集团公司，“举全集团之力”协调立项报批、资金筹措、工程建设、运营筹备等相关工作。

3.工程安全标准严格

要把大兴机场建设成为全国AAA级绿色安全文明标准化工地和北京市绿色安全样板工地，要做到“四个杜绝”：杜绝生产安全事故，杜绝环境污染事故，杜绝工程质量事故，杜绝有较大舆论影响的群体性事件[①]。引入项目全生命周期的健康、安全、环保（Health, Safety, Environment, HSE）管理服务单位，建立全流程的HSE管理体系和“7S管理”（整理seiri、整顿seiton、清扫seiso、清洁seiketsu、素养shitsuke、节约save和安全safety）[②]制度，搭建全员参与式HSE管理组织架构，要实现安全零事故、质量零缺陷、工期零延误、环保零超标、消防零火情、公共卫生零事件的总体目标。

1.3.2 社会关注高

大兴机场在建设期间引起了广泛的社会关注。

“大兴机场在建设期间和开航时，有很多参观人员。国外媒体和专家也十分关注大兴机

① 闵杰. “北京新机场是践行新发展理念的世纪工程”——专访中国民用航空局副局长董志毅［J］. 中国新闻周刊，2018（3）：32-34.

② 王羽, 宋阳, 刘艳, 孟庆繁. 高校实验室安全实施“7s”管理模式的探索［J］. 实验技术与管理, 2020，37(10): 267-270.

图1-3 民航局领导率队开展安全督导检查

场，关注中国的巨型机场建设管理模式。据统计，大兴机场开航的那几天客流量中，平均每15个人只有1个人是坐飞机的，其他14个人都是来参观的。曾经有一位八十多岁的退休老干部专程到大兴机场参观。现在大兴机场变成一个经典的网红打卡地，就是民众关注度高的具体体现。大兴机场被英国卫报评为世界新七大奇迹之首，其影响力、知名度和关注度都很高，是世界级别的，全球都很关注。”①

大兴机场在建设期间因为贵宾来访、重大会议等容易带来较大的生产压力，也容易对安全管理带来较大的挑战（图1-3）。

“大兴机场在建设期间接待了很多的领导和外宾，最高峰时一天接待六七波来宾。同时，北京是国家政治中心，需要承担大型会议的保障工作。在此期间，要严格控制扬尘等施工作业。在此情况下，既要把项目做好，又不能违反相关要求，需要采取相应的施工措施。”

1.3.3 施工难度高

大兴机场主体工程投资800亿元，建设标准高、工期紧，从而加大了施工难度，是全球一次性投运规模最大的机场项目。但仅在不到5年的时间里就完成了预定的建设任务，让大兴机场顺利投入运营。施工阶段54个月，运营筹备3个月，对科学组织、合理施工及科技创新提出了高要求（图1-4）。可以说大兴机场项目创造了多个“全球首次”“国内首创”，充分展现了中国工程建设的雄厚实力。

① 本部分为采访内容，全书余同。

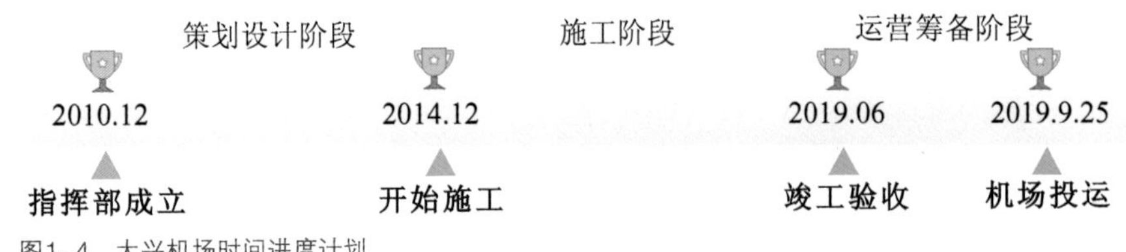

图1-4 大兴机场时间进度计划

大兴机场的创新性设计提高了施工难度，也给安全施工带来了一系列挑战。这些施工难点体现在以下方面：

（1）单体航站楼面积巨大。航站楼区南北约1 753m，东西约1 591m，航站区总建筑面积约140万m^2，航站楼建筑面积达到70万m^2。航站楼屋盖呈现为不规则自由曲面，屋盖流动的曲线造型，最高点和最低点高差约30m，高低绵延起伏。航站楼屋盖总投影面积达31.3万m^2，大约相当于44个标准足球场，总用钢量超5.2万t，结构复杂，施工难度极大。整个核心区屋顶由63 450根杆件和12 300个球节点拼装而成（图1-5）。五条指廊的钢网架，采用桁架和网架混合结构，总投影面积约13.3万m^2；最大跨度41.6m，网架最大高差约5m。5个指廊屋面钢网架一共由8 472个焊接球、55 267根杆件拼装而成①。

（2）规模庞大的单体减隔震建筑。整个航站楼共使用1 320套隔震装置，抗震设防烈度为8度。建设了巨型尺度的单块混凝土板，航站楼中心区域混凝土楼板长518m、宽395m且不设缝。尺度巨大的混凝土结构，需要重点解决裂缝控制和温度作用问题。设计团队通过设置施工后浇带、采用补偿收缩混凝土技术，采用60d龄期的混凝土强度等措施，成功解决了这一问题。

（3）8根C形柱实现无柱式支撑。航站楼的屋顶钢结构重量为4万多吨，仅用8根C形柱支撑。C形柱彼此间距200m。这些柱子所包围形成的最大空间大到可以放下一个水立方，保证为旅客提供最大的公共空间（图1-6）。

（4）旅客航站楼白天自然采光面积超总面积的60%。旅客走进航站楼后的一个最突出的感受就是明亮、宽敞。即使是在阴天，也不用开照明灯。这是因为屋顶的8 000多块玻璃都是双层的，两层玻璃之间统一安装了东西向排列的遮阳网。这样的设计能最大限度地利用自然光线，同时还有遮阳的效果。施工单位共安装完成立面超大玻璃4 500块、屋面采光顶异形玻璃8 100块；经过1 200余名工人连续3个月昼夜奋战，提前2d完成了18万m^2的多达13道工序的双曲面金属屋面。

（5）首次实现高铁下穿航站楼。大兴机场的航站楼下将有包括京雄城际铁路、地铁大兴

① 闵杰，赵一苇. 一座面向未来的机场如何诞生［J］. 中国新闻周刊，2018（3）：14-24.

图1-5 大兴机场航站楼核心区

图1-6 大兴机场航站楼C形柱

图1-7 大兴机场双层高架桥

机场线、廊涿城际等多条轨道线路穿过。高铁在地下穿越航站楼时的最高时速为250km。这种穿越方式和速度的设计属于全球机场首次。空铁一体化设计是目前世界机场建设的发展趋势，轨道交通在航站楼正下方纵贯穿越，站台就位于航站楼大厅下方，能够真正实现“立体换乘、无缝衔接”的目标。但高铁不减速穿越航站楼也是世界性难题，会带来建筑功能衔接及结构设计的复杂性，特别是高铁对基础沉降严苛的要求，以及对建筑震动、列车风冲击和噪声的影响。通过区间隔震技术，将上部结构与下部结构形成柔性连接，减缓轨道快速穿过震动对上部结构的影响。对穿越航站楼的不同列车，也有特别的防护措施。比如，新机场快线和地铁，在航站楼区段设置了浮置板进行减震。

（6）首创双层出发高架桥。航站楼外连接高速路和机场的双层桥，分别对应航站楼F3、F4楼层——国际出发走F4层，国内出发走F3、F4层均可（图1-7）。①

大兴机场建设体量如表1-1所示。

大兴机场建设体量对比 表1-1

大兴机场	对照
首期占地27km^2	用地面积与澳门面积相当
建设4条跑道及配套滑行道、站坪等，道面面积达960万m^2	相当于5个摩纳哥的面积
全场建成设施建筑面积435.7万m^2	相当于一座小城市

① 郭媛媛，路相宜. 引领世界机场建设 打造全球绿色空港标杆——访北京大兴国际机场建设指挥部总指挥姚亚波［J］. 环境保护，2021, 49(11): 9-12.

1.3.4 参与方众多

大兴机场利益相关方众多、协调关系复杂，协调难度大（表1-2），在社会监督和社会舆论方面面临巨大压力，容易受到环保等外部因素的影响。在政府部门层面，涉及北京市和河北省两个省级地方政府；在投资方层面，有首都机场集团等多家投资主体；在参建方层面，有指挥部和相关的承包商、供应商、咨询单位等主体；在运营方层面，有大兴机场、航油公司、航空公司、空管、口岸等不同主体；在社会群体层面，有旅客、社区居民等，这些利益相关方共同构成了复杂的利益共同体。这些主体既受到角色规范的约束，又要考虑自己的利益。这种双重的存在使得主体的行动充满了复杂性，也是建设工程中很多矛盾和社会问题的根源[①]，需要进行整体协调和统筹考虑。

大兴机场利益相关方　　表1-2

主体类别	政府部门	投资方	参建方	运营方	社会群体
主要单位	空军、发改委、北京市、民航局、河北省	首都机场集团、中国航空油料集团有限公司、民航华北空中交通管理局、中国南方航空有限公司、中国东方航空有限公司等	指挥部、承包商、供应商、咨询单位	大兴机场、航油公司、航空公司、空管、口岸	旅客、动迁居民、媒体

大兴机场的参建机构及单位存在不同的层级，在治理层级包括国家层面、省部级层面、民航局层面、首都机场集团层面成立的各种治理机构，在管理层级包括北京新机场建设指挥部（本书简称指挥部）、北京新机场管理中心、各专业工程指挥部等各种管理机构，在实施层级包括勘察单位、设计单位、施工单位、监理单位等各种参建单位（表1-3）[②]。这些层次共同构成了大兴机场项目共同体，并形成了错综复杂的社会网络和价值利益网络[③]。

大兴机场参建机构及单位　　表1-3

序号	所属层面	机构名称	一级组成部门或单位	所属层级
1	国家	北京新机场建设领导小组	国家发展改革委、北京市政府、河北省政府、民航局、自然资源部、生态环境部、水利部、军委联合参谋部、空军、铁路总公司	治理
2	省部级	北京新机场三方建设协调联席会议	民航局、北京市、河北省、北京新机场建设指挥部	治理

① 毛如麟，贾广社. 建设工程社会学导论［M］. 上海：同济大学出版社，2011：65.

② 孙继德，王广斌，贾广社，张宏钧. 大型航空交通枢纽建设与运筹进度管控理论与实践［M］. 北京：中国建筑工业出版社，2020：115-131.

③ 李伯聪 等. 工程社会学导论：工程共同体研究［M］. 杭州：浙江大学出版社，2010：232.

续表

序号	所属层面	机构名称	一级组成部门或单位	所属层级
3	民航局	民航北京新机场建设及运营筹备领导小组	民航领导小组办公室（机场司）、安全安防工作组、空管运输工作组、综合协调工作组	治理
		民航工程行业验收和机场使用许可审查委员会	——	治理
4	首都机场集团	大兴机场工作委员会	首都机场集团职能部门、北京新机场建设指挥部、北京新机场管理中心、专业公司	治理
		投运总指挥部	北京新机场建设指挥部、北京新机场管理中心、中航油、东航、南航、中联航、民航华北地区空管局、边检、海关	治理
5	指挥部与管理中心	北京新机场建设指挥部	飞行区工程部、航站区工程部、配套工程部、弱电信息部、机电设备部、人力资源部、党群工作部、行政事务部、审计监察部、规划设计部、财务部、计划合同部、招标采购部、安全质量部、保卫部	管理
		北京新机场管理中心	飞行区管理部、航站楼管理部、公共区管理部、运行管理部、消防救援部、信息管理部、行政事务部、技术工程部、商业管理部、规划发展部（规划）、航空业务部、规划发展部（计划）、财务部、人力资源部、党群工作部、审计监察部、安全质量部	管理
		各专业工程指挥部	航油、空管、东航、南航、口岸设施	管理
6	参建单位	勘察单位	中国民航机场建设集团等3家勘察单位	实施
		设计单位	中国民航机场建设集团等9家设计单位	实施
		施工单位	承担航站区工程的北京城建等25家总包单位、承担飞行区工程的河北建设等52家总包单位、承担配套工程的中铁集团等23家总包单位、承担弱电信息工程的北京中航弱电等22家总包单位	实施
		监理单位	希达、华城等6家监理单位	实施

1.3.5 交叉作业多

在建设项目中，不同空间和专业工程之间容易产生交叉作业。大兴机场体量巨大，面临大量的交叉作业。例如，在高架桥施工时，会影响航站楼和北指廊施工，指挥部做了专题讨论会，开了很多次协调会，决定以分阶段插入的方式进行相关的施工作业，最后保障了三家施工单位基本上在最小工期损失的情况下，共同保障了进度，为保通航交上了满意的答卷。有如下几种主要的交叉作业。

1.航站楼工程和飞行区工程之间的交叉作业

“关于航站楼和飞行区之间的场地交叉问题，两个工程部门就通过各自的工程部与对方进行协调，调整各方在各区域的施工安排。如飞行区在北边施工，航站楼在南边施工，等到两边施工差不多，两部门就把方向换过来施工。但是针对航站楼来说，在修好的飞行道上施工风险很大，万一把跑道划坏了，就得返工。同时在项目前期进行施工计划时，会对一些交叉作业的问题进行讨论。越往后，工程出现的交叉越多，指挥逐渐往前走，到现场进行协调，确定各自的工作界面和移交时间，建设过程中尽量满足运营要求。最后就成为一个整体协调的状态，而不是分标段去评比，即从局部提升到整体。”

2.航站楼工程和轨道交通工程的交叉作业

五条轨道线路南北穿越机场，在航站楼下设地铁、城铁站，无缝衔接、立体换乘形成了世界上集成度最高、技术最先进的综合交通枢纽之一。子项目庞杂且相互之间存在复杂的搭接关系，从而相互干扰（图1-8）。

3.航站楼工程各标段之间的交叉作业

为攻克钢网架质量标准高、精度要求高、多工种多工序交叉作业协调难度高、安全管理控制难度高以及工期紧等方面的难题，建设者们经过周密论证、精细模拟，对不同分区、部位采用吊装、滑移、提升等多种方法，特别是采取了“计算机控制液压同步提升技术”。该技术系统由钢绞线、提升油缸集群、液压泵站、传感检测、计算机控制和远程监控等系统组成，通过计算机控制的液压同步提升系统，平稳地把钢网架提升到指定位置，平均提升速度6~8m/h，提升精度差控制在±1mm以内。

图1-8　2017年12月31日大兴机场施工进展图

4.土建工程和信息系统工程之间的交叉作业

为建成世界标杆的“智慧机场”，信息部门管理了23个项目，总计68个信息系统，这些项目之间存在错综复杂的交叉界面和技术接口，与航站楼、飞行区、工作区等其他土建工程之间也存在着极其复杂的关系。十几家公司合力参与信息系统的建设。飞行区是保证机场功能的核心区域，仅飞行区的施工单位就达到30余家。除了指挥部负责的机场主体工程外，还有航空公司、空管、供油、口岸、轨道交通等近10个建设主体在场内同步施工，近百家施工总包单位，最繁忙时曾有4万名建设者同时在现场劳作。

1.3.6　跨地域管理

大兴机场地跨京冀两地，组织协调难度非常大，建设施工涉及十余个建设主体、百余个子工程、上千家建设单位、数万名建设者，既是我国工程建设领域的一次大会战，也是一项复杂的系统工程。跨地域的安全管理工作具有挑战性，地域有很大的管理差异，特别是新建工程尤为突出。加强科学统筹，推动建立国家、省市、军地、民航、职能部门等多个层面的组织协调体制，确保纵向领导有力、横向协调顺畅、整体覆盖全面，有效解决跨部门、跨行业、跨地域的重点难点问题。京冀两地政府在管理体制、机构设置、审批程序、行政执法等方面存在差异，为保障大兴机场顺利开航、平稳运营，在大兴机场的推动下，经北京市、河北省、民航局多轮沟通，由国家发展改革委向国务院提交跨地域运营管理有关情况的报告并获得批复，确立了大兴机场创新的跨地域运营管理模式。

跨地域建设管理有四项基本原则：属于中央事权的事项，由国家层面负责或指定管理单位；属于地方事权、可界定属地管理权限的事项，由京冀两地分别管理；属于地方事权、无法界定属地管理权限的事项，经上级主管部门批准后，通过依法授权的方式交由北京市管理；坚持利益共享、责任共担，京冀两地协商确定税收等指标分担比例。

按照“依法行政、高效顺畅、统一管理、国际一流、利益共享、权责对等”的协调原则，大兴机场红线范围内地方行政事权原则上交由北京市一方管理。北京市、河北省针对综合交通、应急管理等跨地域运营管理相关具体事项持续对接并形成方案，确保各地方行政事项可操作、可实施。

各单位加强协同配合，树立工程建设一盘棋的思想，确保了工程项目有序向前推进。民航局分别与北京市、河北省建立“一对一”工作沟通机制，妥善解决征地拆迁等一系列问题。

“在建设阶段，施工现场的治安和刑事案件是由属地来管理的，属地是跨京冀两地的：北京这边有礼贤镇和榆垡镇，然后河北这边是广阳区的白家务派出所。这就变成一个小区域的协作，各个机场办有自己的平台，公安系统也有小区域的协作平台，从而加速了事情的推动过程。当时施工现场都是一个施工区，所有原来的界限标识都没有了，所以对属地来说管控也是一个难点，因为发生一些案（事）件之后，不知道归哪儿。当时指挥部保卫部也想了一些办法，如用手机进行位置定位。当然在交界处会有位置误差。但两地属地都发扬担当精神，没有发生推诿扯皮进而造成影响的事件。这跟前期的工作做得比较到位也有关系，因为前期双方多次进行座谈和接洽，减少了协调困难，增加了互信程度和担当精神。”

在投运开航阶段，民航系统各单位在时间极其紧迫、任务极其复杂的情况下，密切协作，高效高质完成校飞、试飞、总验等一系列工作，开展七次大规模综合模拟演练，共模拟航班513架次、旅客2.8万余人、行李2万余件，演练科目722项，发现并解决各类问题1 133项。加强整体联动，首都机场统筹全集团参与大兴机场建设运营各部门各单位，形成合力。大兴机场联合驻场单位共同搭建机场运行控制中心（Airport Operations Center，AOC）平台，扁平化、席位化、常态化运作，打造安全防控、运维管理、舆情联动、运行协调、客户服务五星职能，有力保障了大兴机场投运初期的平稳顺畅运行。

1.3.7 空防要求高

大兴机场在设计阶段把空防安全融入设计要求和设计内容中，确保空防安全。例如，在飞行区围界设计时，对电缆、光缆、摄像头等空防设施进行严格论证，对双围界进行反复论证，确保围界安全。

“大兴机场整个飞行区的周长将近42km，我们的两台巡视车每天要进行4次围界安全巡视，重点检查机场围界护栏和安全防护使用的设备是否存在破损情况，每一圈巡视下来至少都需要两个小时。目前大兴机场飞行区安保工作，我们采取的是周界安防一体化的工作模式，我们的围界安检、周界巡查、飞机监护和后台监控都集中在一个科室统一管理，各岗位之间无缝衔接，相互联动。在现阶段来看，有效提升了安保资源使用效率和岗位应急处突的工作能力。”①

同时，在防鸟击方面，购买专业驱鸟设备，组织专业研究机构对大兴机场周边候鸟迁徙路线进行研究，了解鸟类活动、鸟击风险、鸟击事故发生规律，以便提前预测、判断、掌握起降航线的鸟击风险，并采取相应的预防措施进行鸟类驱离。

在施工阶段，采取相应的减震技术措施，避免对周边军用机场的空防安全影响。在不停航施工方面，要严格限制施工人员的活动范围，不能闯入施工界限外的区域，要严格检查现场施工材料和施工工具，避免有关物品遗落、飘动等原因导致的机场跑道入侵事件。

---

① 闫长禄，赵振龙. 为新国门守护飞行安全——记北京大兴机场飞行区安检部围界科［J］. 工会博览，2020(32)：25-26.

1.4 大兴机场工程建设安全管理的亮点

本节内容主要根据北京新机场建设指挥部安全质量部、保卫部、工程一部、工程二部等部门的安全管理模式、方法及措施进行提炼和总结。大兴机场的建设和运筹安全管理展现了多方面的亮点和成果，这些亮点主要体现在以下几个方面。

1.4.1 “1+5+4”安全生产管理模式

在大兴机场安全管理实践过程中，形成了“1+5+4”的安全生产管理模式：1即安全委员会，是指挥部层面成立的安全管理机构，负责安全方面各种职责的划分、落实和协调；5即5个安全生产管理体系，包括安全风险分级分类管控体系、安全隐患排查治理体系、应急管理体系、政府安全监管体系、安全法律法规制度体系，是保障安全管理内容得到有效覆盖和安全风险得到有效处理的重要保障；4即安全文化建设机制、安全培训保障机制、社会化安全服务机制、安全绩效考核机制，是从安全文化、培训教育、专业机构、激励机制等方面提升安全绩效的重要手段。这三个层次共同构成了大兴机场安全管理的组织框架和运行模式，也是本书章节编排的主要依据。其中关于安全生产管理体系的内容简介如下。

1.安全生产管理体系实施情况

安全生产管理体系具有明确的实施目的，具体包括：明确建设方、施工方、监理方三方安全生产法律责任为核心，完善并落实安全生产责任制；设立安全检查、隐患排查治理机制，实现项目风险管控；通过绩效考核评比，进一步加强安全管理工作；确保工程建设“重大事故隐患为零，生产安全责任事故为零”。

安全生产管理系以季度为周期，以工程项目为单元，以培训、检查、考核、评比为手段作为实施原则。在实施过程中，明确了体系实施人员的具体构成，包括指挥部工程部门项目负责人、指挥部安全质量部项目人员、原国家安全生产监督管理总局职业安全卫生研究中心工作人员与外聘专家等。具体实施人员结构图如图1-9所示。

2.积极推广安全生产管理体系

指挥部针对安全生产管理体系内容，对各参建单位开展了有针对性和实效性的培训教育。体系实施过程中共计80个项目，在实施的4个季度中，专家组开展了现场指导培训，共计覆盖136项次，指导约计500人次，集中主题授课培训共开展12次，以明确建设方、施工方和

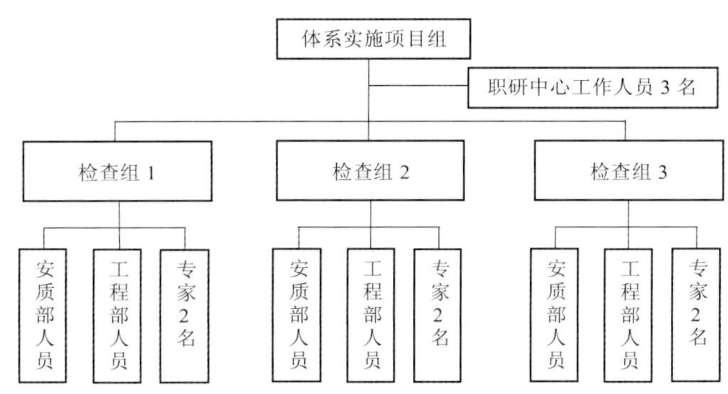

图1-9　安全生产管理体系实施人员结构图

监理方三方安全生产法定职责为主要培训内容，共培训各级安全生产管理人员超1 000人次。

3.落实安全生产管理体系运行

指挥部采取了各种措施落实安全生产管理体系。具体来说，以培训、检查、考核、评比为手段，全面细化压实安全生产责任，明确工程部门现场具体负责人，完成各级安全生产责任书的签订，将安全生产责任层层分解、落实到位，把各项制度细则与专项措施落到实处。以季度为周期，围绕在建项目，“全覆盖”与“抓重点”有机统一，配备专家开展安全检查和绩效考核工作。对在大兴机场承担多个项目的施工单位，形成“项目群”管理。按所属工程和所属“项目群”合理分区域、分组开展考核评比，得出项目排名与“优秀、良好、合格、不合格”的等级结果。

4.加强安全管理，确保消防安全稳定

指挥部严格落实对“三重大排查”工作的总要求，消除场区内消防安全隐患，提高各单位消防安全意识和应急处置能力，确保大兴机场消防形势安全稳定。一是定期召开安保例会，部署消防安全工作，开展施工单位消防隐患自查自纠，完善健全消防安全制度；二是强化信息统计，全面掌握建设施工进度、动火情况及消防业务开展情况；三是重点突出，对重要点位进行精准监管，防范化解重大消防风险；四是创新管理模式，建立消防安全隐患库，创新监管思路，监管合力；五是加强消防监管力度，共开展日常消防监督检查4 133家次，填发《消防安全检查记录单》4 130份，发现并整改各类问题隐患718处，指导专项演练和119主题演练等大规模联合演练演习15次，全面提升施工单位消防安全“四个能力”。

5.开展“安全生产主题周”活动

指挥部组织开展了各式各样的“安全生产主题周”活动，以提高参建人员的安全意识和安全技能。在主题宣讲周，学习宣贯《北京新机场建设工程安全生产标准化手册》；在用电安全周，配合相关单位开展施工用电安全专项检查；在应急演练周，开展应急演练活动，检验

预案的科学性、针对性和实用性，持续完善预案；在警示教育周，通过警示标语展示，有效预防安全生产事故。此外，通过主题公园体验式安全教育，增强人员安全意识。指挥部积极配合市住房和城乡建设委，开展安全生产知识竞赛，并督促安全生产从业者积极主动学习建筑施工安全生产知识，通过参加考试，进一步提升安全业务水平。

6.专项整治排查隐患

指挥部开展了各项专项整治和隐患排除活动，防患于未然。结合季节性安全工作重点，先后开展了防汛专项安全检查与防火专项安全检查。大力开展安全生产风险管控和事故隐患排查，提升施工现场安全生产管理水平和从业人员的安全意识，消除安全隐患，牢固树立红线意识。通过风险识别与风险分级，明确各工程区域主要风险与级别，并针对较大及以上的风险制定并落实管控措施，确保排查出的隐患全部整改到位。

1.4.2 跨组织边界的“安全委员会”

指挥部牵头，由各参建单位参加，建立了安全管理组织架构，按照“谁建设，谁管理；谁施工，谁负责”原则，设置了大兴机场建设安全生产委员会。通过层层签订安全责任书，确保安全责任落实到岗位、到个人。同时，指挥部加强日常管理，组织参建单位开展安全生产专题培训，召开安全生产工作会议，听取施工、监理单位安全生产工作汇报，传达部署安全生产重点注意事项。在施工现场建成投用安全主题公园，开展现场体验式安全教育培训，组织开展现场巡视和视频监控结合的方式开展安全巡查，督促相关单位及时整改。此外，指挥部开展了安全考核，制定《安全保卫积分管理考核办法》，涵盖组织建设、消防管理、治安管理、交通管理等4大类、49个考核项目，每月进行考核，兑现奖惩。

1.4.3 “安全公园+安全护照”的安全培训模式

大兴机场安全主题公园位于大兴机场建设施工现场主航站楼东北方向，总占地面积约4 700m^2。在施工现场建造一座符合北京市住房和城乡建设委要求的安全主题公园，有利于工程建设，有利于施工单位减少培训成本，有利于动态地、有针对性地开展安全培训。

安全主题公园内设置安全培训师驻场进行安全教育培训工作。安全主题公园内共设计和建造了个人安全防护体验、现场急救体验、安全用电体验、消防灭火及逃生体验、交通安全体验及VR（Virtual Reality）安全虚拟体验等9大类近50项安全体验项目和观摩教学点，旨在大力倡导安全文化，提高全民安全素质。安全培训合格的建筑工人会发放相应的资格证明，相当于安全护照。建筑工人在安全主题公园实际体验了解之后，在施工过程中对安全风险会更加注意，从而提高建筑工人的安全绩效。

1.4.4 社会化安全服务机制

根据“专业的事让专业的人做”原则，大兴机场在建设过程中采用了多种形式的社会化安全服务机制，合理配置了社会专业力量参与项目建设中，从安全风险监控、社会稳定风险评估、安全保卫等多方面，为大兴机场的安全管理提供智力支持和决策支撑。这些社会化安全服务机构配备了顶级专家和高水平的团队，通过驻场服务、专题会议、访谈调查、焦点小组、现场参与、集体培训等多种方式，深度介入大兴机场的安全管理活动中，获得第一手资料，形成规范的研究报告，为指挥部安全管理决策和安全总控活动提供了扎实的技术支持和决策参考，推动了安全事项的开展，营造了良好的安全氛围和协作模式，有力保障了大兴机场平安工程建设。

1.4.5 安全生产标准化制度

指挥部梳理形成了制度化的安全管理标准，在大兴机场建设期间编制了一系列措施、制度、手册，建立了一整套安全生产管理体系，印发了《北京新机场建设指挥部安全生产管理手册》。这些成果有助于形成可复制、可推广的成功管理经验，促进我国机场建设项目安全管理效能的提升。

同时，指挥部明确建设单位百余项安全生产法定职责，分解细化各级人员安全生产职责。组织有针对性和实效性的培训教育，召开安全质量工作讲评会，进行安全生产信息统计分析并形成安全生产月报。

1.4.6 六维消防安全管理模式

保卫部在管理过程中，提炼出了“人、地、物、事、组织、网络”六维消防管理模式，即以人员为对象、地块为重点、事件为主线、物资为保障、组织为纽带、社情为导向，动态更新安保信息，全面掌握社会资源，实现精细化管理。

1.人：发挥人防力量，实现群防群治

保卫部采取各种措施加强对各类人员的安全管理。对施工人员进行全员备案（流动人口管理系统采集身份证信息），加强宣传教育（如安全讲座、应急演练和案（事）件警示等），重点

关注特行人员（电焊操作员、看火人、动火证审批者等）；确保保安员自身合格（与甲方公司的安全责任合同、保安员信息背景审查，确保4个100%），落实门前三包责任，强化内部防范，看好自己的门、管好自己的人，建立防控制度（巡逻台账、培训记录）；施工单位带班领导必须在岗在位，重要事件一报直报，通过安委会的安保例会加强联系。

2.地：因地制宜，划分管理范围

保卫部统一管理消防工作，实行消防网格化管理模式，对于重要节点要求施工单位每日上报工程进度。案件由保卫部确定管辖地，由属地公安机关处理。同时，保卫部划分交接地块的责任，明确项目部的消防责任主体，签订多家安全协议；施工现场的消防安全由相关单位共同负责，交叉施工时多家单位的看火人必须同时在场；成品保护由各家单位负责，库房必须设置物理隔离，贵重物品不得放在交接地块库房。

“工地地块主要分成三大地块，实行网格化管理：一个是以航站区为重点，特别是其中的核心区，还有一个是飞行区，最后一块是配套工程区。围绕这三大块，先进行网格化的划分，然后对这三个地块进行分区管理。其中的重中之重是核心区这一块，是以人带点、带线，然后再带面，最后再带着施工单位，形成管理网络。”

3.物：强化物防、技防措施，分门别类管理

保卫部采取物防和技防措施加强对现场物品安全的管控力度。物防措施方面，各单位增设围挡、照明灯、监控等防护，配置对讲机、警棍、辣椒水等防护装备。技防措施方面，适时加装电子门禁、车牌识别、人脸识别系统。贵重施工物料和成品及时入库、定期盘点、出库登记。生产用易燃易爆类危险品登记在册、专人管理、定点存放。

4.事：针对特殊案（事）件，强化预警，精准施策，多方联动

保卫部加强对各类事件的管控力度。针对讨薪案（事）件，制定了《北京大兴国际机场建设指挥部处理讨薪事件应急预案》《关于共同做好大兴机场红线内处理讨薪事件相关工作的通知》《大兴机场保卫部处置讨薪方案》等管理制度。同时，加强工地防盗抢工作，进行成品保护，召开大兴机场成品保护专题会，出台了《大兴机场施工现场打防管控工作方案》《关于加强大兴机场成品保护工作的通知》《关于印发打击防范盗抢北京大兴国际机场工作犯罪专项行动工作方案的通知》等管理文件。在火情防控方面，出台了《电气火灾防范专项整治行动方案》《关于全面做好春季火灾防控工作的通知》《关于印发集中开展消防安全“大排查大整治大宣传大培训”专项行动暨“一带一路”国际合作高峰论坛社会面火灾防控工作方案的通知》等安委会下发的各类消防专项行动方案。

5.组织：对特定社会实体展开管理

保卫部重点加强对有关组织结构的安全管理工作。具体包括如下几类社会实体：法人，包括各方指挥部、施工单位；特定群体，包括无照游商、大货车司机、工地盗窃团伙等。

6.网络：通过保卫干部、网络信息及时掌握舆情要点

保卫部通过建立网格化片区，明确各片区责任人和信息情报员，采取相关网络技术，确保网络安全。如果发生网络事件，保卫部会在处理事件的同时，要求属地部门进行关注和监控，要正确地引导舆情。

1.5 本章小结

安全是人们免遭不可接受风险的状态。工程建设安全管理是工程建设项目管理人员依据相关法律法规以及企业内部的各项规章制度，对工程建设项目的整个生命周期开展全方位、多层次的安全管控，在确保现场作业人员人身安全的前提下，实现项目效益的最大化。机场工程建设安全管理是机场工程建设管理人员对机场工程项目进行的全方位、多层次安全管控。机场工程建设项目安全管理的要求更高、范畴更广、跨度更长，给安全管理工作带来了一系列挑战。

大兴机场形成了基于大安全观的工程建设安全管理模式，其指导思想是人民至上，覆盖范围包括各种管理对象和管理要素，时间跨度包括建设期和运营期，管理方法强调系统性，实施手段注重综合性，最终形成了系统化的“建设期+运营期”“施工区+办公区”“安全生产+安全保卫+疫情防控”“政府部门+建设单位+承包单位+第三方机构”“人防+物防+技防+源防”“硬件+软件+斡件”“管理体系+保障机制+实践创新”相结合的重大工程建设安全管理模式。

大兴机场作为国家重大工程，其项目结构包括机场主体工程、机场附属工程和综合配套工程三部分，其工程建设安全管理的难点包括工程标准高、社会关注高、施工难度高、参与方众多、交叉作业多、跨地域管理等，提升了安全管理的复杂度。在国家有关部门的支持和全体参建人员的努力下，大兴机场工程建设安全管理工作形成了一系列特色做法，包括：“1+5+4”安全生产管理模式、跨组织边界的“安全委员会”“安全公园+安全护照”的安全培训模式、社会化安全服务机制、安全生产标准化制度、六维消防安全管理模式等，进而获得了良好的安全管理能力和效果，建成了“平安工程”。

20

第2章 以安全委员会为核心的跨边界安全管理组织

大型航空交通枢纽工程从项目立项、实施到交付运营的全生命周期具有高度复杂性，管理者需要基于复杂系统科学的思想开展项目群及项目组合层面的集成管理活动。集成管理是实现大型航空交通枢纽复杂性降解，同时促进整体功能价值涌现的综合管理思想与活动。集成管理的实现需要组织从不同层面进行集成。组织是集成管理运作的机制保障，不同组织结构直接影响集成管理的效率与水平。与组织结构相适应，在实践中往往会设置工作委员会、领导小组等多种协调组织或协调机制[①]。大兴机场在安全管理组织方面设置了安全委员会。从静态角度来看，安全委员会的整合范围需要涵盖相关单位、部门和人员，同时也要运用一定的整合机制来保证安全管理效果，即在安全管理实践中，要保证还原与整合之间达到平衡状态。从动态角度来看，大兴机场在建设过程中受到政策、经济、技术、社会、生态等众多环境因素的影响，并面临复杂多变的项目环境，因而安全委员会的组织结构和组织职责也面临一个动态演化的过程，以提高项目的适应性和韧性。本章基于上述静态和动态两个方面，重点阐述以安全委员会为核心的跨边界安全管理组织，这种组织模式跨越了单位之间、部门之间、人员之间的安全管理界限，形成了“横向到边、纵向到底”的全方位安全管理组织网络。本章具体内容包括安全委员会的组织整合作用、组织结构形式、安全职责划分、跨组织整合机制、演变过程等内容。

---

① 王广斌，孙继德，贾广社，谭丹. 大型航空交通枢纽探索之路——规划、建设、运营理论与实践［M］.北京：中国建筑工业出版社，2020：302-304.

2.1 安全委员会的组织整合作用

指挥部设置安全委员会主要是为了应对大兴机场项目组织系统的复杂性。项目组织系统的复杂性，是项目系统复杂性在组织上的表现。与一般的项目组织系统相比，大型航空交通枢纽项目组织系统有着更高的复杂性，这是项目本身由量变引起质变的结果[①]。具体在大兴机场这个项目上，这种组织复杂性体现在“多”“强”“广”“连”这四个方面（图2-1）。

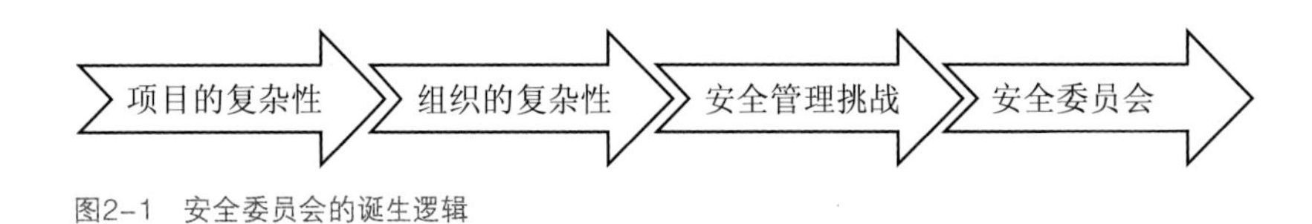

图2-1 安全委员会的诞生逻辑

2.1.1 大兴机场组织复杂性

“多”是指由于项目包含众多子项目，指挥部需要直接管理的承包单位众多。其中，航站区工程包含8个标段，飞行区工程包含28个标段，配套工程包括27个标段。相应地，指挥部直接管理的承包单位有3家勘察单位、9家设计单位、航站楼施工52家总包单位、飞行区52家施工单位、配套工程施工23家总包单位、弱电工程施工22家总包单位、6家监理单位。以上仅指挥部直接管理的参建单位就多达167家，如果加上相关的咨询单位、检测单位、安保单位和间接管理的分包单位，则数量更多。

“强”是指大兴机场投资强度大，建设工期紧张，劳动强度大。根据《国家发改委关于北京新机场工程可行性研究的批复》，大兴机场工程总投资为799.8亿元。其中，飞行区工程规划投资为122.14亿元、航站区工程为104.30亿元、机场综合交通工程为50.95亿元、货运区

① 孙继德，王广斌，贾广社，张宏钧. 大型航空交通枢纽建设与运筹进度管控理论与实践［M］. 北京：中国建筑工业出版社，2020：141.

工程为12.42亿元、其他配套工程为96.43亿元、专用设备及特种车辆为12.06亿元，投资强度大。航站楼工程于2015年9月26日开工，2019年6月26日通过质量竣工验收，施工工期仅为3年9个月；飞行区工程2014年12月26日开工，2019年4月28日和6月26日分别通过两个批次的竣工验收，施工工期仅为4年6个月，工期非常紧张。而飞行区工程的道面铺筑总面积达950万m^2，航站区工程总建筑面积达143万m^2，其中仅航站楼建筑面积就有70万m^2，劳动强度很大。

“广”是指项目建设面积大，覆盖范围广，组织沟通和协调难度大。飞行区工程场地范围大，更加大了安全监督和检查的难度。航站楼工程由于体量较大，5个指廊覆盖范围较广。航站楼指廊工程由长度411m的东南、中南、西南三座指廊和长度298m的东北、西北两座指廊组成，指廊区建筑面积246 858m^2（图2-2）。5个指廊为5个单体，个别分包单位可能对接2~3个指廊，有些分包单位需要和5个指廊同时沟通，高峰阶段几十家单位同时施工，沟通难度大，5个指廊需同步保证工期，各指廊之间较为分散且施工作业面大，对分包单位施工及总包单位整体协调产生巨大考验①。

图2-2　大兴机场航站楼①

“连”是指各个标段、各个专业工程、各个班组之间存在很多工作面连接的地方，需要进行大量的沟通协调，处理这些地方的施工顺序、管理责任、安全要求等问题。

“当时建设的最大难点就是工期太紧，然后交叉。作业面反复地更替干，我干一部分交给你，你干完了再交回来，这个过程的协调量非常大。那时候我记得每两周就要开会，比如说飞行区工程部和航站区工程部开会，专门研究交叉作业面的协调工作。当时指挥部从上至下形成了一个默契，就是航站楼是重中之重，所有的施工必须得让步。航站楼工程优先，交叉作业面以航站楼工程为重，确保航站楼工程顺利进行。飞行区与航站楼之间的通道在汛期全部封堵，避免飞行区的活水涌入航站楼，并且无条件接收来自航站楼施工区的活水，确保

① 北京建工集团有限责任公司. 北京新机场工程（航站楼及换乘中心）（指廊）中国建设工程鲁班奖复查汇报资料，2020.

航站楼的设施不被破坏。第二个交叉作业是多班组，是指交叉作业的时候，作业面之间可能有一些相互‘打架’的部分，在施工组织方面或者说一些责任划分方面，可能有一些措施、方法和理论。多标段之间尽量避免同一个作业面出现不同的总包单位施工交叉，因为同一个施工单位之间，他们内部好协调，多个施工单位之间有时候交叉作业的时候要说清楚。作业面有的时候会多次移交，不是静态的，每个时间段谁来用，都要说清楚。作为我们工程部就要对作业面进行总体协调，当时难度都挺大。”

2.1.2 安全管理面临的艰巨挑战

以上这些项目组织的特点给大兴机场项目的安全管理带来了诸多挑战，具体包括如下几个方面：

1.子项目及参建单位众多与安全管理人员有限之间的矛盾

大兴机场飞行区工程有众多子项目。在人手有限的情况下，各个项目的安全管理人员忙于自己区域的工作，各个区域之间的先进经验和教训不易得到交流和共享。

“每个项目都有负责人，负责过程中的一些检查，因为当时项目特别多，一个人可能管十来个标段的安全。像我们飞行部这一块，每个人既管安全也管质量，还有现场协调都得去做。”

2.建设工期紧张与安全标准严格之间的矛盾

大兴机场的建设工期非常紧张，但同时安全目标要求非常严格，要确保安全生产零死亡事故。特别是习近平总书记在2017年到项目视察后，对安全工作提出了表扬，对指挥部人员是一个很大的激励和鼓舞。

“对于我们这些人，当时精神特别振奋，这既是一个鼓励，又是个鞭策，又是一个最严格的红线，心里的红线。真出了事，自己对单位，对领导觉得承担不起。所以在安全工作上，大家齐心协力，下了很大功夫。”

但是，根据目标冲突理论[①]，紧张的工期与良好的安全绩效之间很难实现平衡。该理论研究了信息和人的信息处理能力对事故的影响，认为与安全有关的安全信息和与工作任务有关的任务信息往往同时大量出现而又互相冲突。由于人的信息处理能力有限，在比较信息的重要性时，任务信息被优先考虑，从而忽视了对安全信息的处理，导致人的行为发生失误，从

① Rasmussen, J. Risk management in a dynamic society: A modelling problem [J]. Safety Science,1997, 27(2-3): 183-213.

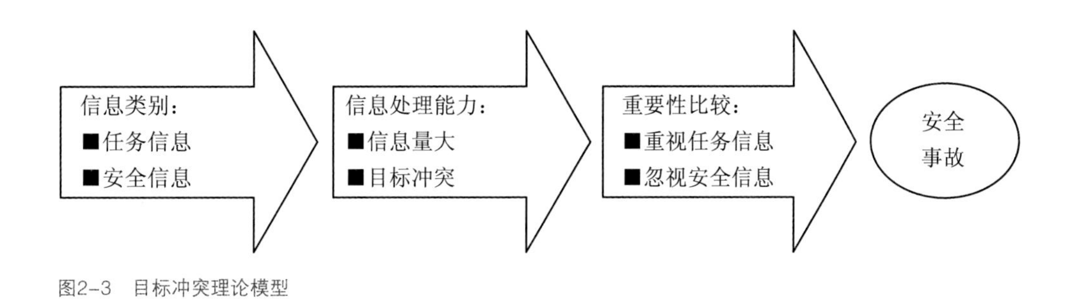

图2-3 目标冲突理论模型

而引发安全事故，如图2-3所示。

3.项目安全危险源众多与建筑工人安全素养整体水平不高之间的矛盾

大兴机场建设项目，一方面量大面广，专业工程类型复杂，安全危险源众多。但另一方面，建筑工人安全素养的整体水平较低。项目的危险性与建筑工人安全技能的低水平之间容易导致不安全行为及安全事故的发生。

“工人都是流动的，大多数都是农民工，对有关要求会有疏忽，所以要反复地去灌输培训。为什么要求班前会？为什么每次上班前得反复地说？关键就靠我们指挥部压实责任、压实检查。查落实，再检查，再落实。”

2.1.3 安全委员会组织集成作用

安全委员会则有助于化解以上矛盾，具体来说，安全委员会有如下作用：

1.安全委员会是集成安全管理各单位、各部门、各人员的有效平台

这个平台既是上级安全目标、安全任务、安全决策下达的平台，又是各类安全管理信息汇聚的平台，有助于实现各单位、各部门、各人员的有效协同。一方面，各种需要沟通协调的问题可以在安全委员会的平台下进行公开讨论和交流，提高了问题处理的效率，也能及时在该平台上充分表达各个单位、部门和人员的想法和意见，从而提高决策执行的效果；另一方面，安全委员会是一个重要的信息来源，在确定需要特别注意的安全区域时，可以作为管理者的有力助手[①]，可以帮助有关部门和人员找到解决问题的方法、组织和资源，及时处理安全问题。安全保卫委员会联合公安指挥部、安全保卫指挥部及总包施工单位等，通过举行安全会议等方式来管理安全工作。

① 方东平，黄新宇，Jimmie Hinze. 工程建设安全管理［M］. 第2版. 北京：中国水利水电出版社，知识产权出版社，2005：130.

2.安全委员会是形成和培育良好安全文化和安全氛围的孵化器

安全委员会通过安全考核、安全检查、安全会议等方式开展工作，有助于培育良好的安全文化和安全氛围。一方面，通过考核、检查和评比，能够找出先进的单位和个人，使后进的单位和个人找到学习和赶超的标杆，进而形成你追我赶、互帮互相、比学赶超的良好安全氛围。

“这个竞争氛围很好，大家围绕安全、进度、质量努力工作。这个氛围是当时很特殊的一种氛围。公司领导说现在回忆起来，我们那个时候热火朝天，现在再回忆起来就很骄傲。公司领导也都说那个时候我们奋斗在现场，为了竣工验收，为了确保工期，我们晚上在那加班吃方便面，现在大家回忆起来都是热泪。这个感慨很多，就是这样拼出来的。一天的工作干完到晚上，有时经常晚上也在加班。我有两个春节的除夕是在这儿过的，有两个标段是春节不停工的。在那个氛围里面，大家把安全放在非常重要的位置。”

另一方面，通过线下会议、线上信息平台、个人信息设备等沟通方式，能够把有关安全要求、提示、经验等进行快速传播和交流，进而提高项目整体安全技能和安全素养水平。因此，通过这种日常方便的信息快速沟通交流，能够预防许多安全风险。

“在大会上我在讲，安委会上我也讲，然后在安全生产例会上也讲了，还有平时都在宣讲。这既是安全教育，也是安全文化。安全我们都是天天要提，搞安全的人就是婆婆嘴、豆腐心。我经常在群里面收集这些案例，在施工项目经理群、安全员群里面我经常转发一些最近发生的事故，告诉大家，一定要注意这个问题。”

3.安全委员会是快速排查和有效预防安全隐患的有效抓手

一方面，安全委员会通过组织开展大规模的隐患排查活动，能够借助不同部门或人员的专业知识，及时发现安全隐患。

“隐患主要就是高空作业、深基坑防火、用电等。我们每次针对这些重点安全隐患都是重点关注的。现场这种事故发生几乎是没有的，我们也管得很好，因为这些事确实就是我们重点管控的地方。像安全用电，我们一到夏季重点去督促检查，联合动力能源公司去排查。另外我们原来在市政六标还建了一个安全用电示范基地，组织大家去参观，观摩。平时也是重点检查高空作业，主要是检查脚手架在搭设过程中是不是按规范搭设。”

另一方面，安全委员会能及时启动专项整治活动，重点解决阶段性的重大安全隐患，做到防患于未然，进而保障了施工安全。

“北京通州电动车电瓶爆燃事故导致烧死了5个人，后来北京就严禁电瓶上楼。我就专门去查现场，有大量工人骑电瓶车。生活区专门在室外划出一个区域来充电，而且这个地方充电的时候旁边是有保安的。同时还要装过载器，一旦过载，监测到过载器过热了，自动断电。这些都落实下去，我都去查。”

总之，安全委员会的设置是项目特点、安全管理难度、安全委员会作用等多层次因素共同作用的结果。这些因素互相影响，层层递进，自然而然地决定了安全委员会的设置和运行。安全委员会是落实安全管理职责、培育安全文化氛围、预防安全隐患的重要抓手，是安全管理组织模式的有效创新。

2.2 安全委员会的组织结构形式

2.2.1 安全委员会的组织结构图

指挥部于2016年依法成立安全委员会（以下简称“安委会”），负责大兴机场建设区域的安全生产和安全保卫工作。2017年依据“三个必须”的原则确定其组织架构（图2-4），完善岗位设置，明确相应职责。完善后的安委会领导机构以指挥部总指挥、党委书记、北京首都国际机场公安分局局长为主任，以指挥部其他领导为副主任，成员包括指挥部安质部领导、各部门领导以及相关参建单位主要领导。

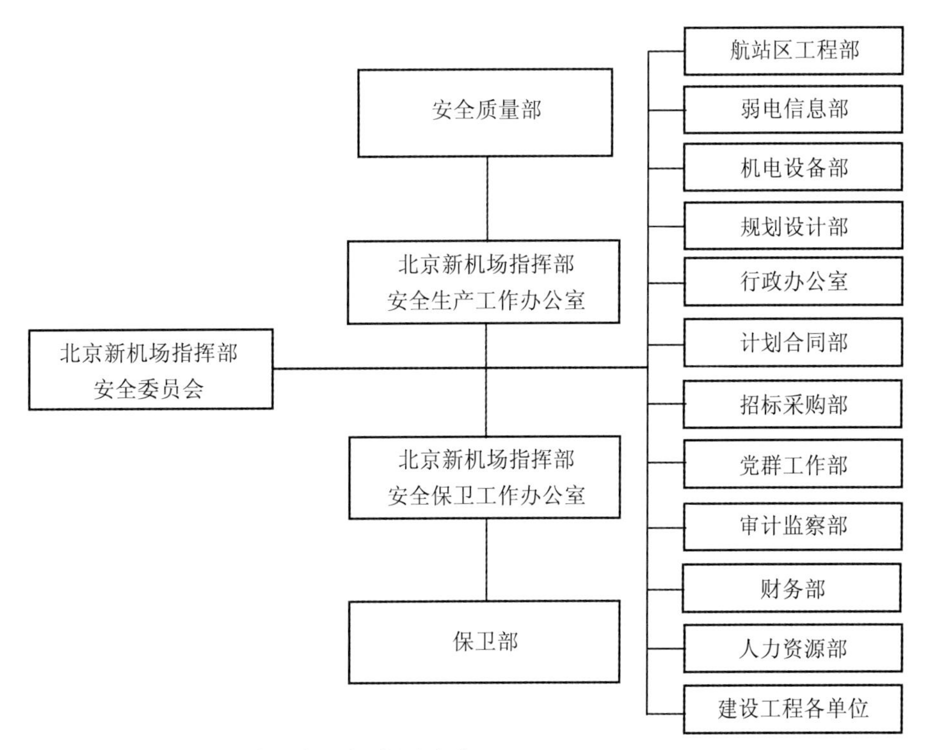

图2-4　北京新机场建设指挥部安全委员会组织机构图

安委会下设安全生产工作办公室和安全保卫工作办公室，形成以指挥部为主导，涵盖五方责任主体的全方位安全管理网络，确保安全生产工作落实到位。

需要说明的是，大兴机场在工程建设过程中成立了包括指挥部、基地航空公司建设指挥部（东航、南航）、航油工程建设指挥部以及空管指挥部在内的五大指挥部统领的，共包含17个指挥部的指挥部群。其中指挥部居于统领和核心地位，在安全管理方面与其他指挥部联动协调，共同处理防洪等安全事项。同时，秉承大安全观理念，北京新机场建设指挥部与政府部门、施工单位、监理单位的安全组织建立了广泛联系。根据本书定位，图2-4中的安全委员会特指北京新机场建设指挥部发文正式成立的安全管理组织。

安全委员会的领导机构组成如下：

（1）主任：总指挥、党委书记、北京首都国际机场公安分局局长。

（2）副主任：分管安全生产工作的领导、指挥部其他领导。

（3）成员：安全质量部总经理、副总经理；保卫部负责人；各工程部总经理、主管安全工作副总经理；计划合同部总经理；审计监察部总经理；招标采购部总经理；财务部总经理；行政办公室总经理；规划设计部总经理；党群工作部部长；人力资源部总经理；相关参建单位主要领导。

安全委员会的职责有如下方面：研究部署、指导协调指挥部及各参建单位安全生产工作；研究提出指挥部安全生产工作的重大决策；分析安全生产形势，研究解决安全生产工作中的重大问题；指导、参与生产安全事故应急救援工作；完成上级交办的其他安全生产工作。

安委会下设安全生产工作办公室（以下简称“安委办”），作为安委会办事机构，具体负责安委会日常工作，设置在安全质量部，安委办主任由安全质量部总经理兼任，副主任由安全质量部副总经理兼任，成员由安全质量部工作人员兼任。

安全委员会办公室的职责主要有以下方面：贯彻落实有关安全生产的法律、法规、标准；组织制定安全生产目标、方针、年度计划、措施和阶段性安全生产工作安排，并督促落实；分析、研究、解决安全生产重大问题，组织综合性、专题性的安全生产工作调研；组织开展安全生产检查、风险管控、隐患排查、专项督查，针对发现的问题和隐患，协调、督导有关部门及时整改；组织实施安全生产考核；研究决定有关安全生产的表彰、奖励、惩处，及时推广安全生产工作的经验；制定和完善安委会各项制度；监督检查、指导协调指挥部各部门和相关参建单位的安全生产工作；配合政府有关部门进行事故调查处理工作；组织协调事故应急救援工作；承办安委会召开的会议和重要活动；督促、检查安委会会议决定事项的贯彻落实情况；研究提出安全生产政策和重要措施的建议；承办安委会交办的其他事项。

2.2.2 安全委员会的职责落实机构

1.各工程部安全生产管理岗位设置及人员编制

各工程部为安委会职责落实机构。设置安全工作组，由各工程部总经理任组长，主管安全生产工作的副总经理任副组长，安全管理人员任成员，业务由指挥部安委办归口管理。其岗位设置及人员编制要求如下：主管安全生产工作的副总经理一名；工程项目按照有关规定设置安全管理人员。

2.各参建单位安全生产管理岗位设置及人员编制

各参建单位为安委会职责落实机构。设置安全工作组，由各参建单位项目负责人任组长，主管安全生产工作的领导任副组长，安全管理人员任成员。其岗位设置及人员编制要求如下：主管安全生产工作的专职副经理或安全总监一名；按照住房和城乡建设部、民航局有关规定设置专职安全管理人员。

2.3 安全委员会的安全职责划分

2.3.1 安全委员会成员的安全生产职责

建设工程五方责任主体单位法定代表人作为本单位行政第一责任人，对新机场安全生产工作负有法定的全面和首要职责，各级主管人员对职责范围内安全生产工作负责，其安全工作岗位和职责依据“三个必须”的原则设置。指挥部各级安全人员生产职责分解如下，各参建单位安全生产岗位和职责由其参照同一原则设置。

1.安委会主任（总指挥、党委书记、北京首都国际机场公安分局局长）

（1）全面负责指挥部安全生产监督管理工作，是指挥部安全生产工作的第一责任人，建立健全并督促落实本单位安全生产责任制。

（2）组织制定、修订并督促落实本单位安全生产管理制度和相关规程。

（3）组织制定并实施本单位安全生产教育和培训计划。

（4）保证本单位安全生产投入的有效实施。

（5）督促、检查本单位安全生产工作，及时消除事故隐患。

（6）组织制定、修订并实施本单位生产安全事故应急预案。

（7）及时、如实报告生产安全事故。

（8）依法设置本单位安全生产管理机构并配足安全生产管理人员。

（9）组织实施本单位职业病防治工作，保障从业人员的职业健康。

（10）定期研究安全生产工作，向职工代表大会（职工大会）报告安全生产情况。

（11）定期（每季度）召开安委会会议，分析安全生产形势，研究解决安全生产工作中的重大问题。

（12）法律、法规、规章规定的其他职责。

2.安委会副主任（指挥部分管安全的领导）

（1）协助安委会主任管理安全生产工作。

（2）领导指挥部整体安全生产的工作，定期听取安全生产工作汇报，指导安全质量部的工作。

（3）定期组织对大兴机场各参建单位安全生产检查，落实重大隐患的整改工作。

（4）协助安委会主任组织制定、修订和审定各项安全责任制、安全生产管理制度，组织审核安全技术措施计划，并安排实施。

（5）贯彻安全生产“五同时”的原则，即在计划、布置、检查、总结、评比生产工作的同时，计划、布置、检查、总结评比安全工作。

（6）牵头配合政府部门处理事故。

（7）其他安全生产事项。

3.安委会副主任（指挥部其他领导）

（1）各工程部、各部门分管领导协助安委会主任做好新机场的安全生产工作，具体负责分管工程部门的安全生产工作。

（2）各工程部、各部门分管领导定期听取分管工程部的安全生产汇报，及时指导分管工程部的安全生产工作。

（3）负责分管范围内的安全生产技术与管理工作，组织采用先进的安全技术和安全防护措施，组织解决疑难问题。

（4）定期督促、指导分管范围内各参建单位的安全生产检查和重大隐患的整改工作。

（5）负责分管工程部门的安全生产规章制度、应急预案等文件的审核。

（6）其他安全生产事项。

4.安委会成员（安委办主任）

（1）对大兴机场建设项目的安全生产工作负监督责任，负责落实本部门法定职责，监督指挥部各相关部门履行法定职责。

（2）监督各工程部设置安全管理机构、建立健全安全台账。

（3）审核指挥部安全管理制度等各类安全文件。

（4）明确指挥部各部门的安全职责，并定期组织检查和考核。

（5）组织召开安全生产例会（安全生产形势分析会）、安全生产调度会和有关专题会议，形成会议纪要，对会议提出的重点问题督促各部门落实，并实行追踪调度。

（6）负责组织安全生产综合检查，对查出的隐患及违法违规问题按规定进行处理。

（7）每年组织一次对各工程部门的安全生产责任制执行情况的考核。

（8）监督各工程部落实重大安全隐患排查及整改工作。

（9）配合行政机关进行事故调查处理。

（10）完成领导交办的其他工作。

5.安委会成员（各工程部总经理）

（1）贯彻落实上级有关安全生产的指示，坚持生产与安全“五同时”。

（2）贯彻执行各项安全生产法律、法规和管理规章制度。

（3）对施工现场出现的安全隐患、险情及事故及时处理，并立即报告分管领导，通知有关部门。

（4）随时掌握安全生产动态，对各参建单位的安全生产工作情况要及时给予表扬或批评。

（5）组织各项安全生产检查，督促隐患整改。

（6）组织召开安全生产调度会和有关专题会议，形成会议纪要，对会议提出的重点问题督促落实。

（7）完成领导交办的其他工作。

2.3.2　安全委员会各部门的安全生产职责

1.安全质量部

（1）负责指挥部安全生产监督管理工作，组织或者参与拟订本单位安全生产规章制度和生产安全事故应急救援预案并进行监督检查。

（2）组织或者参与本单位安全生产教育和培训，如实记录安全生产教育和培训情况，建立健全安全生产教育和培训档案。协助主要负责人将安全培训工作纳入指挥部工作计划，并保证安全培训工作所需资金。

（3）组织或者参与本单位应急救援演练。

（4）组织开展风险分级管控、隐患排查治理，针对发现的问题和隐患提出改进安全生产管理的建议，协调、督导有关部门及时整改。

（5）制止和纠正违章指挥、强令冒险作业、违反操作规程的行为。

（6）分析、研究、解决安全生产重大问题，组织综合性、专题性的安全生产工作调研。

（7）监督检查、指导协调指挥部各部门和各参建单位的安全生产工作。组织安全生产大检查和专项督查。

（8）负责制定安全生产费用使用管理办法，并监督管理参建单位安全生产费用的使用。

（9）负责配合政府有关部门进行事故调查处理工作，协调事故应急救援工作。

（10）监督检查各参建单位施工现场安全资料的建立和归档情况。

（11）负责指挥部相关安全生产资料收集、整理、归档，监督检查各工程部留存相关资料。

（12）承办安委会召开的安全生产工作会议和其他重要活动，及时掌握参建单位安全生产工作情况，督促、检查安委会会议决定事项的贯彻落实情况。

（13）对指挥部安全生产信息进行统计和分析。

（14）组织、监督各工程部对参建单位安全生产条件进行审核。组织、监督各工程部对合同涉及安全生产方面条款进行审核。

（15）组织对指挥部相关部门及参建单位的安全生产绩效考核。

（16）负责督促相关单位对整体工程范围进行围挡及设置警示标志。

（17）监督检查安全生产管理协议的签订和落实情况。

（18）完成指挥部领导及安委会交办的其他工作。

2.各工程部

（1）全面负责工程项目安全生产的控制和管理。对承包单位的安全生产工作统一协调、管理，定期进行安全检查，发现安全问题及时督促整改。

（2）负责在项目开工前按照国家有关规定，代表指挥部办理施工安全监督手续，申请领取施工许可证。

（3）负责向勘察、设计、施工、工程监理等单位提供与建筑工程有关的真实、准确、齐全的原始资料，并在开工前，向施工单位提供安全生产所需要的施工现场及毗邻区域内的相关资料。

（4）指挥部与各参建单位签订安全生产责任书，由工程部组织办理。

（5）在工程开工及复工前，对工程总承包单位进行安全技术交底，并审查施工单位、监理单位的安全生产管理人员的到位情况，审查施工单位的安全生产条件及安全保障措施情况，并将审查结果存档。

（6）工程项目因故中止施工的，负责向监督机构申请办理中止施工安全监督手续，并提交中止施工的时间、原因、在施部位及安全保障措施等资料。

（7）中止施工的工程项目恢复施工，负责向监督机构申请办理恢复施工安全监督手续，提交经建设、监理、施工单位项目负责人签字并加盖单位公章的复工条件验收报告。

（8）民航专业工程施工现场准备暂时停止施工的，在监理审核情况上报后，对施工现场的安全稳定情况进行现场复核，书面记录，并将中止施工报告上报监督站。

（9）对于连续暂停施工5天及以上的房屋市政工程恢复施工前，或连续放假5天及以上的假期期间，因故仍然需要进行施工的工程，负责牵头组织勘察、设计、施工总承包、监理等单位对落实施工现场安全生产管理责任情况进行自查。

（10）负责办理施工安全监督终止手续。

（11）对工程发包合同的安全管理内容进行审核把关，监督检查涉及安全生产方面条款的落实执行情况。

（12）施工现场的安全管理由施工总承包单位负责。指挥部直接发包的专业工程，专业承包单位应当接受总承包单位的现场管理，指挥部、专业承包单位和总承包单位应当签订施工现场管理协议，明确各方责任，各工程部负责组织办理。

（13）对总承包单位不收取管理费用的分包工程承担管理责任。

（14）当直接发包的专业工程施工单位与施工现场其他施工单位存在交叉作业时，负责到现场进行协调管理，明确各单位的工作界面和安全生产职责划分，制定和落实方案。

（15）负责在实施建筑工程监理前，将委托的工程监理单位、监理的内容及监理权限书面通知被监理的建筑施工企业。

（16）按照合同约定和相关要求及时为施工单位办理支付安全防护、文明施工措施费以及施工现场事故隐患排查治理所需资金的相关程序，并对资金的使用情况进行监督检查。

（17）负责在开工前审查民航专业工程施工单位为全部从业人员办理工伤保险和意外伤害险情况。

（18）督促各参建单位开展施工现场安全风险评估、分级、制定相应管控措施工作。

（19）督促指挥部直接发包的专业承包单位开展承包范围内的施工现场事故隐患排查治理工作，定期检查事故隐患排查治理工作落实情况。

（20）负责组织勘察、设计、施工、监理等单位确定本工程危险性较大的分部分项工程目录。参加超过一定规模的危险性较大的分部分项工程专家论证会，留存《危大工程专项方案》等资料。

（21）施工过程中及时发现监理单位和总承包单位现场安全监督不力的问题，并应及时督促整改，对监理单位在安全例会上提出的施工现场存在的问题，督促监理单位和总承包单位采取有效措施。严格督促施工单位落实隐患整改，发现施工方不整改继续作业时应立即制止并向政府有关主管部门报告。

（22）对于不能确保管线安全或者施工安全的，各工程部应当会同地下管线权属单位对管线进行改移或者采取其他措施。

（23）对民航专业工程施工过程中使用的特种设备验收情况进行审查，并将审查结果报送监督站。

（24）工程采用新工艺、新技术、新材料或者使用新设备的，必须了解、掌握其安全技术特性，识别其危险源，并采取有效的安全防护措施，并组织对从业人员进行专门的安全生产教育和培训。如果工程采用的是民航行业内从未使用过的“四新”，建设单位应在施工前组织专家对其安全技术特性进行论证，并将结果报送监督站。

（25）对于民航专业工程，负责每月组织施工单位、监理单位分析本工程施工现场、工作区、生活区的危险源及其安全保障措施的到位情况，对监理单位上报的危险源及其安全保障措施月度动态调整情况进行审核。

（26）民航专业工程应组织监理单位及施工单位的安全生产管理人员进行安全生产管理情况的交叉检查，对大型项目，至少每月一次，对非大型项目，至少每季度一次。检查的内容包括各单位各项制度的完善情况、危险源的变化情况及安全保障措施的落实情况，通过每月月报将检查发现的重大安全隐患报送监督站。

（27）对于民航专业工程，按要求向监督站报送工程安全管理相关信息：包括工程进展、安全管理检查活动情况、安全隐患排查处理情况及按权限处理的事故情况等。对大型项目，至少每月一次，对非大型项目，至少每季度一次。

（28）在规定的时间落实监督机构对民航专业工程的执法检查意见，并在完成相关整改工作后书面回复监督站。

（29）组织勘察、设计、施工、工程监理等有关单位进行竣工验收，并将相关资料报送备案。

（30）民航专业工程项目竣工验收（含分阶段竣工）并完成整改后，向监督机构提出终止施工安全监督申请。

（31）负责民航专业工程质量申报和安全监督申请。

（32）负责施工现场安全资料的保管，并监督检查施工单位、监理单位施工现场安全资料建立和归档情况。

（33）负责收集、整理建设项目各环节的文件资料，建立、健全建设项目档案和建筑工程各方主体项目负责人质量终身责任信息档案，并在建筑工程竣工验收后，及时组织办理向有关部门移交建设项目档案及各方主体项目负责人的质量终身责任信息档案。

（34）收集、留存参建单位的渣土消纳许可证、夜间施工审批手续等资料。

（35）完成指挥部领导及安委会交办的其他工作。

3.规划设计部

（1）负责督促设计单位在设计文件中注明涉及施工安全的重点部位和环节，并根据施工安全操作和防护的需要，提出防范生产安全事故的指导意见。

（2）负责督促设计单位对采用新结构、新材料、新工艺、新技术的各类工程，在设计中提出保障施工作业人员安全和预防生产安全事故的措施建议。

（3）在编制工程概算时，负责组织设计单位编制建设工程安全作业环境及安全施工措施所需费用，纳入初步设计概算报批。

（4）完成指挥部领导及安委会交办的其他工作。

4.计划合同部

（1）负责在施工合同中明确安全文明施工费用，以及费用预付、支付计划，使用要求、调整方式等条款。

（2）完成指挥部领导及安委会交办的其他工作。

5.招标采购部

（1）负责审核各项工程安全生产措施费用和工伤保险费用在工程招标文件中的单独列支情况。

（2）负责审核各项工程招标文件中对投标单位的安全生产相关资质的要求，并依法组织评标委员会完成招标工作。

（3）完成指挥部领导及安委会交办的其他工作。

6.审计监察部

（1）负责监督安全生产工作中的廉洁情况和制度执行情况。

（2）以“四不两直”（不发通知、不打招呼、不听汇报、不用陪同接待、直奔基层、直插现场）方式对安全监督工作再监督，起到安全保障作用。

（3）配合事故调查，通过制度审计、跟踪审计等方式进行安全审计，检查安全制度的制订情况和执行情况。

（4）完成指挥部领导及安委会交办的其他工作。

7.保卫部

（1）负责施工现场消防的监管工作，负责交通安全及周界安防的管理工作。

（2）完成指挥部领导及安委会交办的其他工作。

8.人力资源部

（1）为指挥部从业人员缴纳工伤保险费。

（2）完成指挥部领导及安委会交办的其他工作。

9.行政办公室

（1）负责建设项目安全生产档案的保管。

（2）完成指挥部领导及安委会交办的其他工作。

10.党群工作部

（1）负责重要安全生产工作对外宣传报道和舆情监测与控制，协调开展新闻危机处置。

（2）完成指挥部领导及安委会交办的其他工作。

2.4 安全委员会的跨组织整合机制

安全委员会包括了指挥部各个工程部门、职能部门以及各参建单位，构成了跨组织的安全组织体系。其整合机制主要通过三种方式进行：五方责任主体安全履责自查、各级安全管理人员压茬管理、安全委员会的日常监督管理。现对这三种方式分述如下：

2.4.1 五方责任主体自我安全监督

五方安全责任主体包括指挥部、勘察单位、设计单位、施工总承包单位、监理单位。通过一套五方责任主体履责情况自查表，能够将五方主体的安全责任进行细化和明确，能够督促五方主体的最高领导切实重视安全问题，能够作为今后发生安全问题进行追责的法律依据。这套自查表共有6张表格，包括1张汇总表和5张各主体的自查表。汇总表由指挥部签字盖章，各自查表由各主体的项目负责人、单位法定代表人签字盖章，并且要出具所在单位的审核意见。这一整套自查表，相当于建立了一套责任体系，明确了各单位在安全管理方面的法律责任，督促各单位自觉按照相关安全要求和法规进行日常安全管理。各自查表的样式如表2-1~表2-6所示。

建设工程施工现场五方责任主体履责情况自查表（汇总表）　　表2-1

建设工程施工现场五方责任主体履责情况自查表（汇总表）	编号		
工程名称			
工程地点		施工许可证号	
指挥部			
勘察单位			
设计单位			
施工总承包单位			
监理单位			
□恢复施工前自查 连续暂停施工的起止日期：　年　月　日　时 至　年　月　日　时 □假期施工前自查 假期施工的起止日期：　年　月　日　时 至　年　月　日　时			
我单位已牵头，组织指挥部、勘察单位、设计单位、施工总承包单位、监理单位五方责任主体对履行施工现场安全生产管理责任情况进行了认真自查，对发现的安全隐患或管理漏洞，及时进行了整改。目前本工程已经自查整改合格，施工现场达到了（□恢复施工 □假期施工）所必需的安全生产条件。 此汇总表及附表 ZC-1、附表 ZC-2、附表 ZC-3、附表 ZC-4、附表 ZC-5已填写完整，按照要求将六张表报（市）住房城乡建设委安全监督机构留存。 指挥部： 填表日期：　年　月　日 （单位公章）			
说明： 1.此汇总表及各附表，五方责任主体必须保证填表内容和签字盖章的真实有效。该表作为事故调查处理中追究相关方责任的重要依据。 2.此汇总表及各附表□处应当勾选。 3.指挥部应当于按照要求及时报告安全监督机构并留存此汇总表及各附表原件。 4.各附表单位法定代表人签字处，可加盖单位法定代表人签名章			

建设工程施工现场五方责任主体履责情况自查表（指挥部）　　表2-2

建设工程施工现场五方责任主体履责情况自查表（指挥部）	编号	
工程名称		
指挥部		
自查项目	自查结果	
是否已经履行了《建筑法》《建设工程安全生产管理条例》《建设工程质量管理条例》《北京市建设工程施工现场管理办法》等法律法规中指挥部的施工现场安全管理责任	□是 □否	
本单位所有岗位的管理人员是否已经到位。是否已经督促施工总承包单位、监理单位所有岗位的管理人员到位	□是 □否	
是否对勘察单位、设计单位、施工总承包单位、监理单位的企业资质及管理人员资格进行了审查，是否符合有关要求	□是 □否	
是否已经牵头组织指挥部、勘察单位、设计单位、施工总承包单位、监理单位五方责任主体对履行施工现场安全生产管理责任进行认真自查。针对自查中发现的安全隐患或管理漏洞，是否及时进行了整改	□是 □否	
是否及时支付了安全防护、文明施工措施费	□是 □否	

续表

建设工程施工现场五方责任主体履责情况 自查表（指挥部）	编号	
是否存在《建筑工程施工转包违法分包等违法行为认定查处管理办法（试行）》（建市〔2014〕118号）中的违法发包行为	□是 □否	
是否严格执行本市现行的工期定额及有关规定，不得任意压缩定额工期。确需调整的，是否组织了专门论证和审定	□是 □否	
是否向施工总承包单位提供了相关的地下管线、相邻建筑物和构筑物、地下工程的有关资料	□是 □否	
涉及轨道交通建设工程，是否落实了《城市轨道交通工程安全质量管理暂行办法》（建质〔2010〕5号）等文件对指挥部的要求	□是 □否 □不涉及	
是否自觉遵守建设工程施工现场安全生产有关标准、规定及文件中对指挥部的有关要求。是否督促其他参建单位落实有关标准、规定及文件的要求	□是 □否	
指挥部意见： 项目负责人签字：　　　　单位法定代表人签字：　　　　（单位公章）		

建设工程施工现场五方责任主体履责情况自查表（勘察单位） 表2-3

建设工程施工现场五方责任主体履责情况 自查表（勘察单位）	编号	
工程名称		
勘察单位		
自查项目	自查结果	
是否已经履行了《建筑法》《建设工程安全生产管理条例》《建设工程质量管理条例》等法律法规中勘察单位的施工现场安全管理责任。 提示：《建设工程安全生产管理条例》 第十二条 勘察单位应当按照法律、法规和工程建设强制性标准进行勘察，提供的勘察文件应当真实、准确，满足建设工程安全生产的需要。勘察单位在勘察作业时，应当严格执行操作规程，采取措施保证各类管线、设施和周边建筑物、构筑物的安全	□是 □否	
涉及轨道交通建设工程，是否落实了《城市轨道交通工程安全质量管理暂行办法》（建质〔2010〕5号）等文件对勘察单位的要求	□是 □否 □不涉及	
是否自觉遵守建设工程施工现场安全生产有关标准、规定及文件中对勘察单位的有关要求	□是 □否	
勘察单位意见： 项目负责人签字：　　　　单位法定代表人签字：　　　　（单位公章）		

建设工程施工现场五方责任主体履责情况自查表（设计单位） 表2-4

建设工程施工现场五方责任主体履责情况 自查表（设计单位）	编号	
工程名称		
设计单位		
自查项目	自查结果	

续表

建设工程施工现场五方责任主体履责情况 自查表（设计单位）	编号	
是否已经履行了《建筑法》《建设工程安全生产管理条例》《建设工程质量管理条例》等法律法规中设计单位的施工现场安全管理责任。 提示：《建设工程安全生产管理条例》 第十三条　设计单位应当按照法律、法规和工程建设强制性标准进行设计，防止因设计不合理导致生产安全事故的发生。 设计单位应当考虑施工安全操作和防护的需要，对涉及施工安全的重点部位和环节在设计文件中注明，并对防范生产安全事故提出指导意见。 采用新结构、新材料、新工艺的建设工程和特殊结构的建设工程，设计单位应当在设计中提出保障施工作业人员安全和预防生产安全事故的措施建议。 设计单位和注册建筑师等注册执业人员应当对其设计负责	□是 □否	
涉及轨道交通建设工程，是否落实了《城市轨道交通工程安全质量管理暂行办法》（建质〔2010〕5号）等文件对设计单位的要求	□是 □否 □不涉及	
是否自觉遵守建设工程施工现场安全生产有关标准、规定及文件中对设计单位的有关要求	□是 □否	
设计单位意见： 项目负责人签字：　　　　单位法定代表人签字：　　　　（单位公章）		

建设工程施工现场五方责任主体履责情况自查表（施工总承包单位）　　表2-5

建设工程施工现场五方责任主体履责情况 自查表（施工总承包单位）	编号	
工程名称		
施工总承包单位		
自查项目	自查结果	
是否已经履行了《建筑法》《建设工程安全生产管理条例》《建设工程质量管理条例》《北京市建设工程施工现场管理办法》等法律法规中施工总承包单位的施工现场安全管理责任	□是 □否	
安全生产管理机构设立及专职安全生产管理人员配备是否符合《建筑施工企业安全生产管理机构设置及专职安全生产管理人员配备办法》(建质〔2008〕91号)的要求。是否已督促专业承包单位、专业分包单位和劳务分包单位按照要求配备专职安全生产管理人员	□是 □否	
是否存在《建筑工程施工转包违法分包等违法行为认定查处管理办法（试行）》（建市〔2014〕118号）中的转包、违法分包和挂靠行为	□是 □否	
是否已与专业承包单位、专业分包单位和劳务分包单位签订安全生产管理协议，对其进行安全技术交底	□是 □否	
是否已经按照要求对工人（尤其是新入场务工人员）进行安全教育，保证受教育时间，保证培训内容符合施工现场实际情况。上岗作业的工人是否全部经过考试合格	□是 □否	
新入场务工人员的安全教育，是否采用亲身实践的体验式教育模式，或是展示事故案例，以达到使务工人员切身感受到施工现场及所在施工环境的危险，认识到安全防护措施的重要性	□是 □否	
是否按照《建设工程施工现场安全防护、场容卫生及消防保卫标准》及《建设工程施工现场生活区设置和管理规范》《建设工程施工现场安全资料管理规程》《绿色施工管理规程》等国家、行业、地方标准及规范要求，对施工现场的施工安全、消防保卫、绿色施工、食品卫生管理等进行了全面的隐患排查，对发现的安全隐患进行整改，并按照规定报监理单位签字确认	□是 □否	

续表

建设工程施工现场五方责任主体履责情况 自查表（施工总承包单位）	编号	
对危险性较大的分部分项工程，是否重新组织了验收，并按照规定报监理单位签字确认，确保在施工前达到了安全状态	□是 □否	
塔式起重机、施工升降机、物料提升机和高处作业吊篮等投入使用前，是否督促产权单位进行检查和维护保养，是否组织产权单位等单位进行验收，并按照规定报监理单位签字确认	□是 □否	
是否制定了生产安全事故应急救援预案，建立了应急救援组织或者配备应急救援人员，配备了必要的应急救援器材、设备	□是 □否	
涉及轨道交通建设工程，是否落实了《城市轨道交通工程安全质量管理暂行办法》（建质〔2010〕5号）等文件对施工总承包单位的要求	□是 □否 □不涉及	
是否自觉遵守建设工程施工现场安全生产有关标准、规定及文件中对施工总承包单位的有关要求	□是 □否	
施工总承包单位意见： 项目负责人签字： 单位法定代表人签字： （单位公章）		

建设工程施工现场五方责任主体履责情况自查表（监理单位） 表2-6

建设工程施工现场五方责任主体履责情况 自查表（监理单位）	编号	
工程名称		
监理单位		
自查项目	自查结果	
是否已经履行了《建筑法》《建设工程安全生产管理条例》《建设工程质量管理条例》《北京市建设工程施工现场管理办法》等法律法规中监理单位的施工现场安全管理责任	□是 □否	
是否按照规定在施工现场配备与工程相适应并具备安全管理知识和能力的安全监理人员	□是 □否	
对施工总承包单位组织的隐患排查和验收，是否进行了审查并签字确认	□是 □否	
涉及轨道交通建设工程，是否落实了《城市轨道交通工程安全质量管理暂行办法》（建质〔2010〕5号）等文件对监理单位的要求	□是 □否 □不涉及	
是否自觉遵守建设工程施工现场安全生产有关标准、规定及文件中对监理单位的有关要求	□是 □否	
监理单位意见： 项目负责人签字： 单位法定代表人签字： （单位公章）		

2.4.2 各级安全管理人员压茬管理

重承诺，守信誉是中华民族的优秀传统。根据这一文化传统，实行了承诺书制度，即指挥部牵头，各参建单位参加，按照“谁建设，谁管理；谁施工，谁负责”原则，层层签订安全责任书，确保安全责任落实到岗位、到个人。这种制度实现了安全责任的层层压实，进而实现了压茬管理。党的十九大报告在谈及全面深化改革取得重大突破时提到“压茬拓展改革广度和深度”。7月上旬，为了增收，同一块土地上既要收割早稻，又要抢种晚稻，这种抢抓农时的种植方式就叫压茬。农业耕作最讲究农时不能误，压茬种地更是时不我待，一茬连着一茬不得空①。安全责任书制度采用压茬管理的生动实践，推动了安全管理的广度和深度。

安全承诺书制度的总体做法如下：根据《中华人民共和国安全生产法》《国务院办公厅关于印发省级政府安全生产工作考核办法的通知》等法律、文件体现或明确的安全管理“三个必须”（管行业必须管安全、管业务必须管安全、管生产经营必须管安全）和“谁主管谁负责”原则，安委会主任签署《安委会主任安全生产责任承诺书》，总指挥与分管安全领导签订《安全责任书》，总指挥与指挥部其他领导签订《安全责任书》，分管领导与各工程部负责人签订《安全责任书》，分管安全领导与安全质量部负责人签订《安全责任书》，以及各工程部负责人与建设单位项目负责人签订的《安全生产责任书》，确保在各自负责的专业建设领域完成建设单位应负的安全生产职责。

安全质量部负责组织《安全责任书》的签订工作，相关人员应配合安全质量部完成签订工作。《安全责任书》由签订人留存，并在安全质量部存档。各承诺书明确了承诺人和受承诺人，其具体内容如下：

1.安全生产责任承诺书（总指挥/党委书记）

《中华人民共和国安全生产法》第十八条第（一）款：生产经营单位必须建立、健全安全生产责任制。为依法落实北京新机场建设指挥部安全生产责任制，总指挥/党委书记承诺，履行以下安全职责：

（1）在首都机场集团的领导下，对新机场安全生产工作全面负责。

（2）遵守国家安全生产法律、法规、标准，严格执行指挥部安全生产规章制度，及时纠正失职和违章行为。

（3）工作中坚持“安全第一，预防为主，综合治理”，当安全和生产发生矛盾时首先保证安全。

---

① 陆娅楠. 改革就要“压茬”干［N］. 人民日报，2017-10-20（10）.

（4）建立、健全本单位安全生产责任制。

（5）组织制定并实施本单位安全生产教育和培训计划。

（6）组织制定并实施本单位的生产安全事故应急救援预案，发生事故后及时、如实报告，坚持事故处理“四不放过”原则。

（7）确保本单位安全生产投入的有效实施。

（8）督促、检查本单位的安全生产工作，及时消除生产安全事故隐患。

（9）定期（每季度）组织召开安全生产例会，解决大兴机场安全生产的重大问题。

（10）履行其他法律法规规定的职责。

2.安全生产责任书（主要负责人——分管安全的领导）

《中华人民共和国安全生产法》第十八条第（一）款：生产经营单位必须建立、健全安全生产责任制。现依法落实北京新机场建设指挥部安全生产责任制，总指挥与分管安全生产的领导签订本责任书，分管安全生产的领导履行以下安全职责：

（1）全面负责指挥部安全生产管理工作，组织制定并实施指挥部安全生产工作目标。

（2）协助主要负责人组织制定和实施指挥部各项安全生产管理制度，应急救援预案。

（3）按照国家、行业、地方安全生产法律、法规、标准要求，牵头组织指挥部各部门开展安全生产风险管控、隐患排查，消除事故隐患。

（4）牵头配合政府部门开展生产安全事故调查工作。

（5）牵头组织安全生产绩效考核。

（6）协助主要负责人定期组织安全生产培训。

（7）完成指挥部领导及安委会交办的其他工作。

3.安全生产责任书（主要负责人——其他分管领导）

《中华人民共和国安全生产法》第十八条第（一）款：生产经营单位必须建立、健全安全生产责任制。现依法落实指挥部安全生产责任制，总指挥与其他领导签订本责任书。指挥部其他领导履行以下安全职责：

（1）在总指挥的领导下，对所分管部门安全生产工作全面负责。

（2）遵守国家安全生产法律、法规、标准，牵头组织分管部门开展安全生产风险管控、隐患排查，消除事故隐患。

（3）工作中坚持“安全第一，预防为主，综合治理”，当安全和生产发生矛盾时首先保证安全。

（4）组织建立完善分管部门的安全生产责任制、规章制度，切实落实安全生产责任制，明确各部门的安全职责，安全责任落实到人。

（5）发生事故后及时、如实报告，坚持事故处理“四不放过”原则，配合各类事故的调查处理。

（6）确保分管工程部安全生产投入的有效实施，设立安全管理机构，且提供人力资源保证。

（7）定期组织召开安全生产形势分析会议，解决分管工程部安全生产的重大问题。

（8）履行其他法律法规规定的职责。

4.安全生产责任书（分管领导——部门负责人）

《中华人民共和国安全生产法》第十八条第（一）款：生产经营单位必须建立、健全安全生产责任制。现依法落实指挥部安全生产责任制，分管领导与工程部负责人签订本责任书。各工程部负责人履行以下安全职责：

（1）在分管领导的领导下，对本工程部安全生产工作全面负责。

（2）遵守国家安全生产法律、法规、标准，牵头组织本部门开展安全生产风险管控、隐患排查，消除事故隐患。

（3）工作中坚持“安全第一，预防为主，综合治理”，当安全和生产发生矛盾时首先保证安全。

（4）组织建立完善本部门的安全生产责任制、规章制度，切实落实安全生产责任制，明确岗位安全职责，安全责任落实到人。

（5）发生事故后及时、如实报告，坚持事故处理“四不放过”原则，配合各类事故的调查处理。

（6）确保本工程部安全生产投入的有效实施，设立安全管理机构，提供人力资源保证。

（7）定期组织召开安全生产形势分析会议，解决本工程部安全生产的重大问题。

（8）履行其他法律法规规定的职责。

5.安全生产责任书（分管安全领导——安全质量部负责人）

《中华人民共和国安全生产法》第十八条第（一）款：生产经营单位必须建立、健全安全生产责任制。现依法落实大兴机场建设安全生产责任制，分管安全领导与安全质量部负责人签订本责任书。安全质量部负责人履行以下安全职责：

（1）协助分管安全领导负责新机场指挥部安全生产管理工作，具体组织制定与实施新机场指挥部安全生产工作目标。

（2）具体组织制定和实施指挥部各项安全生产、工程质量管理制度。

（3）按照国家、行业、地方安全生产法律、法规、标准要求，具体组织安全生产隐患排查，消除事故隐患。

（4）配合政府部门开展安全生产调查工作。

（5）组织安全生产绩效考核。

（6）定期组织安全生产培训。

（7）完成指挥部领导及安委会交办的其他工作。

6.安全生产责任书（工程部负责人——项目负责人）

《中华人民共和国安全生产法》第十八条第（一）款：生产经营单位必须建立、健全安全生产责任制。现依法落实指挥部安全生产责任制，工程部负责人与项目负责人签订本责任书。各项目负责人履行以下安全职责：

（1）依法对工程建设活动履行业主职责，执行国家和本市建设工程安全生产法律、法规、规章和工程建设标准，组织协调安全生产，文明施工工作，落实安全生产和保护环境责任。

（2）将安全生产纳入工程项目管理总体方案，建立安全生产、文明施工管理体系，依法承担相应的安全责任。

（3）不任意压缩合同约定施工工期。

（4）及时办理项目安全监督手续。

（5）不强令或暗示勘察、设计、施工、检测等单位违反工程建设强制性标准或使用不合格的建筑材料、建筑构配件和设备。

（6）按时拨付建设项目安全文明措施费用。

（7）督促项目安全生产自检自查，对施工中出现的安全问题，及时组织整改。

（8）按规定定期报送相关安全过程管理资料。

（9）履行其他法律法规规定的职责。

2.4.3　安全委员会的日常监督管理

安全委员会的日常监理管理主要包括四个方面：组织参建单位开展安全生产专题培训；召开安全生产工作会议，听取施工、监理单位安全生产工作汇报，传达部署安全生产重点注意事项；以现场巡视和视频监控结合的方式组织开展安全巡查，督促相关单位及时整改；开展安全考核，制定相关安全管理考核标准。例如，制定了《安全保卫积分管理考核办法》，涵盖组织建设、消防管理、治安管理、交通管理等4大类、49个考核项目，每月进行考核，兑现奖惩。

在安全工作会议和安全培训方面，每月会召开安全例会、安全讲评会等多种安全专题会议。第三方机构也在每一个季度后会有一份季度安全报告；同时指挥部还会每年开展安全月活动，以达到安全培训和宣传的作用。这种多层次的安全会议，凝聚了各单位的安全管理智慧，也及时暴露了相应的安全管理隐患，并能通过会议的方式落实相关的管理责任和下一步的重点工作，是发挥安全委员会安全管控效能的重要方式。

“安全讲评会是由行业监管机构做讲评。评什么？就是把我们一个月的工作量提出精华和经验。具体的项目可以说具体的问题，比如说特殊环节的，又比如这家有个工程项目出现了安全隐患。但是所总结的安全隐患绝不是普通问题，都是根据工程实际情况和特点，大家在开展后续施工的时候，能吸取经验的这种安全隐患问题和质量隐患问题。然后针对有问题的，给予哪些处罚措施；针对做得好的标段，也会在会上给予大家评述。”

2.5 安全委员会的自适应演变过程

根据项目建设的动态变化，大兴国际机场在建设阶段的安全管理机构也经历了不断演变的过程。初期成立了北京新机场建设安全委员会，后来航站区、工作区分别成立了各自的安全管理委员会，最后根据工作内容设立了北京新机场建设安全生产委员会和安全保卫委员会。现就各委员会的组织架构、管理职责等介绍如下。

2.5.1 北京新机场建设安全委员会

为维护大兴机场建设区域安全，加强安全生产监管和安全保卫工作，保障大兴机场建设工程的顺利开展，确保安全，大兴机场建设期间成立北京新机场建设安全委员会，负责大兴机场建设区域的各项安全生产和安全保卫工作，安全生产监督工作由指挥部负责，安全保卫工作由北京首都国际机场公安分局负责。安全委员会定期组织召开北京新机场建设安全工作会议，传达部署新机场建设安全生产和安全保卫工作，通报安全形势，制定安全管理制度，审议重大、突发、敏感安全事项，监督考核大兴机场建设工程各单位安全工作等。

北京新机场建设安全委员会主任由指挥部总指挥、党委书记、北京首都国际机场公安分局局长担任。常务副主任由指挥部常务副指挥长担任，副主任由指挥部分管安全生产工作的领导和北京首都国际机场公安分局分管大兴机场建设安全保卫工作的领导担任。指挥部各部门、新机场公安机构及大兴机场建设工程各单位为北京新机场建设安全委员会成员单位。指挥部各部门、公安机构、建设工程各单位主要领导为北京新机场建设安全委员会成员。

北京新机场建设安全委员会下设两个办公室，分别为北京新机场建设安全生产工作办公室和北京新机场建设安全保卫工作办公室。北京新机场建设安全生产工作办公室设在指挥部规划设计部，办公室主任由规划设计部部门领导担任；北京新机场建设安全保卫工作办公室设在大兴机场公安机构，办公室主任由大兴机场公安机构负责人担任。两个办公室分别具体承担北京新机场建设安全委员会日常工作，负责督促、检查、指导建设工程各单位做好日常安全生产和安全保卫工作。

2.5.2　北京新机场航站区建设工程项目安全管理委员会

为确保大兴机场航站区建设工程施工安全，加强工程现场安全管理，成立航站区建设工程项目安全管理委员会，成员单位由建设单位、监理单位、施工单位、设计单位组成。委员会设主任、常务副主任各一人，下设三个安全管理小组（核心区工程组、指廊区工程组、停车楼及综合服务楼工程组），管理小组设分管领导、组长、安全员各一人，组员（建设、监理、施工、设计单位相关人员）若干。

航站区建设工程项目安全管理委员会按照附件《北京市大兴区住房和城乡建设委员会北京新机场航站楼建设工程施工现场安全管理实施方案》的要求落实管理职责，由三个标段的安全管理小组按照施工区域分别承担。组长对标段内工程的安全工作统筹管理，安全员协助组长实施日常安全管理工作，职责具体如下：

（1）全面开展施工项目安全管理工作，督促各成员单位落实安全生产职责。

（2）落实各项安全生产法规，执行落实《北京市大兴区住房和城乡建设委员会北京新机场航站楼建设工程施工现场安全管理实施方案》《大兴区建设工程施工现场安全条块管暂行办法》等管理规定。

（3）拟定审议大兴机场航站楼建设工程安全检查工作计划和检查重点。

（4）按计划落实安全检查工作，通报追踪安全生产问题。

（5）每周召开一次项目安全生产例会，对项目一周安全工作进行梳理、总结，形成例会纪要，存档备查并上报大兴区住房和城乡建设委。安全管理委员会主要成员发生变更，应及时在例会上进行通报。

2.5.3　北京新机场工作区工程项目安全管理委员会

为确保大兴机场工作区工程施工安全，加强工程现场安全管理，成立工作区工程项目安全管理委员会。成员由建设单位、监理单位、施工单位、设计单位组成。委员会设主任、常务副主任、副主任各一人，下设三个安全管理小组（市政及场站一组、市政及场站二组、房建组），管理小组设分管领导、组长、安全员各一人，组员若干。

工作区工程项目安全管理委员会按照附件《北京市大兴区住房和城乡建设委员会北京新机场工作区建设工程施工现场安全管理实施方案》的要求落实管理职责，由三个安全管理小组按照施工区域分别承担，组长对标段内工程的安全工作统筹管理，安全员协助组长实施日常安全管理工作，安全管理职责具体如下：

（1）全面开展施工项目安全管理工作，督促各成员单位落实安全生产职责。

（2）落实各项安全生产法规，执行落实《北京市大兴区住房和城乡建设委员会北京新机场工作区建设工程施工现场安全管理实施方案》《大兴区建设工程施工现场安全条块管理暂行办法》等管理规定。

（3）拟定审议大兴机场工作区工程安全检查工作计划和检查重点。

（4）按计划落实安全检查工作，通报追踪安全生产问题。

（5）每周召开一次项目安全生产例会，对项目一周安全工作进行梳理、总结，形成例会纪要，存档备查并上报大兴区住房和城乡建设委。安全管理委员会主要成员发生变更，应及时在例会上进行通报。

2.5.4　北京新机场建设安全生产委员会

为进一步加强对大兴机场安全生产统筹领导、综合协调和监督管理工作，根据《建设工程安全生产管理条例》（国务院令第393号）、《民航专业工程质量与安全生产管理规定》（征求意见稿）、《北京市建设工程文明安全施工管理暂行规定》及补充标准等法律法规，围绕大兴机场“平安工程”的建设目标，按照“谁建设，谁管理；谁施工，谁负责”的管理原则，经指挥部党委会研究同意，在北京新机场建设期间成立北京新机场建设安全生产委员会，安全生产委员会下设安全生产办公室（规划设计部），承担北京新机场建设安全生产委员会日常工作。

北京新机场建设安全生产委员会设置主任、常务副主任、副主任等领导岗位，委员会成员包括：各工程部门总经理（负责人）、各监理单位主要领导、各施工总包单位主要领导。安全生产委员会下设办公室，由办公室主任、办公室副主任、办公室成员等岗位组成。

北京新机场建设安全生产委员会职责包括如下内容：统筹协调政府监管部门以及设计、监理、施工单位在大兴机场建设过程中各项安全生产工作；根据上级有关法规和精神，制定和完善安全生产管理制度；定期召开安全工作会议，传达部署上级指示精神，通报安全形势；审议重大、突发、敏感安全事项，监督考核大兴机场建设工程各单位安全工作。

安全生产办公室的职责如下：负责安全生产委员会日常工作，督促、检查建设工程各单位做好日常安全生产工作；定期召开指挥部安全生产工作会议，听取汇总施工单位及监理单位安全生产工作情况汇报，研究布置下一阶段安全生产工作重点；定期和不定期地组织有关单位进行季节性、专项性等多种形式的安全生产检查，检查应当目的明确、内容具体，确保对安全生产起到监督促进作用；不定期参加工程部门组织的安全生产例会，并要求各工程部门每周反馈安全生产工作开展情况；完成安全生产委员会交办的各项工作任务。

各工程部门根据工程项目实际，成立项目安全管理委员会，下设安全管理小组，开展施工项目现场安全生产管理工作，督促参建单位落实各级安全生产职责。参与大兴机场建设项目（机场工程）尚未进场开展作业的监理单位和施工单位（包括设备安装等），进场前需向北京新机场建设安全生产委员会报备有关安全生产资料，同时，纳入北京新机场建设安全生产委员会，履行安全生产职责。

2.5.5 北京新机场建设安全保卫工作委员会

为进一步加强大兴机场建设期间安全保卫工作的组织领导，切实维护大兴机场建设区域治安、消防、交通安全，为各项工程建设顺利推进营造安全稳定的外部环境，结合大兴机场建设安全管理工作实际，经指挥部和北京首都国际机场公安分局研究，决定撤销北京新机场建设安全委员会，同时成立北京新机场建设安全保卫工作委员会。

安全保卫工作委员会主任由指挥部总指挥担任，常务副主任是北京首都国际机场公安分局局长，副主任分别为指挥部党委书记和北京首都国际机场公安分局副局长。成员包括：指挥部飞行区工程部、航站区工程部、配套工程部、弱电信息部、机电设备部、安全质量部主要负责人，北京首都国际机场公安分局新机场公安处（筹）主要负责人，大兴机场建设工程各单位主要负责人。

北京新机场建设安全保卫工作委员会下设办公室，办公室主任由北京首都国际机场公安分局新机场公安处（筹）负责人担任。安全保卫工作委员会的职责包括如下方面：落实国家、民航局、首都机场集团公司关于大兴机场建设安全保卫工作的重要政策和决策部署；组织召开北京新机场建设安全保卫工作会议，通报辖区安全形势，传达上级有关要求、精神，部署安全保卫工作；研究制定大兴机场建设有关安全保卫相关管理制度、工作措施；审议大兴机场建设安全保卫有关重大方案和重要事项；组织开展大兴机场安全保卫积分管理考核工作，并做好考核结果运用有关工作；统筹协调有关部门、单位共同做好大兴机场建设安全保卫工作。

总之，通过以上不同阶段安全委员会在不同阶段的演变过程可以看出，安全委员会作为一种安全管理顶层组织设计，随着项目范围的扩大和项目结构的调整而动态调整，是组织结构根据管理对象的变化而主动适应的结果，体现了大型复杂项目组织结构的动态演化性、环境适应性和系统整合性，起到了较好的安全管理总控效果。

2.6 本章小结

大兴机场具有较高的复杂性，这种项目复杂性提升了项目组织的复杂性，这种组织复杂性体现在如下几个方面："多""强""广""连"。以上两个层面的复杂性给大兴机场项目的安全管理带来了诸多挑战，具体包括：子项目及参建单位众多与安全管理人员有限之间的矛盾、建设工期紧张与安全标准严格之间的矛盾、项目安全危险源众多与建筑工人安全素养整体水平不高之间的矛盾。为解决上述矛盾，指挥部设立了安全委员会，以应对重大复杂工程安全管理方面的挑战。

指挥部以安全委员会为主导，下设安全生产工作办公室和安全保卫工作办公室，涵盖五方责任主体，形成了"横向到边、纵向到底"的全方位安全管理组织网络，并明确了指挥部各级人员和各个部门的安全生产职责，确保安全生产工作落实到位。同时，安全委员会建立了三种整合机制，包括五方安全责任主体守土尽责、各级安全管理人员压茬管理、安全委员会的日常监督管理，提高了安全管理工作的实际执行效果。

同时，安全委员会作为一种组织形式，其本身的组织结构也在不断演变。其演变的内在动力是项目范围的扩大和项目结构的调整，是组织结构随着管理对象和外在环境的变化而主动变化的结果，体现了组织结构与外在环境的相互适应性，并获得了良好的安全管理组织总控效果。

第3章 多体系融合的安全生产管理体系

安全生产管理体系提供了一个系统化的管理过程。这种体系根据施工现场安全生产各项管理活动的内在联系和运行规律，归纳出一系列体系要素，并将离散无序的活动置于一个统一有序的整体中来考虑，使得体系更便于操作和评价[①]。安全生产管理体系是安全委员会实施各项安全管理活动的重要依据，从法律、制度、标准、流程等方面对相应的管理组织、管理内容、管理方法进行了界定，是项目级别的最高安全管理纲领，也是各种安全管理机制得以有效运行的重要保障。因此，如果说安全委员会构成了安全管理的组织骨架，安全生产管理体系则是安全管理的神经系统和血液系统，给各类安全活动提供了决策依据和制度标准。指挥部建立了安全生产管理体系，主要从安全生产法定职责、组织架构、责任制、管理制度、重点制度实施细则、应急预案体系等方面规定了各级部门、人员和各类参建单位相应的安全责任、安全管理内容和具体实施方法。本章重点从安全风险分级分类管控体系、安全隐患排查体系、应急管理体系、政府安全监管体系和安全法律法规保障体系等方面对大兴机场安全生产管理体系进行阐述。

---

① 方东平，黄新宇，Jimmie Hinze. 工程建设安全管理［M］. 第2版. 北京：中国水利水电出版社，知识产权出版社，2005：106.

3.1 安全生产管理体系建设模式

安全生产管理体系是制度的集成，从目标、原则、组织、责任、制度、内容等方面对安全管理活动进行归纳和总结。该体系的建设思路如图3-1所示。

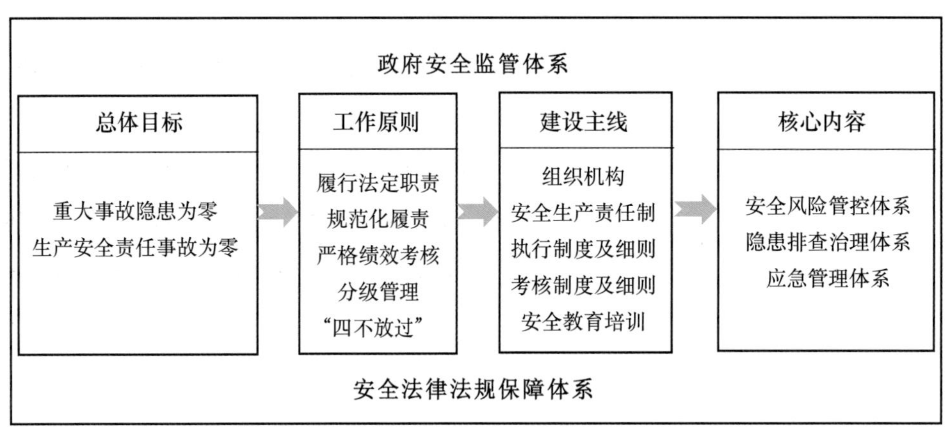

图3-1 大兴机场安全生产管理体系建设模式

1.总体目标

建设大兴机场“平安工程”，确保工程建设“重大事故隐患为零，生产安全责任事故为零”。

2.安全生产管理工作原则

（1）履行法定职责

通过对机场建设相关的法律、法规的全面梳理，将现有建设单位必须履行的法定职责分解、落实到指挥部各个部门和人员。

（2）规范化履责

负有安全生产管理职责的部门和人员须将履行职责的相关材料——检查记录、整改记录、评审记录、会议纪要、影像资料等，存档备查。

（3）严格绩效考核

制定安全管理绩效考核制度，定期开展绩效考核，按考核成绩进行奖惩。

（4）安全管理分级负责

根据安全生产“三个必须”原则——管生产经营必须管安全、管业务必须管安全、管行业必须管安全，结合指挥部安全生产管理构架，分级落实安全生产责任。

（5）生产安全事故处理“四不放过”原则

事故原因没有查清不放过、责任人员没得到处理不放过、整改措施没落实不放过、有关人员没受到教育不放过。

3.体系建设思路与主线

通过对法律法规标准及事故责任追究范围的梳理，明确了建设单位必须履行的法定职责，并将法定职责分解到组织机构和制度保障两个层面。为推动法定职责落实，完善了安全生产组织机构，建立了各部门（人员）安全生产责任制，同时建立了安全风险管控、隐患排查治理、工程发包等各项制度和实施细则，为量化法定职责的执行效果，建立绩效考核制度和实施细则。

体系建设以全面贯彻建设单位法定职责为核心思路，以梳理法律法规要求及国务院特别重大事故实际责任追究案例为主线，在落实建设单位法定职责的同时，采取以安全风险管控、隐患排查治理为主导，以安全生产绩效考核为依托，以安全生产教育培训为保障的方式，监管、督促各参建单位履行安全生产主体责任。

4.体系建设核心内容

（1）全面落实指挥部安全生产法定职责，不留死角，有效降低事故风险，合理规避事故责任；

（2）按照《中共中央国务院关于推进安全生产领域改革发展的意见》《国务院安委会办公室关于印发标本兼治遏制重特大事故工作指南的通知》和《北京市人民政府关于推进安全预防控制体系建设的意见》，建立安全风险管控与隐患排查治理双重预防控制体系，并督促参建单位落实；

（3）履行建设单位监管职责，加大监管力度，定期完成对参建单位安全生产绩效考核；

（4）严格工程发包与合同履约安全监管。通过体系建设与实施，落实各项法定职责，实现建设“平安工程”“重大事故隐患为零，生产安全事故为零”的目标[①]。

---

① 北京新机场建设指挥部. 北京大兴机场建设指挥部安全生产管理手册（2020版），2020.

本章根据安全生产管理体系的建设思路，重点介绍安全风险分级分类管控体系、隐患排查治理及应急管理体系和政府安全监管及法律法规保障体系。

3.2 安全风险分级分类防控体系

3.2.1 差异化、动态化安全风险评估

为确保大兴机场安全平稳投入运营，大兴机场管理中心联合专业研究机构共同开展系列风险评估项目，首期主要聚焦大兴机场差异化和特征风险评估。整体评估方法采用ISO 31000指导方法和北京市政府风险管理工作指导意见作为理论支持，该方法同时也被世园会、冬奥会等大型赛事活动所采用。

评估工作通过前期多轮公司、部门内部访谈、外部专家集中研讨和实地踏勘，结合大兴机场“地跨两地”“一市两场”“综合交通枢纽”“海绵机场”“低碳机场”“新技术设备应用”“新能源车辆设备使用”“京津冀除冰液回收处理”“集中中转换乘”等诸多特点与差异性，从“自然环境”“社会环境”“机场结构与功能设置”及“大兴机场新特点”四个维度展开，通过风险识别、评价和措施制定，最终形成《北京大兴国际机场投运差异化及特征风险评估报告》，其中风险源61项、风险防控措施167项，为大兴机场安全平稳投运和开航后安全运行奠定了坚实基础。

1.安全风险评估前的工作准备

（1）成立专项评估工作团队

大兴机场安全风险评估工作是安全管理中的重要组成部分，是一项系统工程。机场内部员工对业务具备专业性的特长，外部专家对发挥思维延展性和跨行业思维有优势，将两者有机结合应用，使安全风险评估工作事半功倍。因此，大兴机场管理中心业务骨干联合专业评估机构、国家安全生产应急部门专家、北京市应急管理部门专家、院校专家、安全领域专家学者成立工作团队。专业机构代表常驻大兴机场管理中心办公，专家学者长期支撑合作是整体工作组织模式。

（2）统一采用风险评估工具

现有安全风险评估工作有很多种类的评估工具，考虑到大兴机场的建设和运营是人、设施设备、环境、管理的有机系统，“SHELL模型（软件software、硬件hard ware、环境

environment、人live ware)”和风险评价矩阵($R=L\times S$)对于上述元素最为适用。对于安全风险管理方法方面，通过跨行业调研北京市开展安全风险管理的单位，了解到北京市冬奥组委、国庆活动等大型关键项目采用ISO 31000相关标准和管理体系，其风险矩阵对于高危风险的评级更有侧重，因此在开展安全风险评估工作前，全体工作团队统一了安全风险工具的使用意见。安全风险评估流程见图3-2。

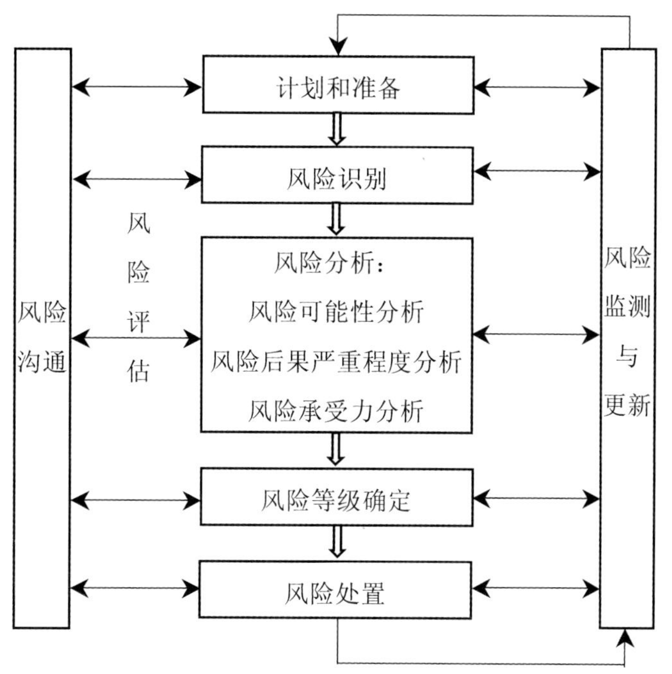

图3-2 安全风险评估流程[①]

2.建设阶段进行差异化安全风险评估

(1)地域差异化聚焦明晰管理权责

从机场规划到机场建设、从运营筹备到后期协同，管理权属问题是关键。如果权属明晰，工作推进就会减少很多困难。因此，在差异化风险评估的第一步，评估团队从地域差异化入手。

大兴机场位于北京市大兴区榆垡镇、礼贤镇和河北省廊坊市广阳区之间。机场主体工程占地多在北京境内，但航站楼的大部分建筑位于河北省廊坊市广阳区境内，另外货运区、东跑道的一部分以及北跑道的大部分也位于河北省廊坊市广阳区境内，使得大兴机场形成了“地跨两省”的格局，相较“一市两场”的格局呈现明显的差异化。

由于北京市与河北省廊坊市在城市定位、政府管理、经济发展等多个方面存在较大差异，管理责权不明确将影响机场质量监督管理、安全监管、应急管理等关键责权问题。通过

① 风险管理原则与实施指南：ISO 31000 [S] . 2009.

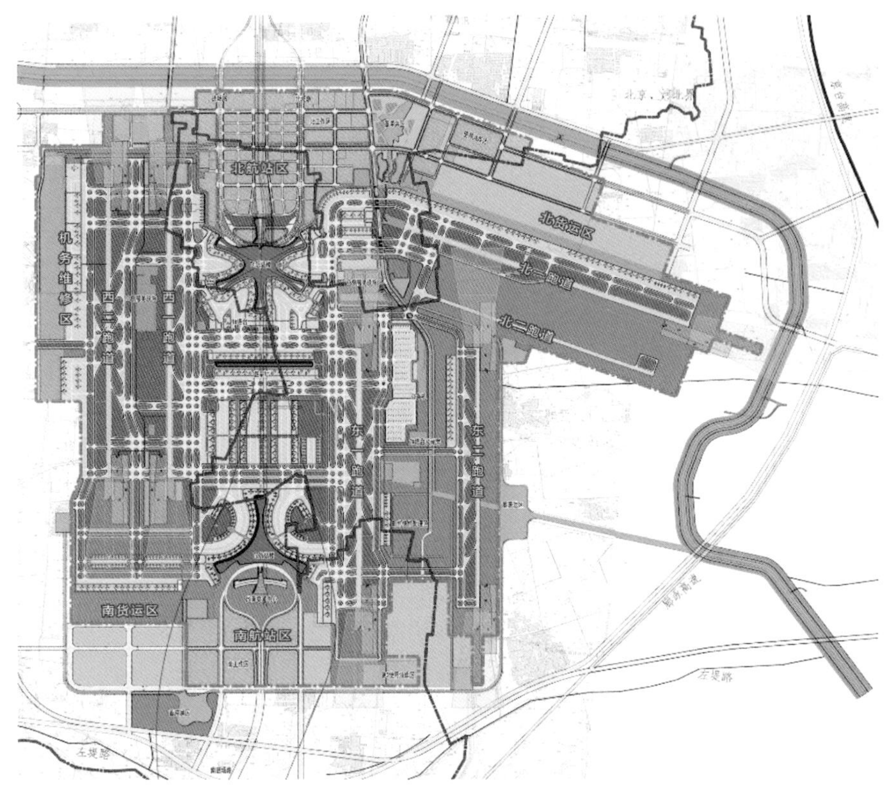

图3-3 大兴机场地跨两省示意图

政府部门的最终协商，规划红线内的机场地界统一由北京管理，见图3-3。

（2）建筑结构特征差异化聚焦重点安全防护

大兴机场航站楼是国内规模最大、技术难度最高的单体航站楼，由核心区和5个指廊组成，地下2层，地上5层，建筑高度约为49.5m，建筑面积70万m^2。其屋面钢结构由支撑系统和重量超过3万t的屋面钢网架组成，跨度达180m，最高和最低点起伏高差约30m。

查阅大跨度钢结构建筑物的文献材料总结得到，大跨度钢结构建筑物防护重点集中在：钢结构本身的变形防范、大跨度空间的防火和疏散。其中支撑航站楼的C形柱更是整体结构中的关键点，一旦发生火灾可能造成重大人员伤亡、财产损失和严重社会影响。因此，大兴机场禁止在C形柱附近建立库房，严控监视施工，航站楼餐饮商户全面禁止燃气，改用电替代，以及联合专业机构制定消防疏散方案来防范安全风险。

（3）根据“海绵机场”水文地质特征提早准备，持续管控

大兴断凸和永定河决定了大兴机场区域沉积物分布特征，形成了现有的水文地质条件。地下水赋存于第四系冲洪积、冲积、湖积和冰水成因的松散沉积物的空隙之中，由于古气候变异水动力条件变化以及新构造运动的作用，使第四系沉积物在水平和垂直向分布上都有明显差异。在垂向上，表现为沉积物机构及粒度的不同，早更新世形成的砾石、卵石空隙多被

黏性土填充，形成“泥包砾”式的沉积结构。而到中更新世，卵石、砾石则较为纯净，砂、砾石层厚度也较大，从而形成强富水含水组。进入晚更新世及全新世之后，水动力条件发生明显变化，卵、砾石层已不复存在，沉积物颗粒细小，含水层以粉、细砂为主。在水平方向上，自西北向东南，含水层厚度由厚变薄，层数增多，综合岩性由砂砾逐渐过渡为细、粉砂。

根据《水利部关于北京新机场洪水影响评价报告的批复》（水汛函〔2014〕189号）要求，大兴机场按国家标准100年一遇防洪标准设防，按20年一遇排涝标准建设雨洪蓄滞工程。同时，为有效安全度汛，指挥部和管理中心提早准备、共同担当，明确了责任界面，合作开展汛前准备、汛期保障的各项工作，确保2019年汛期大兴机场建设投运工作安全平稳。

未来，随着我国经济的快速发展，各地航空交通蓬勃发展，将规划新建大量机场，拓展完善航空网络。在新建机场的建设和运营准备期间，做好安全风险评估工作将有利于全过程全链条的安全管理。从建设机场较其他机场的地域、结构、功能、周边相关方的不同差异和特征入手，使安全风险评估工作更契合建设机场的实际需要，促进提升机场安全整体态势和水平①。

3.运行筹备阶段进行动态安全风险评估

为确保顺利投运开航，大兴机场于2019年7月19日至2019年9月17日组织了6次全流程综合演练和1次应急专项训练。综合演练工作是大兴机场进一步确保“四个到位”（人员能力及培训考核到位、设备设施及资源配置到位、标准合约机程序预案到位、风险防控及应急机制到位），以正常与应急相结合、压力层次逐次提升、高度仿真为原则，以时间为主线，围绕八大流程，重点检验设备有效性、流程通畅性、程序适用性以及人员熟知程度，以发现问题为导向的运筹工作的重要组成部分。结合综合演练工作的开展，以安全风险评估工作为基础，群策群力，从动态和静态双维度开展安全评估，排查安全隐患，对于保障大兴机场顺利投运开航具有重大意义。

（1）周密部署，联合组建安全评估组

一是召开安全评估专项部署会，从总体上对安全评估工作进行把控和部署，提前编制安全评估工作方案，以及飞行区组、航站楼组、公共区组三类现场安全评估单。二是联合多方成立安全评估专项工作组。工作组成员包括北京大兴国际机场管理中心、北京市劳动保护科学研究所工作人员，以及聘请的行业内外的专家。见表3-1。三是在评估实施过程中，最大限度地发挥东航、南航等航空公司，首都机场公安局、博维公司、动力能源公司等首都机场集团所属专业公司，华北空管局、海关、中国航油、中航信等驻场保障单位等多个参加演练

---

① 周陟. 大兴机场差异化和特征安全风险管理实践[C]//中国民用航空局机场司，北京新机场建设指挥部，首都机场集团公司北京大兴国际机场. 北京大兴国际机场“四型机场”建设优秀论文集. 北京：中国民航出版社.

单位的力量，对其发现的涉及安全的问题进行统一收集、汇总分析和动态跟踪。

评估组组成 表3-1

评估组组成		成员名称
评估主体成员		北京市劳动保护科学研究所、北京大兴国际机场管理中心、外聘评估专家
评估参与成员	地方支持单位	北京市新机场办、新机场大兴筹备办、廊坊市机场办、机场高速、北京武警总队
	航空公司	东方航空、南方航空、中国国航、中联航、河北航、首都航
	首都机场集团	首都机场公安局、机场医院、货运办、旅业公司、贵宾公司、商贸公司、餐饮公司、博维公司、BCS、新配餐公司、物业公司、动力能源公司、安保公司、广告公司、机场巴士

（2）提前谋划，建立安全问题动态跟踪核查机制

一是对整个安全评估工作进行了提前的系统性筹划，结合综合演练周期短、任务重的特点，确定了演练前一日召开部署会，每次演练结束后召开总结会，每次演练结束后3日内召开讲评会，每次演练结束后5日内召开问题整改会的高层面会商机制。二是建立安全问题联席沟通机制。每次评估均在次日全部收集汇总完成，并进行层层分解，明确出北京大兴国际机场管理中心内部联系部门已经整改落实责任单位。同时，在第一时间将问题进行反馈，督促责任部门进行问题整改，期间，安排专人向整改责任部门进行问题的解释说明工作。三是对安全问题进行动态跟踪核查。实时收集汇总责任部门反馈的问题整改进度，并在演练间隔期和演练实施期对前期所反馈的整改情况进行再核查。四是重大问题专题研究机制。对评估过程中发现的重大安全问题，通过报请更高层面领导，召开专题会议进行专项协调解决，确保重大安全问题及时消除。

（3）将风险评估成果有机融合于安全评估实践

为充分掌握演练组织、保障、日程安排、流程设计、模拟旅客招募、科目设置、重点关注点位等内容，评估组提前参与演练方案的编制过程，并运用ISO 31000风险管理标准并消化再创新，结合大兴机场特点，开展了综合演练的风险评估工作。其中，针对第一次综合演练，从航空器流程、人员流程、行李流程、交通流程、货物流程、物料流程、信息流程、数据流程、能源保障、演练环境、社会舆情共11个维度出发，识别各类风险事件26项；针对第二至第六次综合演练，从航空器流程、人员流程、行李流程、交通流程、货物流程、物料流程、信息流程、数据流程、应急演练、能源保障、演练保障、社会舆情共12个维度出发，识别各类风险事件28项。风险评估结果作为单独章节，纳入《大兴国际机场综合演练实施方案》中，为大兴机场综合演练的顺利实施提供了有力的保障。此外，针对投运开航，大兴机场还开展了人身伤害类风险评估、差异化及特征风险评估、投运开航重大（颠覆性）风险评估、

开航及转场前全过程风险评估工作。通过多轮次风险评估工作的开展，不仅识别了风险源，提出了风险防控措施，还明确了具体措施的责任部门，明确了安全评估工作的重点内容。

（4）紧紧围绕机场“四个安全”特征

安全评估工作的组织开展紧密结合机场运行特点，以发现和消除机场投运开航后存在的安全隐患为基本手段，以机场运行实现飞行安全、运行安全、空防安全、消防安全这“四个安全”为根本目标。

（5）重点突出，充分发挥历史案例的借鉴作用

在安全评估工作筹备阶段，评估组一是通过人员访谈、专家研讨、实地勘察等手段方法，充分识别了大兴机场相对国内其他机场存在的差异化特征，主要包括地跨两省、地处北京南中轴线、立体换乘结构、超大跨度钢结构航站楼、气候特征、水文地质、“一市双场”、周边配套、开航时间节点特殊、跑道构型、港湾运行和机坪管制、新技术应用、不停航施工等方面。

二是广泛搜集国内外机场发生的事件案例。共收集381起，其中“运行安全”类事件320起，占搜集案例总数的84.0%；空防安全事件17起，占搜集案例总数的4.5%；消防安全事件9起，占搜集案例总数的2.4%；公共治安事件35起，占搜集案例总数的9.2%。重点分析了大兴机场存在的差异化特征可能导致的风险事件，以及可能对大兴机场造成颠覆性影响的风险事件，从而掌握机场投运开航的重点关注部位和事件，为安全评估工作开展有的放矢提供依据。

（6）动静态评估有机结合，不留评估死角

为确保评估工作全覆盖、不留死角，工作的开展与大兴机场组织的6次全流程综合演练和一次应急专项演练工作有机结合，同时针对大兴机场试飞工作开展试飞专项安全评估，针对消防管理开展了消防专项安全评估工作，从而实现了动态和静态安全评估的有机结合，以及机场运行八大流程（航空器流程、人员流程、行李流程、交通流程、货物流程、物料流程、数据流程、信息流程）的全覆盖。

动态的安全评估过程主要以综合演练和试飞工作为评估对象，在过程中，评估专家提前掌握演练方案和脚本内容，根据评估需要，实时转变角色，以旅客身份全程跟踪人员流程，如通过亲自驾驶车辆、乘坐轨道交通进入机场，对停车楼和轨道交通车站开展动态安全评估；在航站楼内对值机、行李托运、安检、候机、登机等旅客离港流程，下机、行李提取等进港流程进行跟踪，对设备设施进行体验，开展评估工作。

静态的安全评估主要以飞行区、航站楼、公共区三大属地内的建构物、设备设施、人员等为具体的评估对象，从消防、用电等方面开展具体的评估工作。一是在评估过程中，坚持各类型评估对象全覆盖和各类评估对象中随机抽查相结合的具体模式，具体为三大属地内所涉及的评估对象均要做到有所涉及，同时各类评估对象在评估实施过程中采取随机抽查的方

式；二是重点突出，对70万余m^2的单体航站楼的消防性能化设计、建筑物内的消防水泵房、消防控制室、配电室、柴油发电机房、信息机房、气体灭火系统、行李分拣厅、灯光站、餐饮企业、消防等进行了重点的评估工作。

（7）优化细节，慎重专家的选取

一是层层筛选，择优而录，科学建立安全评估专家库。纳入专家库的专家一定要在安全生产领域具备特定的专长，或在机场运行管理方面具备丰富的经验，同时广泛涵盖了民航业内和业外的政府部门、科研院所、企业等不同领域，为确保安全评估结果的科学性、客观性、针对性筑就良好的基础。

二是提前谋划。提前对演练方案进行研读和分解，确保选取的专家专长紧密贴合各次综合演练的重点关注内容和科目设置。如邀请了国家减灾委专家委副主任、国务院应急管理专家组组长对航空器突发故障应急处置科目进行安全评估，邀请来自新疆机场的管理人员对空防安全进行评估。

三是注重细节。在评估实施过程中，根据专家的专长进行优化分组，提前设计评估路线图，编制完成安全评估工作手册、现场安全评估单、安全评估任务分工表、安全评估日程安排表、安全评估人员通信录等评估材料，并提前发放至评估专家。

通过安全评估工作的开展，供排查各类安全问题共计392条（其中设备设施231条、程序方案19条、标志标识72条、人员操作20条、信息系统36条、网络信号3条、其他11条）。截至投运开航，完成整改的安全问题共计351条，经过专题研究建议关闭的安全问题27条，仍需实施整改的安全问题14条，整改率达到96%。

大兴机场安全评估工作的开展，主要是以投运开航前7次综合演练及试飞工作为契机，从机场运行八大流程（航空器流程、人员流程、行李流程、交通流程、货物流程、物料流程、数据流程、信息流程）出发，紧扣四个安全（飞行安全、运行安全、空防安全、消防安全）理念，动态开展安全评估工作，同时辅助消防安全专项评估，排查和识别大兴机场存在的安全问题，并进行动态跟踪管理。同时，在以下方面进行了创新：一是将大兴机场多轮次的风险评估成果作为安全评估工作的重要支撑依据，厘清安全评估主次；二是将安全评估工作的参与者延伸扩大化，评估组不仅包括固定的大兴机场管理中心人员、北京市劳动保护科学研究所人员、评估专家，同时吸纳汇总各参演单位人员识别和排查的安全问题，统一纳入问题库，进行动态跟踪；三是在时间紧、任务重的前提下，认真组织、周密部署，建立安全隐患动态跟踪，对安全隐患进行分级、分类管理，采用闭环整改核查的机制，确保安全隐患的实际整改度①。

---

① 冯立普，周鹏. 北京大兴国际机场投运开航前综合安全评估实践[C]//中国民用航空局机场司，北京新机场建设指挥部，首都机场集团公司北京大兴国际机场. 北京大兴国际机场“四型机场”建设优秀论文集，北京：中国民航出版社.

3.2.2 系统梳理安全风险清单及等级

根据风险评估流程，形成了安全风险识别清单、各风险的等级、各重点风险的应对措施、各工程部安全风险评估结论。安全风险识别清单包括了各主要工程部会导致安全风险的作业内容及对应的主要风险；各风险的等级则明确了各风险的级别和所属的工程部门，能够明确风险控制的重点对象；重点风险的应对措施则指出了4种重点风险的隐患点、发生条件和管控措施；各工程部安全风险评估结论则指出了各工程部可能存在的风险及安全风险管理建议。以上4方面的内容具体如下：

1.安全风险识别清单（表3-2～表3-5）

航站区工程部安全风险识别清单　　表3-2

区域	航站区工程
作业内容	航站区铝板吊顶、空调机房及其他机房安装、屋面、墙面吊顶装修； 货运区主体结构封顶、地下室二次结构、机电管线安装、幕墙龙骨安装、外檐装饰钢结构工程； 停车和综合服务楼工程二次结构收尾、机电设备安装、外幕墙施工及内部装饰装修
主要风险	在铝板吊顶和幕墙施工中使用起重吊装设备，会出现起重伤害、物体打击； 吊顶装修及登高作业会出现高处坠落； 使用气焊切割和用电作业会出现触电伤害、火灾； 装修和其他作业中会出现噪声、粉尘职业性危害； 交叉作业区域，由于其他施工作业发生火灾事故时可能引发次生火灾

配套工程部安全风险识别清单　　表3-3

区域	配套工程部
作业内容	热力、给水、中水、雨水、燃气、电力、通信、污水综合管廊内布管； 二次结构、室内装修； 路基路面和照明工程施工； 电缆安装； 基坑土方； 外檐围护结构； 幕墙龙骨安装
主要风险	管廊作业中电力铺设中触电伤害； 道路、管沟作业中的机械伤害、坍塌和高处坠落； 有限空间作业中的中毒和火灾； 起重吊装中的物体打击； 焊接切割中动火作业的火灾及烫伤； 防水作业使用危险化学品可能会产生火灾爆炸

飞行区工程部安全风险识别清单 表3-4

区域	飞行区工程
作业内容	单体室内外装修； 消防站室内装修； 管廊内管网安装； 电缆敷设、灯具安装、设备安装
主要风险	脚手架搭设与拆除可能出现物体打击、高处坠落； 防水作业、木工加工场可能引发火灾； 划线阶段使用易燃易爆化学品可能出现火灾爆炸； 道面混凝土浇筑临时用电的触电伤害、机械伤害； 使用电动工具作业时可能出现噪声、粉尘职业危害； 交叉作业区域，由于其他施工作业发生火灾事故可能引发次生火灾

机电设备部、弱电信息部安全风险识别清单 表3-5

区域	机电设备部、弱电信息部
作业内容	电线敷设，通信设备安装； 基坑支护； 吊顶布管； 电气锅炉安装
主要风险	在管廊中电线电缆敷设的有限空间作业可能出现的中毒事故； 如需焊接切割作业中可能出现火灾； 行李系统安装使用调转机械会出现机械伤害、物体打击； 登高作业会出现高处坠落； 临时用电中会出现触电伤害

2.安全风险等级（表3-6）

各工程部安全风险识别结果 表3-6

工程区域	风险类型					
	触电伤害	火灾	高处坠落	物体打击	坍塌	机械伤害
航站区工程部	较大风险	重大风险	较大风险	一般风险	较大风险	一般风险
配套工程部	较大风险	重大风险	较大风险	一般风险	较大风险	一般风险
飞行区工程部	较大风险	较大风险	一般风险	一般风险	较大风险	一般风险
机电设备部	较大风险	较大风险	一般风险	一般风险	低风险	低风险
弱电信息部	较大风险	较大风险	低风险	低风险	低风险	低风险

3.重点安全风险管控措施（表3-7～表3-10）

火灾风险管控措施 表3-7

风险类型	火灾	风险等级	重大风险
隐患点	事故发生条件	管控措施	
焊接作业	①电焊作业溅出火花 ②电焊机周边堆放易燃物品 ③焊接时没有看火人，焊渣引燃 ④氧气瓶和乙炔瓶使用时距离不足5m ⑤焊接时和油漆、防水交叉作业 ⑥电气焊作业时未配备灭火器 ⑦交叉作业管理缺失	配备接火斗挡火罩； 启动电焊作业前清理周边不需保留的物品； 设置看火人； 安全技术交底，使用前检查两瓶之间距离是否超过5m； 安全技术交底； 作业前检查是否具备有效的灭火器； 签订交叉作业安全管理协议	

触电风险管控措施 表3-8

风险类型	触电	风险等级	较大风险
隐患点	事故发生条件	管控措施	
电器设施	①未使用标准电闸箱，或电闸箱不符合要求，或电箱破损； ②电箱内线路无标记，电箱下引线混乱或搭接不规范； ③电箱无门无锁无防雨措施	施工现场必须使用标准电箱，专人负责维护管理； 合理布置电箱，严禁电源线私接乱拉； 专人负责管理，保证门锁、防雨措施正常使用； 必须由专业电工接线，严禁非电工接线； 严格停送电程序； 手持式电动工具必须使用无接头的多股软铜芯电缆	
施工现场临时用电接线	①工作零线和保护零线错搭，且保护零线接地电阻值大于10Ω； ②送电操作顺序违反“总配电箱—分配电箱—开关箱”的规定； ③停电操作顺序违反“开关箱—分配电箱—总配电箱”的规定		
小型移动设备电动工具使用	手持移动工具的负荷线没有选用多股铜芯橡皮护套软电缆或有接头的负荷线		

高处坠落风险管控措施 表3-9

风险类型	高处坠落	风险等级	较大风险
隐患点	事故触发条件	管控措施	
临边洞口 脚手架搭设、拆除	①高空、洞口、临边作业防护措施缺失或防护措施不符合要求； ②脚手架作业时未挂密闭网或未设防护栏杆； ③脚手架安装未按照方案实施； ④私自拆除杆件、扣件造成脚手架坍塌	按操作规程设置防护栏杆； 施工层每隔10m应挂平网封闭，设防护栏杆； 脚手架安装后检查验收，查看验收记录并挂牌； 对工人进行技术交底，按要求搭设安全平网，杜绝私自拆除现象； 按规范要求搭设平台； 加强检查，材料堆放均匀整齐	
外墙、幕墙作业	①操作下方未设置安全平网； ②操作平台安装不符合要求； ③操作平台超载或堆放不均匀		

坍塌风险管控措施 表3-10

风险类型	坍塌	风险等级	较大风险
隐患点	事故发生条件	管控措施	
脚手架作业	①现场排水不畅或附加载荷导致边坡坍塌 ②搭设材料缺陷、临时结构缺陷 ③基础不平、不实、无垫木、无硬化 ④私自拆除杆件、扣件 ⑤卸料平台与脚手架连接，未卸载	脚手架、模板支撑体系严禁超载； 材料选用、规格尺寸、接头方法、水平横杆设计等设置符合要求； 找平、夯实、加垫木、按要求硬化； 加强工人培训教育和技术交底，杜绝私拆现象； 禁止卸料平台同脚手架连接，设置限载标志	

4.各工程部安全风险评估结论

（1）航站区工程部

重大风险是火灾，触电伤害、高处坠落和坍塌为较大风险，各项目施工单位均采取了动火作业和临时用电技术方案等其他一系列安全管理措施，重大风险、较大风险和一般风险均在可控范围。

建议在动火作业时进一步加强着火人的安全教育，保证动火作业时有效监督。

（2）配套工程部

配套区重大风险为火灾，高处坠落、触电伤害和坍塌为较大风险，配套区的施工单位在安全管理上采取了一系列的管控措施，监理实施日常隐患排查和周联合检查。一些井口、洞口风险已经采取了临边防护或遮盖措施，重大风险、较大风险和一般风险均在可控范围。

建议对焊接作业时加强周边物料清理和看火人职责教育，确保动火作业安全可控；定期对井口、洞口和高处作业实施专项安全检查。

（3）飞行区工程部

较大风险是触电伤害和坍塌。施工单位采取了临时用电实施方案和脚手架安全施工方案，对审批资质、施工作业以及应急处置实施了一整套操作规程和管理措施，用电安全风险和坍塌得到了控制。生活区用电取暖是重大的电气火灾风险，目前隐患已经得到整改，风险在控制范围。

建议对生活区用电采取不定期隐患排查，出现隐患及时消除，确保宿舍用电安全。

（4）机电设备部、弱电信息部

触电伤害和火灾是较大风险，目前施工单位均制定了现场临时用电安全实施方案及消防应急预案。交叉作业边缘地带安全管理也是不能忽视的风险。施工单位目前采取了安全管理措施和作业安全操作规程，风险在控制范围。建议加强交叉作业边界地带的防火安全及消防安全管理。

3.2.3 加强重点安全风险的防控措施

除了上述识别出的4种重点风险，还有6种安全风险也是机场工程项目经常发生的，所有这10种安全风险都应该重点加以控制。具体的防控措施如下：

1.物体打击

（1）在高处作业的人员在机械运转、物料传接、工具的存放过程必须确保安全，防止坠落伤人事故发生；

（2）人员进入施工现场必须按规定佩戴好安全帽。应在规定的安全通道内出入和上下，不得在非规定通道位置行走；

（3）作业过程一般常用工具必须放在工具袋内，物料传递不准往下或向上乱抛材料和工具等物件。所有物料应堆放平稳，不得放在临边及洞口附近，并不可妨碍通行；

（4）吊运一切物料都必须由持有司索工上岗证人员进行指挥，散料应使用吊篮装置好后才能起吊；

（5）加强作业人员的安全培训和教育，施工前，组织安全技术交底并做好书面记录。

2.触电

（1）对施工方案、施工设备、施工现场安全防护设施等实施动态监控，制定并落实相应的预防预控措施；

（2）使用电器的人员在机械运转、物料传接、工具的存放过程必须确保安全，防止触电事故发生；

（3）使用用电器及设备人员进入施工现场必须按规定佩戴好安全帽、穿绝缘鞋、戴绝缘手套；

（4）做好员工“三级安全教育”的同时，做好安全技术交底，使现场作业人员了解施工现场存在的危险因素及预防措施，掌握各项安全规程，克服麻痹思想；

（5）对作业施工设备的验收、日常维护和安全监控，加强对施工作业的安全监督，发现隐患及时组织整改；

（6）项目部加强专职电工和可能接触到临时用电人员的安全培训和教育，施工前，组织安全技术交底并做好书面记录。

3.机械伤害

（1）配备机械设备管理人员负责施工现场机械设备安全管理工作；

（2）进入现场机械设备必须保持技术状况完好，安全装置齐全、灵敏可靠；

（3）现场机械设备的明显部位或机棚内要悬挂安全操作规程和岗位责任标牌；

（4）特种设备作业人员必须持合格有效操作证上岗；

（5）为机械设备使用提供良好的工作环境，安装场地必须平整坚实，有排水设施；

（6）操作人员应遵守机械有关保养规定，认真及时做好各级保养工作，保持机械的完好状态，严禁带病运行。

4.起重伤害

（1）制定起重机械安全管理制度，监督检查落实情况；

（2）对操作人员进行专业培训。根据施工现场的环境、气候、地形情况，及时对起重作业范围进行隔离，设置必要的警示标识；

（3）做好设备安全附件、安全保护装置、测量调整装置及其附属仪器仪表的日常检查维护、定期检验工作。严格按照“十不吊”进行作业；

（4）作业前必须检查吊装设备作业环境，并试运行，信号司索工、司机必须持证上岗，按照指挥信号进行操作，对紧急停车信号不论任何人发出都应立即执行；

（5）加强对施工人员的安全教育，提高个人自我保护意识。

5.坍塌

（1）安全管理措施，包含安全管理组织及人员教育培训等措施；

（2）建立基坑安全巡查制度，及时反馈，并应有专业技术人员参与；

（3）根据施工、使用与维护过程的危险源分析结果编制基坑工程施工安全专项方案；

（4）应根据施工图设计文件、危险源识别结果、周边环境与地质条件、施工工艺设备、施工经验等进行安全分析，选择相应的安全控制、监测预警、应急处理技术，制定应急预案并确定应急响应措施；

（5）建立基坑安全使用与维护全过程台账。

6.火灾爆炸

（1）建立动火作业安全管理制度及操作规程，对动火作业实行审批，岗前进行安全技术交底，看火人必须在场；

（2）消防设施的配备、安装符合国家和行业规定；

（3）随时检查和定期检查相结合，掌握火灾隐患，对不符合消防安全要求的及时整改；

（4）严格遵守动火制度。避免用电线路过负荷，禁止私拉乱接电线；

（5）禁止携带易燃易爆品进入施工现场。

7.高处坠落

（1）人员进入施工现场必须按规定佩戴好安全帽。应在规定的安全通道内出入和上落，不得在非规定通道位置行走；

（2）临边、洞口按标准防护到位，加装防护栏杆、挂安全网等；

（3）对作业施工设备的验收、日常维护和安全监控，加强对施工作业的安全监督，发现隐患及时组织整改；

（4）项目部加强高处作业人员的安全培训和教育，施工前，组织安全技术交底并做好书面记录。

8.车辆伤害

（1）制定车辆安全行车管理制度，监督检查落实情况；

（2）专项检查和定期检查相结合，使用前保证车辆状况良好，对不符合要求的及时整改；

（3）对驾驶员进行道路安全交通法律、法规、道路交通事故的预防、避险、自救、互救的常识安全教育。

9.中毒和窒息

（1）有限空间作业过程中，作业负责人、监护者和作业者应经地下有限空间作业安全生产教育和培训合格，其中监护者应持有效的地下有限空间监护作业资格证；

（2）作业负责人应在作业前对实施作业的全体人员进行安全交底，告知作业内容和作业方案、主要危险有害因素、作业安全要求及应急处置方案等内容，并履行签字确认手续；

（3）作业前应对安全防护设备、个人防护设备、应急救援设备、作业设备和工具进行安全检查，发现问题立即更换；

（4）作业前，应封闭作业区域，并在出入口周边显著位置设置安全标志和警示标识；

（5）按照先通风、再检测、后作业的原则，进行人工挖孔作业前，必须先通风，再测定氧气、有害气体、可燃性气体、粉尘的浓度，符合安全要求后，方可进入。在未准确测定氧气浓度、有害气体、可燃性气体、粉尘的浓度前，严禁进入该作业场所。

10.不停航施工

（1）根据民航局相关法律法规，制定不停航施工安全管理制度，监督检查落实情况；

（2）专项检查和定期检查相结合，对不符合要求的及时整改。

3.3 安全隐患排查治理体系

生产安全事故隐患（以下简称安全隐患），是指在工程建设活动中存在的可能导致生产安全事故发生的物的危险状态、人的不安全行为和管理上的缺陷。根据事故隐患的危害和整改难易程度，分为一般安全隐患和重大安全隐患。一般安全隐患，是指危害和整改难度较小，且能够及时消除的事故隐患。重大安全隐患，是指危害或整改难度较大，应当全部或局部停工，并经过一定时间整改治理方能排除的隐患，或因外部因素影响致使工程参建单位自身难以排除的隐患。对待安全隐患，要进行全面排查、动态管理和多圈层防护。安全隐患显性化就会发生安全事故。这时首先要进行应急救援，防止损失进一步扩大；其次要进行事故调查，对相关人员、隐患、设施和有关单位进行追责、处理、整改和培训，防止类似事故的再次发生。隐患排查时要坚持“安全隐患零容忍”理念，以“眼里容不得沙子”的态度，牢固树立“隐患就是事故，安全就是效益”观念，深入开展各类安全隐患排查整改工作[①]。

3.3.1 全方位覆盖排查范围

安全隐患排查范围包括所有在建施工项目可能发生的安全风险。安全隐患排查不能放过任何安全隐患，如及时除草、清理垃圾、治理杨柳絮等，能消除很大的安全隐患。高空作业、深基坑、防火、用电是相对重要的风险隐患来源，每次现场检查重点关注这些安全隐患，确保没有重大消防安全事故的发生。夏季重点排查用火、用电情况，建立安全用电基地，组织人员参观检查。高空作业检查脚手架是否按专项方案搭建，根据专项方案进行检查，对不合格的进行处理。

施工单位作为隐患排查工作的责任主体，要做好安全隐患库建设，项目安全隐患筛选，安全预案编制及审批，安全交底等工作。其中一家总包单位河北建设集团首先在集团层面建

① 姚亚波. 在2018年度北京大兴国际机场建设安全保卫工作总结表彰大会上的讲话，2019年1月.

立了安全隐患库，然后对所承包的大兴机场项目进行安全隐患筛选。对涉及的安全隐患进行分级，据此编制安全应急预案，上传到集团平台进行修改和审批，并找监理方对安全应急预案签字。最后，在施工阶段，根据应急预案中的各种安全隐患进行现场交底。

3.3.2 高强度排查安全隐患

大兴机场建设期间进行了高强度、高密度的安全隐患排查，基本上每周进行一次。排查参加单位包括指挥部、监理单位、总包单位等单位的项目管理人员和安全管理人员。通过安全隐患排查和评比，也带动了施工单位的安全管理工作，促进施工单位进行高强度、高密度的安全生产自查，提高了安全管理力度，营造了良好的安全管理氛围。如总包单位在集团层面会进行联合检查，发现施工现场的问题，再派集团的督导组进行整改情况落实核查，大大增强了现场安全管控的力度。

3.3.3 多手段防控安全隐患

大兴机场通过物防、人防、源防、技防等多种措施进行安全隐患防控。物防就是通过综合使用安全带、安全帽等防护物品进行安全防控。人防即通过管控建筑工人的安全行为，杜绝施工现场的违章作业。源防就是管控安全风险源，从源头上确保安全。技防主要指通过采用安全施工方案、信息化安全管理平台、无人机等技术手段确保安全。在技防方面，例如，通过信息化系统对现场施工的建筑工人安全行为进行监控。比如大兴机场的充电桩项目，因为涉及不停航施工，在施工时机场处于正在运行的状态，对工人的行为约束就比较高，即建筑工人在施工现场不能随意走动，不能闯入施工界限外的区域。如果实际发现建筑工人的不安全行为，在后台会立刻把相关指令下达到现场的施工负责人和专职安全员，并直接打电话赶紧制止。另外，通过技防也可以有助于源防措施的落实。如建筑工人在不停航施工时，可以通过视频监控系统在后台发现现场遗留的施工工具，然后进行快速处理，并对相应的工人进行批评教育，从而消除了安全隐患。

图3-4是某总包单位设立的现场信息化监控中心，可实时调用场内监控摄像头监视场内建设情况。监控中心提供15个监控席位，可对现场安全生产、安全保卫、交通安全、消防、环境保护等进行建设动态管理。

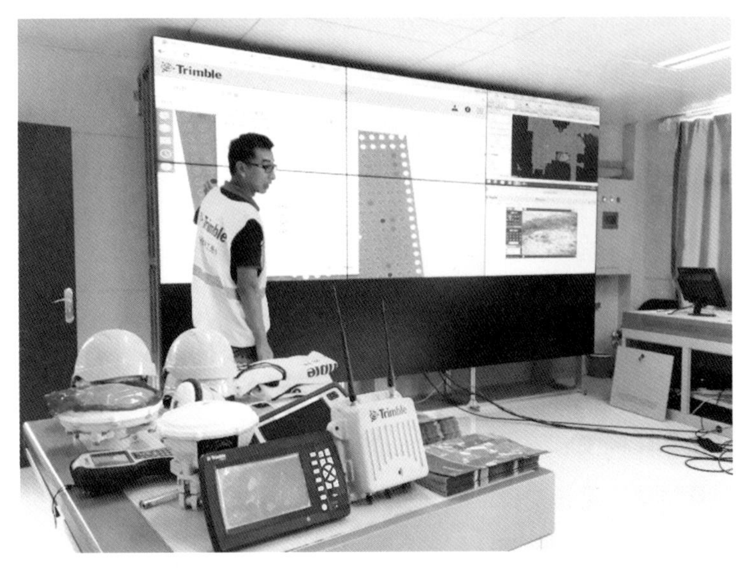

图3-4 大兴机场某工地施工信息监控平台

3.4 应急管理体系

3.4.1 建立无缝衔接的应急预案体系

应急预案是针对可能发生的事故，为迅速、有序地开展应急行动而预先制定的行动方案。应急预案体系主要由综合应急预案、专项应急预案和现场处置方案构成。施工单位应根据本单位组织管理体系、生产规模、危险源的性质以及可能发生的事故类型确定应急预案体系，并可根据本单位的实际情况，确定是否编制专项应急预案。

应急预案编制程序包括成立应急预案编制工作组、资料收集、风险评估、应急能力评估、编制应急预案和应急预案评审6个步骤。

应急救援是在应急响应过程中，为最大限度地降低事故造成的损失或危害，防止事故扩大，而采取的紧急措施或行动。

（1）应急预案实用化

各单位建立覆盖信息传递、预案启动、处置响应和运行恢复等各环节、各层级无缝衔接的实用的预案体系，综合、专项预案、现场处置措施纵向横向有效衔接。各机场应建立与地方政府等支援单位的应急会商、联动处置等机制。

（2）应急演练实战化

实施实战化无通知、无准备、无脚本的演练，实施预案演练总结、讲评、改进（图3-5、图3-6）。

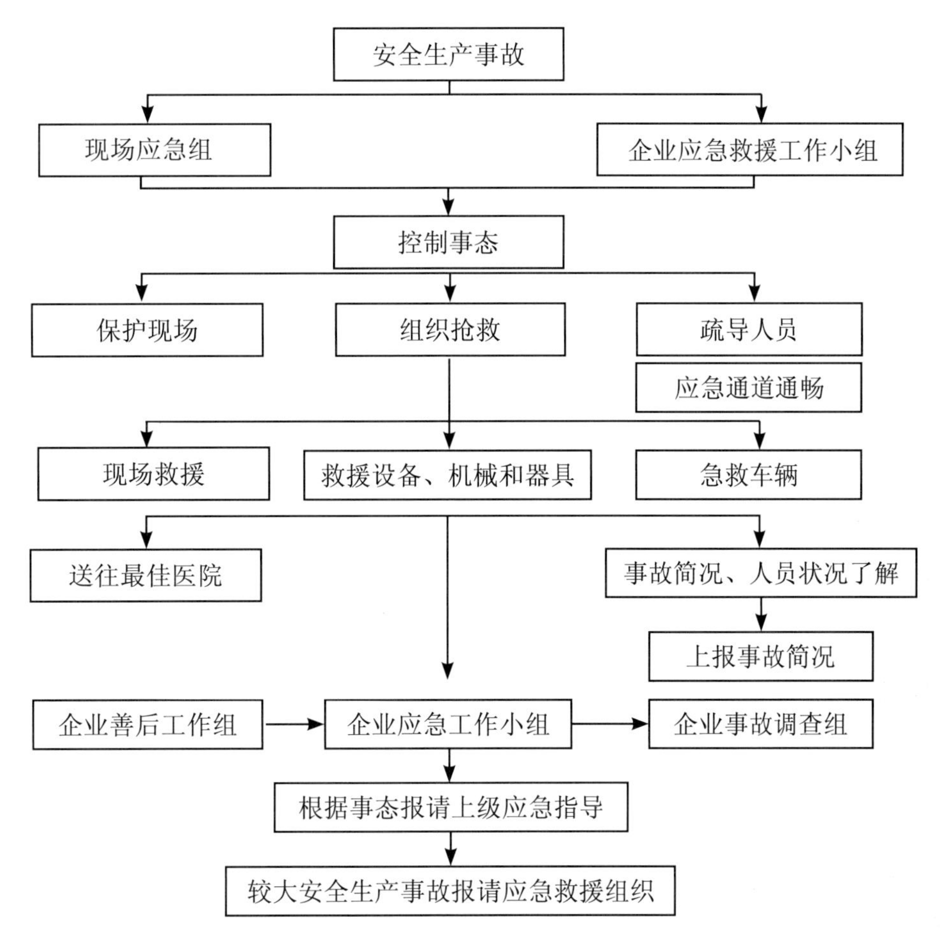

图3-5　安全生产事故应急救援程序流程图

图3-6　民航局领导视察机场应急演练情况

（3）应急管理常态化

首都集团公司建设统一的应急案例库、情景库、专家库，涵盖成员机场常态化监察应急预案、职责、通信用语、环境、培训、训练、设备设施、物资等工作情况。

3.4.2 明确事故报告及应急救援流程

施工现场发生生产安全事故，事故发生单位除应按照有关规定在规定的时限内，以规定的方式向政府主管部门、上级单位进行报告外，还应立即向指挥部值班领导、安全质量部报告。

事故发生后，指挥部安全质量部监督参建单位不得伪造事故现场、故意拖延或隐瞒不报。

参建单位在发生事故时，应第一时间启动应急救援响应，组织有关力量进行救援，并按照规定将事故信息及应急响应启动情况报告安全生产监督管理部门和其他负有安全生产监督管理职责的部门，各工程部督促落实（图3-7）。

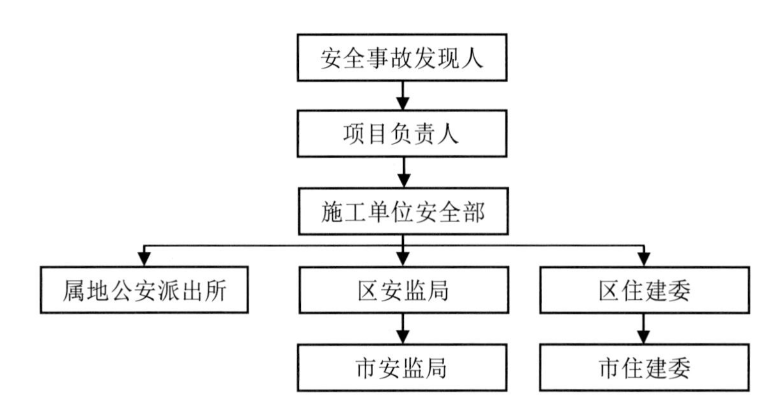

图3-7 安全生产事故报告程序流程图

3.5 政府安全监管体系

政府安全监管有四种职责：第一种是贯彻落实国家安全方面的法律法规，这也是一项基本职责；第二种是进行过程检查，即依据需要贯彻落实的法律法规，通过宣传、指导、教育等活动开展；第三种是执法，即发现违法违规行为后进行相应的处罚和督促整改等工作；第四种是管理，即对行业安全问题进行管理。大兴机场项目得到了应急管理部（原国家安全生产监督管理总局）、民航局质检总站、北京市住房和城乡建设委、大兴区住房和城乡建设委等不同政府部门的安全监管，从政府监管的角度保障了大兴机场安全管理的效果。本节主要以大兴区住房和城乡建设委为主体，介绍其在大兴机场安全监管中的经验做法。

3.5.1 互相尊重的安全监管理念

在监管过程中，对被监管企业充分尊重，让其觉得监管不是增加负担，而是帮助检查提高，引领被监管企业更好、更快地施工。住房城乡建设、应急、市场监管等政府主管部门作为监管单位是责任家长，互相尊重、互相信任，给予被监管单位充分的自我管理空间。

“各政府部门都代表了一方力量，各方力量全部聚集在这个项目里边去，使项目发挥到一个更好的状态，就是大家积极联动推动的作用。作为政府监管机构来讲，我们要求的不是我必须要管你，我觉得大家是互相尊重的。我可以在工作当中相对地给大家一种空间，这种空间是为了更好地落实企业自管。从一次陌生到一次更贴近接触，或者从一次反感到欣然接受，这也是我们当时摸索体验的一个过程。我觉得就用我们的专业、精神、工作方式让你接受。你接受我而不是反感我，是觉得我来了，你们的工作可能更有信心去推动，而且到后期是市、区两级建委联合验收的时候，那是个更大的动力。”

3.5.2 “专业化”+“人文化”的安全监管方式

专业化与人文化相结合的监管方式是指在安全监管时，既采取安全检查等技术手段进行监管，也采取思想教育、安全文化建设等方式进行人文化监管，使得监管政策不仅入眼入脑，更能入脑入心，从而得到真正认同和落实，保障安全监管的效果。

“那个时候全场都是开荒状态，渣土堆无数。但是等着8个标段进场了，可能占据了他的地盘，人家投标的时候可能没有想现场谈判，企业都不愿意在这方面投入更多资金，那么8个标段我怎么管？人家都不管：他说在我地盘里，但是土不是我的；他说这个地是我的，但是我们俩之间有交界。当时我就要求大家你们自己想办法区分。最后就是建围挡，那么大的一个市政工程全都要在这条路上做线性围挡。所以那个时候会议也好，私下找项目经理约谈也好，或者是前线指挥体系这种座谈工作方式也好，都是推动工作的一部分。”

人文化监管需要心理建设和形态意识教育，同时也要有服务意识。这种意识潜在地就在于制度引领和思想研究。这件事对于监管人员来讲有多大意义，目标在哪，为了达成这项目标，有多少潜在的思维方式去干起来，这个是当时政府监管的理念。不能光有意识，还得有行动，行动来源于总结。政府安全检查频率在政策上要求每三个月一次，一年不少于四次。但是在大兴机场，有些组处于建设期高峰的时候都是一周一次，50个项目轮流循环一周一次。前期的时候是每两周一次，相当于从每两周一次的频次到最后竣工验收前改到一周一次，就是为了保通航这一目标的实现。

3.5.3 “5+1”前线指挥体系

市区两级住房和城乡建设委对大兴国际机场共同监管，在安全质量管理方面也有所分工：质量由市区两级住房和城乡建设委分工管理，安全由区住建委负责。为了管理好大量的施工企业和监理单位，大兴区住房和城乡建设委依据“靠前指挥，一线行动”的原则，成立了“5+1”前线指挥体系。所谓前线，就是后台的人员、高层人员走到前线、工地一线，充分掌握安全、进度、质量等情况，充分和建设单位对接。各承包单位如果有多个分公司同时承接大兴机场的建设项目，必须要明确一个总负责人。该负责人对接相关政府部门和建设单位，能够更好地推动工作的开展。

在“5+1”前线指挥体系中，“1”是指政府部门的指挥体系；“5”是指三家主要总承包单位的前线指挥体系（北京城建集团、北京建工集团、中建八局）和两家监理单位的前线指挥体系（华城监理、希达监理）。

“政府作为行业监管方其实就是一个补渔网的技能能手，因为一张网使用时间长了以后会有漏洞。对我们建设行业来讲，第一个是要发现这些漏洞，第二个要帮助企业去把这个漏洞织补好，否则隐患会越来越大，或者这个缺陷会越来越多。所谓前线指挥体系，用了数学归纳总结的方式，合并同类项，就是把所有由一家总包单位承建的项目成立一个指挥体系，其施工力量必须要融入政府监测体系里。所以我们当时就发了文件，要求所有的参建单位成立前线指挥体系。这三大体系一旦立住了，就相当于有了领头羊，领头羊已树立好目标，那么相当于其他企业就慢慢地往里融入。然后通过效仿、表扬也好，批评、教训、指导、借鉴等方式也好，逐步建立前线指挥体系。这是在策略当中合并同类项的管理方式，就把这个网提起来了。”

3.5.4 大兴区住房和城乡建设委安全监管措施

在实际安全监管工作过程中，大兴区住房和城乡建设委采取了三个重要措施，有效保障了大兴机场在建设过程中安全受控。

1.安全条块化管理

安全条块化管理就是划定安全的区域负责人。该模式大兴住房和城乡建设委在2003年的时候开始在全区推广。条块化是指把现场的重点内容切分成每个内容条块，这个内容条块要求施工单位有人来管。条块可按照具体现场工作内容分为扬尘条块、消防条块、危大工程条块等，这些模块要有专人管好。大兴区住房和城乡建设委定期检查的时候，某个条块上出了如果什么问题，这个条块的责任人要追究责任，然后住房和城乡建设委进一步督促其进行整改和完善，并督促安排好下一步工作，不要再出现这个问题。同时，指挥部作为甲方也必须管理条块当中的具体事项，让甲方也融入条块管理当中，即整体参与的安全条块管理制度。

2.重点工程量化

重点工程量化是指对于建设过程中的重点风险（如消防、扬尘、危大工程）通过明确责任人、责任分工、责任内容等方式进行量化。例如，消防需要量化具体有哪些方面动火的消防，哪些杂物及可燃物需要清理等。每个项目都要量化到最低级别，达到有人管、有人控的层面，量化表是需要落实在现场，每个项目都会制定一个重点工程量化表。

重点工程量化表有以下作用：一是给施工企业自己去看，因为通过量化分析就知道自己的大隐患在哪里，就能提前遏制这个大隐患。二是给执法人员看，住房和城乡建设部门要求做的就必须开展相应事项，否则无法指导是否开展及如何开展。因此，通过量化表在现场的处理，还有量化表的检查制度，要求施工单位定期（如一星期）自查，然后住房和城乡建设部门针对自查情况进行二次检查。三是给相关检查机构或者建设、监理、设计单位等相关单位看。这些单位看到重点工程量化表后，可以快速了解施工过程当中存在哪些安全隐患，每一个隐患的责任人是谁、管控者是谁，从而进行闭环管控。所以，在航站楼建设当中，没有发生一起火灾事故，这是一个较大的成就，控制效果较好。

3.四级验收

四级验收即所有的工程都要进行劳务班组、总包单位、建设单位、监理单位四级验收，每个人都要参与验收。这种制度增加了班组层面的验收，例如，建完脚手架以后，要求班组去验收脚手架的安全性，即安全条件。现在非常倡导安全条件，没有一个安全的作业平台和作业条件，对工人来讲是不负责任的，因为现有工人的素质尚没有达到来主动创造安全条件的地步，不具备安全条件和安全标准的情况下仍可能冒险施工，所以要及时地开展安全教育工作，使其达到安全的施工条件。从根本上来讲，就是希望技术人员的实力、技术水平和安全意识有所加强。但是现在的施工作业环境、工人年龄、工作状态等因素，导致新生代员工不愿意从事建筑业基层这种最辛劳的苦力活，现有建筑工人尚不具备更高的安全意识和觉悟，对安全隐患也不够了解，尤其是在大兴机场航站楼这么大规模的项目里施工，更可能使其安全行为失控。那么就通过大兴区住房和城乡建设委的安全管理人员一趟趟钻到脚手架里头，同时也要求施工企业、监理单位必须走访现场，进而通过严密、严格、严谨的检查和验收，保障了施工现场的安全、高效生产。

3.6 安全法律法规体系

3.6.1 完善安全法律法规体系

为了工程安全的安全规范是工程活动所应遵循的重要原则和行动规则，构成价值观的重要内容。这些安全规范直接规约工程建设的行动，并确保了工程预期价值的实现①。安全法律法规主要包括法律法规规章和规范性文件两方面。法律法规规章是指由国家、行业、地方等发布的安全生产有关的法律、法规、规章，以及政府有关部门、行业协会发布的安全规范、标准等；规范性文件是指由政府有关部门发布的有关安全生产的文件等。

安全制度体系是平安机场建设的基础，机场应结合实际，以安全管理体系（safety management system, SMS）和航空安保管理体系（security management system, SeMS）为核心，建立、运行并维护科学、高效的安全制度体系，健全安全管理的组织架构，提升安全人员的防范能力，强化安全风险管理和绩效管理，不断夯实机场安全生产的基础。

针对组织架构，机场树立“大安全”理念，将机场安保、安全链条的各运行主体、各业务单元纳入安全管理组织架构，明确机场各运行保障单位的安全管理职责，落实安全生产责任制，通过协同决策系统等技术手段强化机场各运行主体的信息共享和运行协同，建立权责明晰、管理高效的安全管理组织架构和运行机制，实现机场安全的一体化管理。

针对人员防范，机场树立“全员安全”理念，倡导积极的安全组织文化，强化机场从业人员的安全教育培训，增强安全责任意识和遵章守纪意识，加强重点岗位人员的背景调查和安全管理人员配备，突出特殊工种作业人员的资质能力建设和岗位操作技能提升。

针对风险管理，机场积极构建风险管理长效机制，将风险管理的理念运用到机场的日常生产运行中，积极探索应用新的技术手段和科学的技术管理方法，加强风险源的识别、评估、控制和监测，持续健全安全风险管理和隐患排查治理的双重机制。针对绩效管理，机场应建立一整套适用于衡量安全状态、验证安全管理体系实施效能的安全绩效指标体系，通过对各项安全绩效指标的评估、分析，实现机场空防安全、治安安全、运行安全和消防安全的自我完善和持续改进，提高机场的安全管理水平。

通过对建设单位所应履行的法律法规的收集整理，梳理出与建设方相关的法律、行政法规、地方性法规、部门规章、地方政府规章、规范性文件及标准，共57部，分为六类：安全应急综合类9部，建设类11部，民航建设类12部，北京市安全生产与建设类17部，河北省安

---

① 贾广社. 工程哲学新观察：从虹桥综合交通枢纽工程到“大虹桥”［M］. 南京：江苏人民出版社，2012：269.

全生产与建设类4部，责任追究类4部。

依据《中华人民共和国安全生产法》(中华人民共和国主席令第13号)等57部相关法律、行政法规、地方性法规、部门规章、地方政府规章、规范性文件、标准及国务院事故案例追责情况的梳理，筛选总结出指挥部安全生产相关职责，汇总出《综合类》《各级人员责任类》《工程发包类》《施工手续类》《施工现场管理类》《安全生产投入与经费管理类》《事故与应急类》《资料管理类》《处罚类》九大类，汇总成49条167项法定职责[①]。

3.6.2 动态推广安全法律法规

指挥部通过获取、识别与更新、传达与落实、评价等措施对安全法律法规进行动态化推广和落实。安全质量部是生产安全法律法规管理的主管部门，在安委会的领导下，负责指挥部生产安全法律法规管理工作和对各指挥部的指导、监督、检查等，具体职责为：收集、汇总、整理生产安全法律法规；更新安全规章制度；指导各单位开展生产安全法律法规管理；监督、检查各单位生产安全法律法规管理的落实情况。

各部门则指定安全法律法规管理的具体人员，明确工作职责。部门职责包括：建立健全本部门安全法律法规管理机制，加强组织领导；制定年度安全法律法规管理计划，确保计划的落实；编制、更新本部门安全法律法规清单；根据本部门业务特点，获取安全法律法规，识别适用性；对适用的安全法律法规进行传达、宣传等；组织开展合规性评价，编制评价报告；对安全管理与法律法规的不符合项进行纠正与整改；制定、修订安全规章制度，更新安全管理体系文件；安全法律法规管理各项资料的整理与留存；认真配合上级指挥部的检查，落实提出的整改要求，按时上报有关材料。在推广安全法律法规的过程中，主要有以下环节：

1.获取、识别与更新

各部门应通过各种有效途径，收集与指挥部有关的各项安全法律法规。获取途径主要包括：国家、地方政府机构、行业协会的网站；新闻媒体、报刊、数据库、咨询机构等；上级发文、邮件、传真等；与客户签订的合同文件、安全协议、备忘录等；其他有效途径。

各部门结合业务特点，由安全质量部组织相关人员，对获取的安全法律法规的适用性进行识别，确认适用指挥部的安全法律法规（识别深度应达到适用的具体条款），编制《适用安全法律法规清单》，由总指挥审批确认。识别原则有：颁布新的安全法律法规；已收集的安全

---

① 北京新机场建设指挥部. 北京大兴机场建设指挥部安全生产管理手册（2020版）[A]. 2020.

法律法规已发生修改；开展新业务、使用新设备等导致产生新的安全风险或者原安全风险等级发生变化；原安全法律法规废除。

各部门应随时跟踪安全法律法规的发布，发现有新的或修改的安全法律法规时，应及时收集并进行适用性识别，定期更新《适用安全法律法规清单》。更新时间不得超过发布后的2个月。每年合规性评价工作前，各部门应对《适用安全法律法规清单》进行一次全面的整理，保证清单上的法律法规处于最新发布状态。各部门应将过期或作废的安全法律法规文件及时收回，做好记录。同时公布废止信息，确保相关人员清楚并按现行有效文件的要求执行。

2.传达与落实

各部门应通过文件发布、宣传培训、会议、安全技术交底等形式，及时将识别出适用的安全法律法规向本部门员工传达。各部门应组织有关人员培训，做好培训记录。根据安全法律法规识别结果，各部门应及时制定、修订相关的安全规章制度、安全操作规程、应急预案等，确保符合要求。

3.合规性评价

各部门每年应组织对适用安全法律法规的合规性进行评价，报安全质量部。合规性评价的主要内容包括：安全法律法规的获取是否全面、及时；适用性识别是否充分，资料是否齐全；对适用的安全法律法规是否及时传达，相关人员是否有效获知；是否及时制定、修订相关规章制度；是否存在违规行为；安全法律法规的年度执行情况；对不符合项提出整改要求。

各部门应跟踪评价作出的不符合项的整改情况，消除安全隐患。指挥部不定期对各部门安全法律法规管理的落实情况进行监督检查，检查结果纳入安全生产绩效考核中。

4.信息上报与文档管理

各部门应对安全法律法规获取、识别、更新、传达、落实和评价等过程中涉及的各项记录做好整理，确保资料齐全、信息准确，并单独建档留存。每年3月底前，各部门应将最新的《适用安全法律法规清单》等上报安全质量部[①]。

① 北京新机场建设指挥部. 北京大兴机场建设指挥部安全生产管理手册（2020版）[A]. 2020.

3.7 本章小结

大兴机场安全生产管理体系的建设模式包含四个环节：首先，明确总体目标，即重大事故隐患为零、生产安全责任事故为零；其次，确定五项工作原则，即履行法定职责、规范化履责、严格绩效考核、分级管理、“四不放过”；再次，抓住建设主线，即组织机构、安全生产责任制、执行制度及细则、考核制度及细则、安全教育培训；最后，围绕安全风险管控体系、隐患排查治理及应急管理体系，通过政府安全监管体系和安全法律法规保障体系进行风险管控和隐患排查治理。

大兴机场安全风险分级分类防控体系和安全隐患排查治理及应急管理体系是安全生产管理体系的核心内容。在安全风险分级分类防控体系建设方面，主要采取下列举措：进行差异化、动态化安全风险评估；以工程部为单元梳理安全风险清单及等级；对重点安全风险采取针对性的防控措施。在安全隐患排查治理及应急管理体系建设方面，有以下实践做法：安全隐患排查范围全覆盖；高强度、高密度排查安全隐患；多圈层、多手段防控安全隐患；建立无缝衔接的应急救援流程；安全事故报告及应急救援零延迟。

此外，政府安全监管体系和安全法律法规保障体系共同保证了安全风险分级分类防控体系和安全隐患排查治理及应急管理体系的建设效果。在政府安全监管过程中，体现了互相尊重的安全监管理念，采取了“专业化”+“人文化”的安全监管方式，建立了“5+1”前线指挥体系，通过采取安全条块化管理、重点工程量化、四级验收制度等措施保证了安全监管效果。同时，指挥部梳理建构了安全法律法规体系，并采取各种措施推广安全法律法规，加强了安全管理人员的法律意识、责任意识和安全素养，保障了安全生产管理体系的运行效果。

第4章 多层次耦合的安全文化建设

根据《辞海》的解释，文化是人类在社会历史实践过程中，所创造的物质财富和精神财富的总和。从行业文化层面来看，要求机场建设必须树立和推行品质工程理念，全力推行现代工程管理，着力在建设理念人本化、建设管理专业化、建设运营一体化、综合管控协同化、工程施工标准化、日常管理精细化、管理过程智慧化等方面下功夫，全面推进民用机场高质量发展[①]。在项目文化层面来看，指挥部提炼出的愿景是“引领中国机场建设，打造全球空港标杆”，使命是“建设精品国门，助推民航发展”的使命，精神是“勇担重任，团结奉献，廉洁务实，追求卓越”，管理理念是“安全第一，质量第一，科技优越，诚信至善”。在以上两个文化层次的基础上，本章提炼出大兴机场建设项目的安全文化。安全文化是组织在安全方面拥有的一套普遍的指标、信念和价值观[②]。安全文化是个多维度概念，包括观念、精神、制度、行为、物质等不同层次[③④]。本章侧重于从理念、精神、制度、行为这四个方面对安全行为进行阐述，以四个层次的安全文化为逻辑，层层剖析北京大兴国际机场在建设过程中的多维文化图景。其中的安全信念和价值观是一个原点，也是最核心的理念，能够激发人们在安全方面的精气神，能够督促组织建立人们都能认同的安全管理制度，能够引导组织内人们自觉实施安全行为，由此就构成了一个层层递进的安全文化洋葱模型。

---

① 全国机场建设管理工作会议在鄂州召开［N/OL］.湖北日报.［2021-12-01］. https://epaper.hubeidaily.net/pc/content/202112/01/content_141183.html.

② Fang, D., Chen, Y., & Wong, L. Safety climate in construction industry: A case study in Hong Kong［J］. Journal of Construction Engineering and Management, 2006, 132(6), 573-584.

③ 王秉，吴超. 比较安全文化学的创建研究［J］. 灾害学，2016，31(3): 190-195.

④ 田水承，李磊，王莉，景兴鹏. 基于 ANP 法的企业安全文化模糊综合评价［J］. 中国安全科学学报，2011，21(27): 15-20.

4.1 安全管理理念

安全管理理念是安全文化的内核，是安全活动的出发点和落脚点，并贯彻于安全管理活动的全过程（图4-1）。安全理念是由组织成员个人所表现，为组织成员所共同拥有，是组织整体安全业务的指导思想[①]。大兴机场的工程理念之一就是打造品质工程，其建设目标和建设成果是“优质耐久、安全可靠、绿色环保、智慧高效、经济适用、人民满意”。

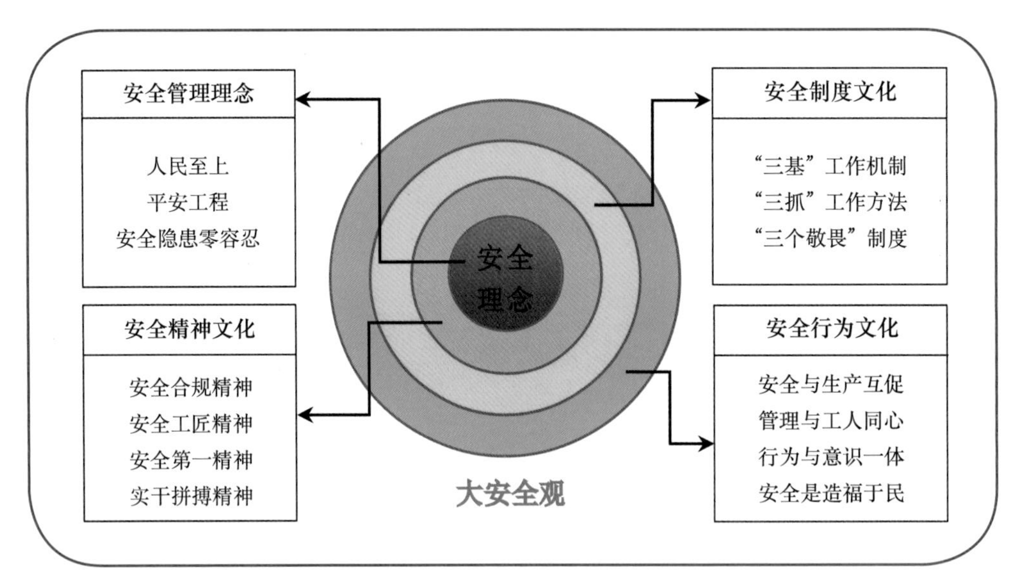

图4-1 大兴国际机场安全文化的多层次耦合模型

大兴机场的安全管理理念具体体现在安全管理规范化、现场防护标准化、风险管控科学化、隐患治理常态化、应急救援高效化等方面。在机场建设期间，指挥部在北京市住房和城乡建设委的指导下成立了安全生产委员会、安全保卫委员会等多个部门，建立了完备的安全管理制度，确保安全管理理念落到实处。北京大兴国际机场工程建设核心安全管理理念有如下方面：

① 傅贵. 安全管理学：事故预防的行为控制方法［M］. 北京：科学出版社，2013：133.

4.1.1 人民至上

1.人民至上是习近平新时代治国理政思想的重要内容

中国共产党一直以“为人民服务”为宗旨，把人民的感受放在第一位。坚持以人民为中心的发展思想，是习近平新时代中国特色社会主义思想的重要组成部分。坚持以人民为中心，就是要坚持人民主体地位，站稳人民立场，反映人民意愿，为人民谋幸福。大兴机场在建设期间也定下了人民至上的安全管理理念。2017年2月23日，习近平总书记视察建设中的大兴机场时，亲切询问工人是否回家过春节，反复叮嘱在工地注意安全，给家人报平安。指挥部牢记总书记的嘱托，以高度的政治责任感和历史使命感，提出大安全观理念，精心组织施工，做好运营筹备工作，高质量建成投运大兴机场，如期实现了安全责任事故为零的“平安工程”建设目标。

2.指挥部和各参建单位在建设阶段严格落实人民至上理念

坚持人民的需求与工程的效益相结合是安全管理理念中不可缺少的基本原则之一。不仅在投运期间坚持以人为本的安全建设理念，把满足人民群众对安全航空出行、高品质航空出行的需求作为目标，兼顾工程全寿命周期潜在安全风险最小化、综合效益最大化，全面提升民用机场工程的投资效益、运营效益、环保效益和社会效益，还在工程建造生产期间考虑人民至上安全管理理念，为广大建设工作者提供完善的安全保障，确保工程事故零发生（图4-2）。

图4-2　2017年6月20日指挥部北京市安全文艺基层巡演

3.在运营阶段不断满足人民群众的美好航空出行需求

机场是服务人民的重要公共基础设施，与人民的切身利益息息相关。机场建设运营必须以人民群众的美好安全航空出行需要为导向，不断凝聚人民群众的智慧力量，保障人民群众的人身安全，积极回馈人民群众的发展期待。大兴机场以真情服务为基础，以人本设计为主线，以文化浸润为依托，坚守“爱人如己、爱己达人”的服务文化和让旅客“乘兴而来、尽兴而归”的服务追求，在机场的运行期间严格保证每位旅客的出行安全。拥有属于自己文化特点的安全管理。为了完全确保人民的安全，大兴机场出台过多部政策和文件，例如《四型机场建设导则》《践行新发展理念打造国家发展新的动力源——大兴机场总结》等。

进入新时代，我国社会主要矛盾已经转化为人民日益增长的美好生活需要和不平衡不充分的发展之间的矛盾。随着我国经济快速发展，人均国内生产总值达到1万美元，城镇化率超过60%，中等收入群体超过4亿人，意味着消费升级进入新阶段，人民对美好生活的要求不断提高，对更加安全、更加高效和更加舒适的交通出行体验追求也不断提高。满足人民群众的美好航空出行需求，始终是推动民航发展的根本动力，也是建设机场的根本目的。大兴机场建设运营的全过程，始终高度关切人民航空出行的基本需求和切身体验，不断夯实安全基石、提高运行效率和提升服务品质，生动践行了“人民航空为人民”的行业宗旨和发展初心。根据民航强国“一加快、两实现”的战略谋划，到2025年，我国运输机场数量将达到270个，到2035年将超过400个，覆盖全国所有地级行政单元和99%以上的人口，这意味未来5年我国机场将处于集中建设期。机场建设运营必须坚持以确保安全为基础，以运行高效为导向，以优质服务为目标，更好地满足人民群众的美好航空出行需求。

（1）满足人民群众美好航空出行需求的基本原则

根据民航强国“一加快、两实现”(“一加快”，即从现在起到2020年是决胜全面建成小康社会的攻坚期，也是新时代民航强国建设新征程的启动期。民航发展要瞄准解决行业快速发展需求和基础保障能力不足及突出矛盾，着力“补短板、强弱项”，重点补齐空域、基础设施、专业技术人员等核心资源短板，大幅提高有效供给能力，加快实现从航空运输大国向航空运输强国的跨越。“两实现”，即从2021年起到21世纪中叶，分两个阶段推进民航强国建设。从2021年到2035年，实现从单一的航空运输强国向多领域的民航强国。在这一阶段，预计我国人均航空出行次数超过1次，民航旅客周转量在综合交通中的比重超过33%；运输机场数量达450座左右，地面100km覆盖所有县级行政单元。从2036年到21世纪中叶，实现由多领域的民航强国向全方位的民航强国跨越，全面建成保障有力、人民满意、竞争力强的民航强国的战略谋划，未来15年我国机场将处于集中建设期。所以大兴机场的建设运营必须坚持以确保安全为基础，以运行高效为导向，以优质服务为目标，更好地满足人民群众的美好航空出行需求。

1）以确保安全为基础。人民群众美好航空出行的基本要求是安全出行。积极回应人民对安全的新期盼，既是机场建设运营的第一要求，又是确保行业行稳致远的发展底线。机场不仅是各个运行主体交互的重要平台，也是航空安全链条管理中的控制性节点，对航空安全运行品质起着决定性作用。机场的规划、建设、运营和管理的全过程，必须满足“以人为本”的安全建设文化理念，必须全面贯彻落实“安全隐患零容忍”的根本要求，要有超前意识，加大机场安全投入，积极有效防控、应对各种可能的安全风险；要健全机场安全规章制度，完善高效的机场安全管理体系；要强化机场安全“三基”力量（抓基层、打基础、苦练基本功），倡导积极的机场安全文化，不断提升机场可持续发展的安全能力，不断增强人民群众航空出行的安全感。

2）以运行高效为导向。从渴望“日行千里、夜行八百”的宝驹，到向往现代化航空出行，不断提升时间效率一直是人类孜孜以求的发展目标。面向2035年，我国人均国内生产总值将由2019年的1万美元向3万美元跨越，社会时间价值显著提升，人们的时间观念将发生质的飞跃，人民对交通出行的时间效率将提出更高要求。为此，大兴机场作为排头兵，必须加快推进以时间效率为核心的发展模式变革，发挥机场高效运行的核心竞争力。大兴机场的建设运营要坚持效率为先，安全为本，以追求最优的功能布局、最优的跑滑系统、最优的流程设计为目标，构建全流程、全方位的效率评价指标体系，推进机场高效运行，安全运行，提高航班正常性，不断增强人民群众航空出行的获得感。

3）以优质服务为目标。随着人民生活水平不断提高，消费结构升级，大众出行日趋多元化。优质服务是民航发展的价值追求，不仅需要有力度、广度，还需要有精度、温度。大兴机场要不断提升服务的力度，加快推进基础设施建设，补齐运行容量资源短板，不断增强服务航空市场需求的能力。机场要不断拓展服务的广度，实施基本航空服务计划，让远方不再遥远，让世界近在咫尺，为人民创造更加公平、更加安全和充分的航空服务。机场要不断提升服务的舒适度和安全性，以精准识别、精细服务为着力点推进服务创新，促进航空服务的个性化、定制化发展，满足日趋多样化的航空市场需求。大兴机场要不断提升服务的满意度，面向每一位航空旅客，尊重个体差异，关注弱势群体，持续优化提升服务，不断增强人民群众航空出行的幸福感。

（2）满足人民群众美好航空出行需求的未来导向

人民是真正的英雄。只有依靠人民，才能创造历史伟业。大兴机场建设运营的过程，就是不断凝聚人民发展共识，汇聚人民发展智慧，集聚人民建设力量的实践过程。面向未来，我国机场建设运营还将面临诸多问题、风险和挑战，需要更好地走群众路线，切实调动人民的主动性、发挥人民的积极性、激发人民的创造性，建设人民满意的机场。

以机场为支撑，拓展航空网络，促进区域发展，让民航发展红利更多、更公平地惠及全体人民，是民航的发展初心。大兴机场就有力支撑北京“四个中心”建设，积极促进京津冀区域协同发展，国家发展的动力源作用日益显现。未来大兴机场还要深入推进与综合交通、城市和区域经济的协同和融合发展，为人民提供更多的出行方式、更安全的出行体验、更好的生活质量和更多的发展机会。

1）给人民提供更多出行选择。依托科技进步和现代化的交通运输体系，不断提升“去远求近”的运输时空效率，丰富了交通方式，为人民创造了更加多元的交通出行选择，给人民提供更安全的出行体验。运输机场作为国家综合立体交通网的核心节点，汇集多种交通方式，是建设现代综合交通运输体系的战略支点。机场与各种交通方式之间的融合发展，为人民出行提供了更多可能性和多样性，实现了运输范围的不断扩展、运输效率的持续提升。通过对安全管理的逐渐重视，慢慢完善安全出行的相关规则和法规，让人民的出行确保安全、远离危险。

2）给人民提供更高生活质量。机场作为重要的公共基础设施，具有不可替代的基础性、战略性和先导性作用。随着以中心城市和城市群为重点的新型城镇化进程加快，机场正由单一的交通基础设施功能向与城市融合发展的综合性服务功能转变，机场建设正由“城市机场”向“机场城市”转变。机场在支撑城市参与全球高水平竞争与合作、优化城市空间功能、提升人民高品质生活等方面发挥不可替代的关键作用。要加强机场城市功能建设，加强机场安全功能建设，不断提升机场对城市服务功能的承载力，着力推进机场社区化发展，积极构建港、城、人和谐发展，有助于打造宜居宜业宜行的新形态，为人民群众带来更有品质、更加安全的出行。

4.1.2 平安工程

大兴机场致力于成为国际一流的平安机场、绿色机场、智慧机场、人文机场。为了达到打造“四型机场”尤其是“平安机场”的标杆，发挥示范引领的作用，指挥部提出了“四个工程”的建设基本要求，并强调了平安工程建设，把“平安机场”的理念与要求全面融入大兴机场。平安机场是“四型机场”的基础，是指能够切实落实国家行业安全法规，以先进的管理模式与科技手段不断排查治理安全隐患和持续有效地管控安全风险，牢牢守住机场安全“四个底线”目标，并能够始终保持足够安全裕度的机场。平安是基本要求，坚持平安理念，加强薄弱环节风险防范，加大安全设备应用，提升应急处置能力，全面夯实空防安全、运行安全、消防安全和公共治安基础，大力推行“科技兴安”。

1.平安工程的概念和特点

平安工程的核心内涵是在建设全过程及工程设计使用年限内，符合国家工程质量标准，呈现平稳顺利、持续安全的状态，成为国家重大项目安全建设的经典工程。其基本特征为：安全第一、预防为主，即针对跨地域等现场复杂的建设管理特点，建立健全各项安全管理制度，制定安全防范预案，做到时刻保持安全警惕、规章制度完备、安全主体责任清晰、安全文化氛围浓郁；严谨务实、万无一失，即小心谨慎，严防各类不安全事件发生，确保安全工作万无一失。

2.平安工程的衡量指标

平安工程有七个衡量指标，分别如下：

（1）建设全国AAA级绿色安全文明标准化工地。北京新机场市政六标段等项目获得全国AAA级绿色安全文明标准化工地。

（2）建设北京市绿色安全样板工地。航站区3个标段、市政多个标段、工作区工程房建项目施工一标段、二标段、三标段、信息中心及指挥中心多次获得北京市绿色安全样板工地。

（3）杜绝因违章作业导致一般以上生产安全事故。全面强化安全隐患零容忍理念，全面施行安全生产管理体系，建立健全安全生产管理机制，全面做好专项安全保卫工作，迄今保持安全零事故的平稳态势。坚决执行开工报告制度，加强资质审查、安全培训与考核，要求施工人员掌握并严格遵守安全作业规程，提高其安全意识与技能素质。要求各总包单位设专职安全员每天进行安全检查，并定期与不定期组织安全督查，查处违章作业。

（4）杜绝因人为责任引发一般以上火灾事故及环境污染事故。与首都机场公安机关联合成立大兴机场建设安全保卫工作委员会，出台《大兴机场建设安全保卫积分管理考核办法》；实施消防安全监督管理网格化管理，重点部位场所实施特别管控措施；推动地方专业消防机构成立大兴机场灭火救援分队进驻施工现场，专门承担施工现场灭火和抢险救援任务。建设期间火灾防控形势持续保持高度平稳，实现了人为责任火灾事故零发生。

（5）杜绝因管理责任发生一般以上工程质量事故；结合工程特点，制定各部门、各级的质量管理人员职责。明确各工序的责任人，明确每个管理人员、工种的工作程序、质量目标和责任，做到横向到边、纵向到底，层层分解目标、层层落实责任。

（6）杜绝发生影响工程进度或造成较大舆论影响的群体性事件。及时建立健全大兴机场舆情管理工作机制，梳理竣工投运舆情风险点，制定新闻危机应急处置预案，明确舆情值班计划和信息通报流程。结合工作实际，制定大兴机场舆情信息快报、周报和专报模板。目前，已向民航局综合司、民航大兴监管局、大兴和廊坊市委宣传部，以及指挥部、管理中心以及43家成员单位报送17期舆情周报。针对旅客错走航站楼、航站楼漏雨、旅客受伤等内容，开展专项舆情应对桌面演练，进一步增强各单位间的协同联动，提升应急处置和舆论引导能力。

（7）建设安全管理体系、健全各项安全管理制度。全面梳理与机场建设安全管理方面有关的法律法规与行业标准，归纳总结七大相关类别。完善安全管理组织架构，健全安全生产责任制并层层签订责任书，签订大兴机场红线范围责任区划分及管理框架协议。形成以安委会为主导，涵盖五方责任主体的全方位安全管理网络，全面压实安全生产责任。构建安全生产管理体系，编制并印发《北京新机场安全生产管理手册》。建立健全安全生产管理制度与实施细则，形成一套有效适用的安全生产管理体系，确保工程建设安全生产管理规范化。建立常态化的安全管理工作机制，高效施行安全生产管理体系。每季度组织参建单位开展安全风险管控与隐患排查治理，配备专家进行“全覆盖”与“抓重点”有机统一的安全检查，开展绩效考核。定期组织召开安全生产例会，分析解决问题，部署下阶段工作重点。

3.平安工程的安全体系

为了将安全管理制度落在实处，机场全力构建安全管理体系：全面强化安全隐患零容忍理念，全面施行安全生产管理体系，打造安全管理平台，完善安全管理制度，实施积分考核管理，大力开展安全生产风险管控。

不仅如此，为了全力打造平安工程，大兴机场也建立健全安全生产管理机制。具体是每月开展工程安全质量工作月度讲评会。坚持第一时间发现问题，第一时间解决问题，最大限度分享经验，最广泛汲取教训，最大限度共同提升。每月对指挥部各工程部、施工方、监理方开展有针对性和实效性的培训教育与应急演练。还要以季度为周期，“全覆盖”与“抓重点”有机统一，配备专家开展安全检查工作，督促参建单位实现隐患排查治理闭环管理。每季度进行安全生产绩效考核得分评比，并对结果进行通报，督促考核排名落后的项目及时采取措施，提升安全管控效果。最后每月进行安全生产信息统计分析，重要信息形成安全生产月报。

4.平安工程的安全措施

除了丰富的安全工程体系，机场在工程安全措施上也十分完善。对于大兴机场安全生产时打造安全工程所要做的这些工作部署，总指挥都是经过了多次的开会商量，并且在安全生产工作专题会议上发布了几个指示。

第一是强化红线意识，树立底线思维。要求要以习近平总书记要求建设“平安工程”的相关指示精神为引领，提升全员安全意识，积极主动地强化安全生产工作。要认真学习和深刻领会巡查组反馈的具体意见和整改要求，深刻反思、剖析原因、制定措施、付诸行动。

第二是落实安全责任，健全管控机制。根据指挥部工程建设实际情况，全面梳理、健全完善指挥部安全生产责任体制，落实主体责任，层层签订安全生产责任状，建立安全监管长效机制，加大依法依规治理安全生产隐患。

第三是狠抓整改落实，提升管理品质。对于巡查组反馈的问题和提出的建议，逐条分析研究，细化分解任务，层层落实责任到具体部门、具体责任人，制定整改措施，明确整改期限，抓好落实，确保整改到位。

第四是加强组织领导，全面排查隐患。北京新机场建设安全委员会要着手开展一次安全生产大检查。在红线范围全区域内集中开展安全生产大检查，深入排查，及时消除各类安全隐患，将安全生产要求落实到工程建设的全过程和各方面，确保不留死角；坚持最高标准、最严要求，研究有力的奖惩措施，确保检查效果突出，持续提升安全生产工作水平。同时，要全力以赴抓好当前汛期、暑期安全生产工作，确保特殊天气和高空作业安全防护措施到位，做好应急保障工作，确保安全施工。

第五是宣传与培训并举，浓厚安全氛围。安全质量部结合巡查情况，下发文件，敦促参建单位加强宣传与培训，开展巡视与自查，排查隐患，营造良好的安全生产氛围，从基层一线贯彻落实好安全生产工作要求。此外，要发挥综合组织协调作用，充分利用工程部门、运营筹备部、施工单位、监理单位等资源，打通各环节，不留盲区，形成强大合力，切实保障施工安全，顺利推进工程。

在大兴机场建设及运营筹备的全过程中，指挥部始终坚持和贯彻新发展理念，实现了“四个工程”的主要目标，并且起到了引领全国“四型机场”建设的责任，这充分展现了中国工程建筑的雄厚实力，充分体现了中国精神和中国力量[①]，充分彰显了中国特色社会主义道路自信、理论自信、制度自信和文化自信。

4.1.3　安全隐患零容忍

指挥部将习近平总书记提出的“安全隐患零容忍”作为平安机场建设的核心思想。要落实“安全隐患零容忍”，就要在理念、态度、方法、管理、责任、文化六个维度予以落实。各项目标段安全生产责任体系进一步完善、安全组织管理作用进一步增强、安全应急管理能力进一步提升，确保了以大兴机场安全防汛为主的各项安全生产工作平稳顺利。各监管部门和建设单位要充分认清安全生产形势，认真梳理工作任务，结合各自职责，拿出有效措施确保万无一失。

---

① 郭媛媛，路相宜. 引领世界机场建设　打造全球绿色空港标杆——访北京大兴国际机场建设指挥部总指挥姚亚波［J］. 环境保护，2021, 49(11):9-12.

自始至终，在机场的规划、建设、运营和管理的全过程，已经全面贯彻落实“安全隐患零容忍”的根本要求，各班组都做到有超前意识，指挥部加大了机场安全投入，积极有效防控、应对各种可能的安全风险；逐渐健全机场安全规章制度，完善高效的机场安全管理体系。

在习近平总书记提出了“安全隐患零容忍”的核心思想后，指挥部主要在方法上实现了常态抓安全隐患、重点抓风险管控、长远抓系统建设；在管理上也把隐患排查治理与安全管控体系有机结合，形成隐患零容忍长效机制；责任上各部门严格落实“主体责任、监管责任、领导责任、岗位责任”；文化上塑造遵章守纪、诚实守信、落实责任、全员主动的企业安全文化。机场还引入了项目全生命周期的安全、环保、健康（HSE）管理服务单位，建立全流程的HSE管理体系和“7S管理”制度，搭建全员参与式HSE管理组织架构，实现安全零事故、质量零缺陷、工期零延误、环保零超标、消防零火情、公共卫生零事件的总体目标。

不仅如此，为了严格实现全建造周期的安全隐患为零、安全事故为零的目标，北京新机场建设安全委员会也着手开展了安全生产大检查。坚持不懈、始终如一地在广大建设者中强化安全是生命线、安全隐患零容忍理念的思想教育，要求全体建设者在任何时候任何情况下对安全都不能麻痹大意。始终把他人事故当成自己的教训，把小隐患当大事件，把安全责任落实到岗位、落实到人头，确保大兴机场建设安全平稳可控。

指挥部始终坚持整体思维，统筹推进基层党建与业务“一盘棋”，避免各行其是、各自为政，推动党建与业务工作同布置、同落实、同推进、同考核。计划合同部连同财务部，通过开展分专业结算、材料价差调整，保障支付流程顺畅，重点关注节假日，农民工工资等多项举措，消除了安全隐患。

4.2 安全精神文化

4.2.1 安全合规精神

合规就是企业经营管理活动和全体员工对所有适用法律法规、制度规定和职业操守的普遍遵从。合规的“规”包括：遵守国家法律法规和行政管理部门的监管要求；遵守行业准则；遵守企业内部的管理制度；遵守道德规范和职业操守。安全为了生产，生产必须安全，合规是基石，安全是红线，所有的生产活动及其行为人必须遵法守法，恪守制度，保证安全。安全合规精神就是指相关管理人员和操作人员秉承的遵守安全方面的法律法规、标准规范、管理制度、道德规范的意识和共识。安全合规精神是安全精神文化的重要组成部分，是安全管理底线思维的重要体现，是实现工程建设项目本质安全的基本原则。要做到安全生产，必须弘扬安全合规精神，树立遵法守法的观念和防控安全风险的意识，需要强化全员合规理念，通过安全文化、合规文化引导，强化合规是建设法治企业的基石、合规是底线、违者必须“买单”等合规理念，使员工熟练掌握并落实合规要求，实现从“应知应会”到“已知已会”，从“内化于心”到“外化于行”的转变[①]。大兴机场在工程建设安全管理实践遵循安全合规精神，确保安全管理合规、合理。

1.确保安全管理活动符合法律法规的要求

指挥部作为建设方，是项目建设的总协调者，处于主导地位，通过明确自身的安全生产责任，提高内部监管意识。在建设过程中遵守相关法律法规，履行法律规定的安全主体责任。指挥部在建立安全管理体系时综合考虑《安全生产法》《建筑法》《消防法》等相关法律法规和标准的要求，紧密结合国家、北京市及行业的相关规定，保证安全管理工作有标准要求，全面落实安全生产责任制。同时，为了明确指挥部的安全管理组织机构和职责，保证各参建单位有统一的安全生产管理准则，实现大兴机场建设安全管理工作规范化，编制了《北京新机场建设工程安全生产管理手册》。该手册是大兴机场建设阶段安全管理的实施导则和基本要求。

2.确保安全管理制度符合大兴机场工程特点

大兴机场工程不仅具有建设规模大、施工周期紧、技术复杂、高空作业艰难、重型或大型机械使用多等特点，还具有参建单位多、管理水平参差不齐、人员流动大、地方行业标准不同、多标段同步施工、交叉影响大等特点，预防安全生产事故的难度较高。因此，指挥部在制订安全制度时充分考虑工程特点，结合实际管理需要，建立针对性强、实效性高的安全管理体系和制度，不断促进指挥部的安全管控水平。

3.确保落实安全生产责任制

按照“统一领导、综合协调、分级监管、全员参与”的原则，落实“一岗双责”安全生产责任制。以“逐级一把手”为核心，分岗位、分系统履行安全职责，落实全员安全生产责任制。根据安全管理主体的不同，明确不同主体的安全生产职责。建立健全各类人员的安全生产职责，主要包括：指挥部安全委员会主任、副主任以及各成员的安全生产职责；安全委员会办公室主任的安全生产职责；指挥部各部门（包括安全质量部、各工程部、办公

---

① 李蔺，李凌云，赵小梅. 合规管理与安全文化建设初探［J］. 安全，2020, 27(7):211-212.

室、规划设计、财务等部门）负责人的安全生产职责。指挥部各工程部门安全管理负责人与参建单位项目负责人签订安全责任协议书，落实安全生产责任，考核相应的安全目标，实现安全生产。

4.确保安全管理“规范化履责”

在落实建设方安全主体责任的同时，指挥部坚持“规范化履责”原则，在制定安全目标、开展安全绩效考核、安全检查、安全教育培训等方面，留存书面资料，加强痕迹资料的日常管理，健全档案痕迹资料，存档备查。这些资料能有效地证明相关责任人法定职责履行和安全管理工作完成情况，也是安全生产事故调查追责的重要依据①。

4.2.2　安全工匠精神

工匠精神是一种职业精神，它是职业道德、职业能力、职业品质的体现，是从业者的一种职业价值取向和行为表现。“工匠精神”的基本内涵包括敬业、精益、专注、创新等方面。工匠精神的品质内核与民航安全文化建设的内在要求高度契合、相辅相成，培育和弘扬工匠精神，对于安全文化建设颇有助益。安全管理过程尤其需要弘扬追求极致的工匠精神，对每一项制度、每一个环节、每一处隐患都进行精细打磨，把工匠精神注入安全发展创新的实践中，这也是增强安全生产基础的重要落脚点②。

安全工匠精神代表着专注于安全领域、针对安全领域的技术和管理过程全身心投入，精益求精、一丝不苟地完成安全管理的每一个环节。这种精益求精、极致主义的精神在安全管理工作中有着重要意义：安全工匠精神需要安全管理者有“匠眼”，要善于不断总结和提升自己的眼力，能及时发现并制止违规违章，对于安全隐患能够有一定的预判能力；安全工匠精神更需要安全生产管理者具备“匠手”，需要有纠正问题、解决问题、优化提升的能力；安全工匠精神还需要安全生产管理者具备“匠心”，需要有不辞劳苦、不畏艰险、不厌其烦的精神意志力，有时候甚至需要承受他人的误解③。

大兴机场的广大建设者、运营者也都自觉得把安全工匠精神融入机场建设安全管理的全过程，为建设平安工程提供了强大精神力量。安全工匠精神是保障安全隐患零容忍、追求安全生产零事故的内在基础。

---

① 张雪娟，樊晶光，王效宁，马海澎，翟文亮. 北京大兴国际机场建设工程安全管理体系研究［J］. 安全，2020，41(1):76-80.

② 蔡顺驰. 培育弘扬工匠精神 加强安全文化建设［J］. 民航管理，2017，(7)，86-88.

③ 张登珂. 安全工作也需“工匠精神”［E/OL］. 陕西省建筑业协会. https://www.sxjzy.org/h-nd-25091.html，[2021-12-10].

1.大兴机场工程在设计阶段注重匠心精神

坚持工程设计不低于标准规范要求；科学比选设计方案、注重工程设计细节、优化关键设计参数、规范设计表述，有效指导施工、节约建设成本。倡导设计创作，鼓励将地域特色、文化特点与机场设计融合，设置有民航特色的无障碍设施、机场航空观景设施等，打造有主题理念的机场设计作品。正是因为这一独特的工匠精神，大兴机场工程十分突出品质，也是本着对国家、人民、历史高度负责的态度，始终坚持以“国际一流、国内领先”的高标准和工匠精神来推进精细化管理，精心组织，精益求精，全过程抓好工程质量，打造经得起历史、人民和实践检验的，集外在品位与内在品质于一体的新时代精品力作。

2.大兴机场工程在建造阶段秉持匠心精神

通过打造品质工程，促进大企业担当行业主力军，中小企业争当创新生力军，全面提升机场建设技术装备、科技创新能力和工程质量安全水平，塑造既有国际视野又有民族自信的机场建设品牌。建立突出机场特色的工人职业技能培训体系，大力弘扬工匠精神，稳定技术工人队伍，通过技术升级推动建设方式由传统模式向智能建造方向转变。广大建设者以严谨的专业素养、科学的专业态度，扎实推进各项工作，营造比学赶帮超的浓厚氛围，引导干部职工大力弘扬践行当代民航精神与大国工匠精神，积极投身航站楼封顶封围、校飞试飞、综合演练、首航保障等急难险重任务，经受住了时间紧任务重、协调主体多、各项任务交织的严峻考验，做到日常工作看得出来、关键时刻站得出来。将世界一流的先进建设技术与传统的工匠精神相结合，通过科学组织、精心设计、精细施工、群策群力，确保工程有条不紊、高质量推进。

（1）以严的标准，力争尽善尽美。严格执行各项法律法规，遵循和坚守技术标准规范，建设、设计、施工、监理单位各负其责，用科学的技术、科学的管理、科学的方法，抓工程重点、看问题实质，以实实在在的行动、切实可行的措施，扎实推进工程进度，建出了标杆工程。

（2）以实的态度，做到专心专注。实事求是，树立底线思维和问题导向，按照“千方百计把问题找出来，找出问题就是成绩，解决问题就是提升”的要求，狠抓问题发现，以钉钉子精神抓好问题整改，对大兴机场的建设和验收进行严格监管，确保工程经得起历史检验。

（3）以细的举措，追求精益求精。从细节处着眼，于细微处着手，把质量安全无小事的思想贯穿工程建设的整个过程，对各类问题绝不放过，创造了质量合格率100%、安全生产零事故的新纪录。把精细化理念贯彻落实到项目实施的各个环节，以建设精品工程、强化精细化管理、开展精细化控制为载体，建立“实施有量化标准、操作有规范程序、过程有实时控制、结果有客观考核、预测有科学依据”的精细管理体系，推动精益建造，传承工匠精神，保证工程局部和细节均满足技术要求，提高工程品质与耐久性，最终达到在品质和使用功能相得益彰、完美结合的百年高品质工程。

4.2.3 安全第一精神

大兴机场建设对于安全十分重视，构建了双重预防机制体系，实施安全风险分级管控，强化隐患排查治理，防范化解重大风险。压实企业主体责任，将双重预防体系建设与安全标准化建设工作有机结合，完善相关政策措施。加快安全技术标准编制与实施，推进事故预防工作科学化、标准化、信息化。发挥风险管控、隐患排查、教育培训等第三方安全服务机构作用。

（1）用科学的理论武装头脑。实现观念的现代化，深入学习领会习近平新时代中国特色社会主义思想，深入学习领会习近平总书记对民航工作系列重要指示批示精神，使思想和行动始终跟上时代的步伐。深入学习领会习近平总书记关于民航战略地位的重要论述，始终从战略产业的高度去认识民航、发展民航，始终从新动力源的角度去谋划机场布局和建设，把机场作为一个国家、一座城市的综合竞争力的体现。深入学习领会习近平总书记关于航空安全的重要论述，主动把航空安全纳入国家和行业总体安全体系中去思考，始终保持“航空安全永远在路上”的心态，确保机场建设运行万无一失、绝对安全。深入学习领会习近平总书记关于民航服务的重要论述，践行真情服务理念，提高航班正常性，开展服务质量专项行动，始终把提高服务质量作为更好满足广大人民群众航空需求的出发点和落脚点。深入学习领会习近平总书记关于学习英雄机组的重要论述，正确处理伟大与平凡的关系，践行当代民航精神，强化“三个敬畏”（敬畏生命、敬畏规章、敬畏职责）意识，锤炼担当民航强国大任的过硬队伍。

（2）严守机场安全底线。创新安全工作理念，在换季转场和新冠肺炎疫情的双重压力下，持续深化安全管理体系、航空安保管理体系建设；提升安全管理效能，建立健全风险管控长效机制，持续开展安全监察，防患治理成效显著；安全态势平稳可控，2020年6月，获评民航局和华北局“安全生产月”活动先进单位。

（3）持续优化运行效率。截至2020年8月31日，航班始发正常率93.88%，放行正常率94.63%，起飞正常率91.83%，在旅客吞吐量占全国0.2%（含）以上的机场以及22个时刻协调机场中均排名第一；始发、放行正常率“双百”累计达112天，自2020年以来，始发、放行、起飞正常率“三百”累计达77天；自开航以来，累计保障航班起降6.9万架次，旅客吞吐量822.7万人次，货邮吞吐量3.2万t。

（4）致力提升服务品质。2019年航旅纵横民航服务满意度调查中，大兴机场总体得分在旅客吞吐量千万级以上机场中排名第一，29项指标满意度成绩为千万级以上机场最高值；

2020年一季度、二季度ACI（Airport Council International，国际机场协会）测评整体满意度均为满分5分；投运至今，大兴机场持续保持民航局通报投诉为零的纪录。

4.2.4 实干拼搏精神

“空谈误国，实干兴邦”，实干首先就要脚踏实地劳动[①]。在走向新时代的路上，始终坚持实干精神，脚踏实地做事，老老实实做人，尤其是党员干部更是如此。在大兴机场建设人员中同样不缺乏一批优秀的党员同志，他们起到了先锋模范作用，在队伍中传播实干拼搏精神。安全质量是干出来的，所以要抓干部队伍，这是安全质量管理的核心。抓干部队伍，可以从规章制度、人员素质、组织结构等多方面入手。实干拼搏精神是指挥部全体人员的精神内核之一，并体现为如下几个方面：

1.锻造干事创业的干部队伍

落实党管干部、党管人才原则，树立重实绩重实干的选人用人导向，努力营造从事有激情、谋事有思路、干事讲规矩、成事有效果的浓厚氛围，为大兴机场建设运营提供坚实的人力资源保障。

（1）坚持五湖四海，组建专业团队。结合项目实际需要，组建工程建设和运营筹备专职团队。采取社会招聘、内部招聘竞聘、挂职交流、陪伴运行等多种形式，补充各类人员，成功建立建设和运营管理两个团队人员交互介入和动态有序流动的机制，大胆尝试两个团队管理人员交叉挂职，培养复合型人才，提升建设运营总体管理效能。动态调整组织机构设置，在建设运营的不同阶段对业务需求进行科学评估，采用实事求是的一体化动态组织机构，助力攻坚。

（2）坚持分层分类，加强教育培训。根据不同专业、不同岗位知识技能需求，有针对性地实施新员工、一线操作岗位员工、机坪管制人员培训，开展各层级管理人员能力提升和国际化、精细化管理培训，持续提高员工职业素养和业务能力，在工程建设运营各阶段发挥了重要作用，也为民航行业培育和储备了一批“建设运营一体化”优秀复合型人才。

（3）坚持榜样引领，激励担当作为。将是否真抓实干、动真碰硬作为体现忠诚干净担当的评判标尺，大力选树典型，营造比学赶帮超的浓厚氛围，引导干部职工大力弘扬践行当代民航精神与大国工匠精神，积极投身航站楼封顶封围、校飞试飞、综合演练、首航保障等急难险重任务，经受住了时间紧任务重、协调主体多、各项任务交织的严峻考验，做到日常工作看得出来、关键时刻站得出来。

---

① 习总书记为何多次强调“实干”？[E/OL].[2015-08-26]. 人民网-中国共产党新闻网. http://cpc.people.com.cn/xuexi/n/2015/0826/c385474-27517707.html.

“当时压力确实挺大的，也经常住在这里，我们把它当家了。我想这么辛苦，我们这是带头实现6+1，这种上班很正常，一个礼拜就休一天。碰上排班，一个月可能就休一天，所以是非常大的压力。因为那时候工期的压力、安全的压力、各方面的压力都很大。包括在2019年6月的时候，一边投运，3月国家审计署要进驻，审计还得解释，工期还得保障。

那时候我们没有什么休息，也没有什么抱怨，都是自己的事，大家的奉献精神确实很难得。没有发生大的事故，既有客观的原因，也是信念支撑我们达成的这个结果。如果你的工作到位，你的制度到位，你落实到位，这些你都到位了，你才有可能不发生事故。

正如总书记讲的：‘伟大梦想不是等得来、喊得来的，而是拼出来、干出来的’。我们也是有信仰，当然像我们家属这块也很支持理解，有时就把他们请到这来看一看这个情况。当时我们自己说叫天字一号工程，确实当时觉得跟打仗一样。没办法，考虑不了这么多，先把事情干掉。

解决不了的，那就得干。当时大家投运之前这种劲儿叫‘见鬼杀魔，见神杀神’，真就这样，谁也别挡，必须保证6·30竣工。正是这股劲，也就是大家上下一心，才保证按时竣工。工程上各种困难大了去了，但大家都有这种精神。”

2.充分激发广大职工的主动性和积极性

机场建设运营存在协调工作难、主辅专业多、技术标准严、工程难度大等特点，需要形成一盘棋、一条心的集中建设发展模式，需要培养一支具有政治担当和专业实干精神的建设力量。强化目标引领，加强机场建设重要性、必要性和可行性的宣传教育，以发展共识，凝聚各方资源和力量。健全机场建设运营管理机制，充分授权，形成自我有效约束和激励机制，不断激发干部职工的积极性和工作活力。善于发现和培养先进典型，充分发挥先锋模范的带头示范作用。

“把支部建在连上，这事琢磨了两年的时间，从个人的认识，到主要领导的认同，然后再推开到大家的普遍共识和大力地去推进，最终走上了人民大会堂进行经验交流，实际上中间走了很长一段路。当时就是借鉴当年我们党在最艰难的时期提出来的党指挥枪，党支部建在连上，把我们党的方针政策、党的最高指挥的思想意识体现在了最基本的作战单元。咱们追求最主要的方面是指令传达到每个人，实际上支部建在项目里面是达到了作用的。”

加强协调，积极营造良好的发展氛围，激发社会各界力量积极主动参与机场建设运营，为民航发展汇聚不竭的力量。针对前期的征地拆迁这一重大任务，大兴机场各成员单位牢牢抓住这一重大历史机遇，充分认识到其对新区加快转变经济发展方式、推动城乡一体化发展的重大现实和长远意义，切实增强责任意识、服务意识和忧患意识，主动把做好大兴机场建设征地拆迁维稳工作纳入“一把手”工程，做到领导班子分工负责、职能部门具体落实、全体人员齐心协力，始终以高度负责的工作态度和真抓实干的工作作风，全身心投入各项维稳工作，对可能出现的新情况和新问题研判在前、对可能引发的重大不稳定因素评估要细、对制定的应急预案和工作措施做得更实，由“事后被动维稳”向“事前主动创稳”转变，切实增强工作的主动性、自觉性和超前性。

4.3 安全制度文化

4.3.1 “三基”工作机制

平安工程建设的工作基础是抓基层、打基础、苦练基本功。“伟大出自平凡，平凡造就伟大”，这是建设者们最重要的工匠精神。通过抓班组，使得基层单位成为一个班组，把党支部建在项目上，发挥基层党员先锋带头作用和教育作用。

1.抓基层，完善“四个到班组”工作机制

（1）完善班组安全教育培训工作机制。培养一支业务素质高、沟通能力强的培训师队伍，编制一套覆盖安全关键岗位的标准化培训教材，建立一套针对基层班组、简便适用的培训系统。完善培训效果评估及考核机制，确保人员技能与岗位要求相匹配（图4-3）。

（2）建立班组人员手册执行工作机制。建立便于基层班组使用、简洁合规的标准化、可

图4-3　塔式起重机司机、信号工安全培训活动

视化工作手册，规范手册执行台账和制度。强化班组人员手册执行合规性监督，严防违章操作导致的不安全事件。

（3）健全班组人员风险防控工作机制。基层岗位应建立风险评估机制，组织识别岗位风险，将风险防控措施转化为工作手册要求，并持续改进。基层班组长应履行班组风险管控的第一责任，确保基层班组风险可控。施工单位在实际工作过程中，每天工作之前都要召开班前会，相当于工作交流，干什么工作关键在基层，真正把安全落实到班组。班前会一般由项目经理或者各个标段的负责人主持。

（4）建立安全“三基”保障工作机制。推进安全“三基”建设过程中充分发挥党政工团作用，唱响安全主旋律，传播安全正能量。安全工作重点聚焦基层班组，确保基层保障资源充足、人员配置合规。将安全“三基”任务延伸至关键合约商。

2.打基础，加强人员作风及基础保障建设

（1）加强一线班组安全工作作风建设。树立安全先进典型，弘扬工匠精神，倡导从业人员敬业爱岗、恪尽职守、团结协作。开展形式多样的作风宣传、建设活动，将教育养成与职业养成贯通，把作风建设贯穿于从业人员职业生涯的全过程、全链条。

（2）安全制度建设。建立法规、规范性文件、集团公司制度更新的常态化制度对标机制。制定各单位安全“四个底线”指标体系和目标责任支撑体系。完善安全奖惩机制，引导形成积极、正向、公平的安全氛围。完善安全绩效考核机制，建立以机场安全“四个底线”指标为基础，安全管理能力提升为目标的绩效考核机制。

（3）完善基础设施建设。重点推进空防设施、机坪机位、保障车辆、消防设备等硬件设施的补充和对标建设工作（图4-4）。推动安全科技创新应用，加快A-CDM（Airport-Collaborative Decision System）、FOD（Foreign Object Debris）监测、智慧安检通道、智慧消防等先进技术的部署，提升机场安全保障水平。

3.苦练基本功，健全岗位资质技能提升机制

（1）健全安全资质管理机制。加强员工资质能力建设，重点实施安检、机务、空管、配载等关键岗位资质管控。建立安全关键岗位资质数据库，实施岗位、人员资质状况的动态跟踪、持续管控。强化人员资质、人员调配、人员培训的监督管理，形成制度化、常态化的人员资质管控机制。例如，指挥部工程二部组织了几期总工讲堂，培训施工单位总工，推广一些好的经验，提升了整个项目的管理能力。

（2）持续岗位练兵技术比武机制。完善常态化岗位练兵、技术比武制度，扎实开展比武练兵活动，促进员工专业技能提升。结合“安康杯”竞赛（图4-5）、“安全班组三

图4-4　大兴机场施工现场全景图

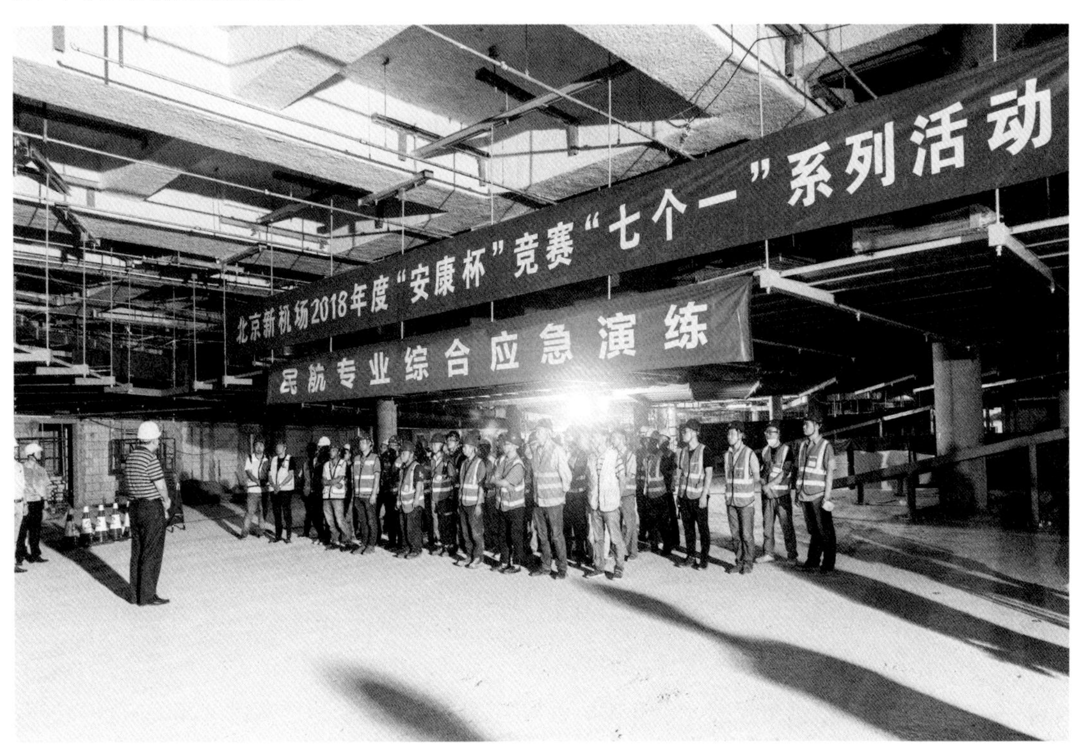

图4-5　大兴机场2018年度“安康杯”竞赛活动

优创建活动”，提高班组人员安全素质和安全自觉，鼓励员工积极争当行业模范、大国工匠。

（3）健全基层安全关键岗位保障机制。建立基层安全关键岗位人员选拔、任用机制，确保基层关键岗位与企业发展需求相适应。培养一批思想素质高、理论水平高、操作技能高的高素质安全专家，为安全工作出谋划策、保驾护航。

4.3.2 “三抓”工作方法

安全“三抓”是指常态抓安全隐患、重点抓安全管控、长远抓系统建设。安全“三抓”的工作方法深刻贯彻落实了习近平总书记民航安全工作思想，是平安工程建设的有效途径。

1.常态抓安全隐患

常态抓安全隐患，重点落实隐患排查、实施隐患库动态管理、明确隐患治理责任等方面工作。

（1）常态化排查隐患，建立以班组为主体、全体员工参与的安全隐患排查治理工作责任制，有效利用激励、约束机制，实现隐患排查全覆盖、无死角，及时发现、报告。

（2）实施隐患库动态管理，加强对隐患出入库、整改执行情况的统计分析，重点跟踪较大及以上隐患的整改进度，及时采取升级、督办措施。

（3）落实安全隐患排查治理的主体责任，各单位负责人要积极落实安全隐患排查治理领导责任，做好本单位安全隐患排查治理的整体组织，严格执行安全隐患排查治理的奖惩、问责。各级管理人员要做好隐患整改措施的执行落实。

2.重点抓风险管控

重点抓风险管控是在各环节、全过程提高对风险的认识水平和管控能力。重点抓风险管控，重点落实风险管理制度、开展危险源辨识、强化重要风险领域管控、启动重要风险的识别、建设风险监控预警系统等方面的工作。

（1）规范安全风险管理制度，明确风险管理流程，落实风险防控责任，评估风险防范效果，实现风险闭环管理。各单位将风险管理措施延伸到外包方。

（2）鼓励全员识别风险源，建立危险源库，专业人员分析危险源的可能性、危害性，并分级制定管控措施，确定风险管控责任人。

（3）按照风险等级确定本单位管控重点，加强空防、运行、消防、治安等高风险领域管控。

（4）将“四新”（即采用新工艺、新材料、新技术或使用新设备）、施工、人员变化等作为重点管控的变更风险，及时启动风险程序。

（5）安保公司、动力能源公司、博维公司、地服公司应研究基于数据驱动的安全风险管理方法及技术措施，实现安全风险的动态监控预警。

3.长远抓系统建设

系统建设主要工作是安全体系的持续完善和管理效能的持续提升。长远抓系统建设，重点要落实系统运行、绩效管理、系统评估、安全管理信息系统建设等方面的工作。

（1）围绕隐患管理和风险管理，科学合理地调动、配置资源，将SMS、SeMS各要素有机结合，发挥最大效能，使系统运行始终处于良好的安全状态。

（2）用好安全绩效管理工具。各单位在推进安全绩效管理过程中实现与集团公司的对接，将安全绩效的思路、方法渗透到各个生产领域和工作岗位。

（3）定期实施SMS、SeMS评估，监察体系运行的有效性，并持续完善。

（4）建设、使用SMS、SeMS信息管理系统，建立流程化、数据化、可视化的信息系统。

4.3.3 “三个敬畏”制度

“三个敬畏”是指敬畏生命、敬畏规章、敬畏职责，是当代民航精神的内核。对于安全管理来说，“敬畏生命”是根本宗旨，“敬畏规章”是行业基石，“敬畏职责”是行为底线。

“敬畏生命”是根本宗旨。“敬畏生命”既是出发点，又是落脚点，既是手段，又是目的，是贯彻“生命高于一切，责任重于泰山，一切服从安全”的根本体现。敬畏安全，是对生命最大的敬畏。达到了安全绩效，保持了安全状态，是保障生命安全的基础。这一切的前提是心里要有一根“敬畏生命”的弦时刻紧绷着，这也是做好安全工作的必要条件。

“敬畏规章”是行业基石。规章就是安全基石，是丰富经验的沉淀，是理论与实践的结晶。根据规章做好每件事是安全管理的基本要求，每位安全管理人员都应该学习规章，掌握规章，宣传规章，进而把错误、危险、隐患降到最低。同时，规章是透明的、公开的、共同认可的，自觉遵守规章是每位从业人员必须要做到的，容不得任何讨价还价的余地。敬畏规章才能接受规章，接受规章才能遵守规章，遵守规章才能筑牢安全底线。蔑视规章就是蔑视生命。在安全管理过程中，没有规章就没有了秩序，没有秩序就没有了安全。只有认真学习规章，才能了解规章，掌握规章，才能在危急时刻知道如何安全操作。只有从内心认可规章，遵守规章，才能确保安全。

“敬畏职责”是行为底线。敬畏职责要求首先要明确划分各岗位的职责，不能有职责漏洞和安全死角。敬畏职责要求积极主动的安全工作作风，要事先做好谋划，打好提前量，防止安全风险演变为安全隐患，杜绝安全隐患发展为安全事故，避免小型安全事故演变成重大安全事故。敬畏职责要求精通岗位职责所要求的各项安全技能，要求苦练基本功，具备匠心、匠眼、匠手，善于思考问题、发现问题、解决问题，进而防微杜渐，有备无患。敬畏职责，体现了安全管理人员的职业操守，是岗位责任和专业能力的有机结合，要求高度认同岗位职责，时刻坚守岗位职责，自觉提升岗位技能，不断打造良好习惯。敬畏职责也是敬畏规章和敬畏生命的前提调节，是每一位安全管理人员和工程建设者的行为底线。只有守住了这条底线，才能守住安全底线，才能做好安全工作。

“心有敬畏，行有所止”。思想意识决定行为。知敬畏者，必身有所正、言有所规、行有所止。常怀敬畏之心，才能有战战兢兢、如履薄冰的谨慎态度，才能有兢兢业业、如负泰山的职责感。全面贯彻落实“安全第一，预防为主”的方针，时刻知责履责，心系安全，情系安全，时刻怀有敬畏之心，铭记责任，遵守纪律，强化执行力，才能以实际行动筑牢安全底线。只有将“三个敬畏”落到实处，以优良的工作作风，不断提升自身的专业素养，保持斗志昂扬的精神状态，才能取得安全生产工作的最终胜利[①]。大兴机场在工程建设过程中，把“三个敬畏”作为安全培训的重要内容，把“三个敬畏”的实施效果作为绩效考核的重要内容，塑造了良好的安全制度文化。

4.4 安全行为文化

从人的社会属性出发，人的行为模式过程是：安全需要→安全动机→安全行为→安全目标实现→新的安全需要。人的安全行为从需要开始，需要是行为的基本动力，但必须在客观环境中通过动机来付诸实践，形成安全行动，最终完成安全目标。控制人的不安全行为是安全管理工作面临的一项长期而又艰巨的任务，在依靠科技进步实现物的本质安全化的同时，要借鉴和利用一切可行的管理科学及办法，规范人的行为[②]。在大兴机场的安全管理实践过程中，形成了独特的安全行为文化，即管理人员采用了独特的对待工作、对待工人、对待自我的一套独特的价值体系，并体现在具体的安全管理行为中。

---

① 黄越. 牢记“三个敬畏”不忘安全初心［E/OL］.［2020-11-03］. http://zn.caac.gov.cn/JX930BYZSB/202011/t20201103_205105.html.

② 栗继祖. 安全行为学［M］. 北京：机械工业出版社，2009：6-8.

4.4.1 安全与生产之间的双螺旋互动

安全与生产的双螺旋互动是指安全与生产是互促的，两者之间相互影响、相互促进的关系，而不是对立的、零和的。在安全实践中把握这种辩证关系是做好安全管理的指导思想，也是安全管理行为和安全施工行为的指南针。

在一线工人中普及安全与生产是互促的这一思想。有一位47岁来自江苏的工人，在5m多高的柱子上绑钢筋的时候不挂安全带，然后在上面作业。其中一家总包单位北京城建集团的安全经理发现后对其进行教育，要求这个工人换位思考，并了解其年龄、家庭情况，同时指出挂安全带并不影响干活，而不戴安全带一旦发生安全事故，后果非常严重，使该工人明白安全和生产是互促的，而不是很多人认为的两者是对立的。互促，即安全和生产互相促进，有了好的安全环境，安全生产效率也会提升。

在生产管理人员中推广安全与生产的互促理念。在建设过程中，有的承包单位的生产经理想加快施工进度，后来安全经理与生产经理进行了深入沟通，提出安全工作不能管死，安全与生产得结合起来，生产促安全，安全保生产，做好安全也能保障工程质量。后来的实践表明，该承包单位的每个工程节点都能提前完成，很好地印证了安全与生产的互促关系。

安全与生产互促关系背后的原因也不难理解。如果现场安全防护措施到位，可以创造安全、宽敞的作业面，工人的生产效率就会提高。反之，如果安全防护措施较少，工人在作业时小心翼翼，像走钢丝似的，就会严重影响工作效率。当然，安全与生产的互促关系思想也需要得到项目负责人甚至单位高层领导的重视，这样安全工作才能真正被顺利推动，两者的互促关系才能真正被理解和支持。

4.4.2 管理人员与建筑工人同向同行

对于安全管理人员来说，安全管理人员与建筑工人之间不是“猫和老鼠”的关系，而应该是围绕同一个项目目标，同心聚力，同向同行。安全管理人员与建筑工人之间应该是战友关系、兄弟关系。在施工现场，工人一看到安全员就躲，因为工人可能知道自己违章了，这样就不能真正发现安全隐患。当安全管理人员转变思路，把建筑工人当兄弟看后，工人就不再一味躲避安全管理人员，而会主动分享工作中遇到的问题和隐患，进而及时处理和解决。这就要求管理人员特别是高层项目管理者要深入基层、深入群众，与工人打成一片。项目经理、生产经理、安全经理都可以组织工人的班前会。项目总经理要亲自参加工人的班前会，也要做班前教育。

把工人当兄弟看，需要安全管理人员尊重工人，正确地引导工人，形成良好的人际关系。如果发现工人在现场有违章行为，不能一味地批评指责甚至责骂，而应该将心比心，以心换心。安全管理人员需要认识到，工人也是人，如果自己的亲兄弟在现场施工违章了，需要心平气和地指出存在的问题，并通过说服教育使其改正，要靠正确的安全观念、安全理念、安全知识和安全法律法规去打动工人，进而做出正确的安全行为。

4.4.3 安全行为与安全意识融为一体

安全行为受到安全氛围、安全领导、安全心理、沟通能力、安全知识等多种因素的影响①，但安全行为作为神经决策的外化结果，最根本的还是取决于人的安全意识。安全意识根植于人的思想深处，不易改变，却决定了外在的安全行为。两者之间要表里如一，融为一体，才能达到最稳定、最能动的安全效果，要让一线建筑工人把“安全”两个字印在心里头、融化在血液里。安全管理工作不是照着法律法规机械地去推动，真正要把安全这两个字融入血液里，让工人真正认识到安全的重要性。例如，在安全主题公园立了一面大镜子，上面写着“安全在我心中”几个字，每个人到那都要照一照，就是要使工人从心底里提高安全意识。安全意识很难通过安全培训和安全考核反映，是内隐于工人心里的一种心理行为。因此，安全这两个字要融入血液里头，而不是挂在嘴上。如果安全工作都挂在嘴上，则不深入、不牢固，流于表面，无法把安全意识及时固化。

把安全意识融在血液里，需要使工人真正认识到安全的重要性，认识到自身的价值，要使其明白，一旦发生安全事故，对社会、对企业、对家庭都会造成巨大的损失。要使工人思考自身的安全对父母、爱人、孩子的至关重要性，要让每个人设身处地地去想一想这些东西，使其明白来到施工现场不仅是为了挣钱，还得要安全地、长远地挣钱。工程可以重建，生命不能重来。一旦发生安全事故，一切都晚了。通过深刻的安全教育，使工人去感受安全的重要性，把安全意识融在血液里，进而真正提高安全行为。

4.4.4 安全管理行为宗旨是造福于民

生命之旅仅有一次，不能重来。安全管理人员要做的本职工作就是通过采取各种方法把施工现场安全管好，工人都能够安全施工。安全管理工作的底线是不当罪人。安全管理工作的宗旨是造福于人民，是积德行善，即把安全工作做好，承担的工程干完了之后没有出现伤亡。总包单位北京城建集团项目安全副经理程富财认为，在做完大兴机场之后觉得特别成功，原因就

---

① Changquan He, Brenda McCabe, Guangshe Jia. Effect of leader-member exchange on construction worker safety behavior: Safety climate and psychological capital as the mediators[J]. Safety Science, 2021, 142: 105401.

是大兴机场项目在建设过程中保持了零伤亡的安全纪录，进而对自身社会价值有了认同感和自豪感。安全管理人员有了安全是造福于民的理念，有助于激发安全管理工作的热情和动力，有助于使其更认真地投入实际安全管理行为中，进而促进安全绩效的改善和提升。

4.4.5 切实保障建筑工人的合法权益

“以人为本”思想强调人不是手段而是目的，充分保障人的安全健康和全面发展，避免狭隘的功利主义，尤其要关注弱势群体，重视公众对风险信息的及时了解，尊重当事人的知情同意权。将“以人为本”作为新时代机场工程建设理念的核心，把“机场建设为人民”作为机场工程建设的指导原则、基本方向和评判标准。

1.指挥部对建筑工人的权益保障

（1）通过疏堵结合满足建筑工人的合理诉求。在建设期间，指挥部发现很多就近居住的建筑工人都会骑着自己的电瓶车前来工地上干活，工人的电瓶车大多都杂乱无章地摆放在施工场地旁边。由于工程规模大，参与人员多，导致场内堆放了大量的电瓶车。这属于很大的安全隐患，不仅会影响到施工的活动范围，在安全上还容易因为乱拉电线给电瓶车充电而引起火灾。所以对于电瓶车的管控，指挥部坚决落实“以人为本”的安全理念，第一时间专门划分了一块室外区域用于电瓶车的停放和充电，还专门配有保安在这块区域进行轮值监管。为了进一步监管电瓶车充电可能会带来的消防隐患，指挥部也在这块区域安装了限制器。此外，在遇到工地现场建筑工人想吸烟的情况，也是通过疏堵结合，划分了专门的区域来给施工人员休息和吸烟。而因为施工现场禁止吸烟，所以如果发现有工人未在指定区域吸烟，就需要罚款并严厉教育。指挥部在对待建筑工人的这些小事上始终相信，如果能及时处置就会避免安全问题，同时需要多关怀、多提醒、多检查。

（2）通过人文关怀保障建筑工人的身心健康。指挥部集中规划临时生活区，并督促施工单位保障和改善建筑工人的生产生活条件和作业环境，为施工人员提供绿豆汤，建设休息区和阴凉区域，防止工人在夏天疲劳作业，提供电脑、临时厕所等生活设施。这些都是在建设期间，将“以人为本”融入安全生产、改善劳动者作业环境、保障建筑工人身体健康的具体表现。在建筑工人心理健康建设方面，指挥部会安排播放电影等活动，给施工人员提供相应的娱乐设施和人文关怀。

（3）制定各种建筑工人权益保护的制度。督促承包单位落实劳务工资实名制，规范建筑工人工资发放管理制度。监督承包单位为建筑工人购买保险，规范用工形式，要求对建筑工人进行岗前培训和职业教育培训，发放防护用品，进而切实保障建筑工人的各项权益。

2.承包单位对建筑工人的权益保障

不仅指挥部在安全生产与安全管理上以人为本，各个承包商也都保持着以人为本的管理理念，保障工人的各种权益。

首先，加强建筑工人的安全教育，体现出以人为本、换位思考，从人性的角度唤起建筑工人对自身生命的重视，由内而外地保障工人在施工时的安全意识。在对工人进行安全教育时尊重工人，不能辱骂工人，否则工人就会出现抵触情绪，这样反而达不到安全教育的目的。在进行安全教育时不能照搬法律法规，要考虑工人的文化素养，用通俗的语言、实际的案例代替死板的法律条文（图4-6）。

其次，对工人的权益保障体现在方方面面，包括配备各种生活、学习、娱乐设施，定期举办电影放映、歌唱比赛等文艺活动。比如总包单位北京城建集团工人宿舍可以容纳1万人，如此庞大的人员管理，北京城建集团依然会配备完整的设施，包括安装空调，单独配有夫妻房，增添洗浴设施等；总包单位北京建工集团会租大巴车专门接送工人们往返于生活区和工地，这些都是机场建设过程中保障建筑工人各项权益最直观的体现（图4-7～图4-11）。

图4-6 建筑工人安全培训活动

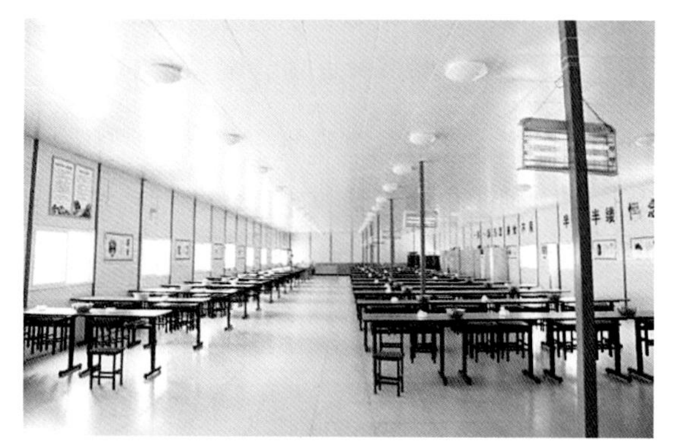

图4-7 建筑工人食堂

图4-8 建筑工人宿舍外景

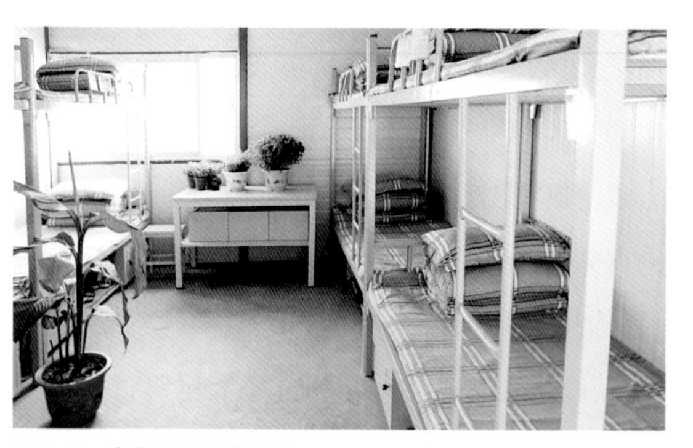

图4-9 建筑工人宿舍内景

图4-10 建筑工人图书阅览室

图4-11 建筑工人娱乐活动

4.5 本章小结

基于大安全观，大兴机场形成了多层次耦合的安全文化模型，该模型包括了从内到外的四个安全文化层次：安全管理理念、安全精神文化、安全制度文化、安全行为文化。

安全管理理念是秉持“人民至上”思想，打造平安工程，坚持安全隐患零容忍。安全精神文化包含安全合规精神、安全工匠精神、安全第一精神、实干拼搏精神等方面。安全制度文化体现在“三基”工作机制、“三抓”工作方法和“三个敬畏”制度中。“三基”工作机制即抓基层、打基础、苦练基本功，具体表现在如下方面：通过完善“四个到班组”工作机制抓基层，通过加强人员作风及基础保障建设打基础，通过健全岗位资质技能提升机制苦练基本功。“三抓”工作方法即常态抓安全隐患、重点抓安全管控、长远抓系统建设。“三个敬畏”是指敬畏生命、敬畏规章、敬畏职责。安全行为文化体现为安全管理人员对待工作、工人和自我的一系列价值体系，并外化于安全管理行为中。典型的大兴机场安全行为文化包括：安全与生产之间的双螺旋互动，安全管理人员与建筑工人之间同向同行，安全行为与安全意识融为一体，安全管理的行为宗旨是造福于民。

“以文化之，乃成于大”。大兴机场工程建设过程中形成的多层次安全文化是安全管理体系得以贯彻、安全管理制度得以落实、安全管理绩效得以保障的内在基础。四个层次的安全文化之间不仅是递进关系，也是相互促进的关系。内层的安全文化会传导到外层的安全文化，而外层的安全文化也会反哺或沉淀到内层安全文化，由此形成一个不断更新、不断发展的安全文化原核。同时，安全文化在大兴机场形成的社会场域中是共享的、共创的、共赢的。各参加单位，从指挥部，到各设计、施工、监理、咨询、安保、供应商等单位，都受这种无所不在的安全文化影响，并在各单位的安全生产活动过程中不断形塑产生更加先进、更受认可的安全文化，进而从根本上保证了大兴机场卓越的安全绩效。

保障机制篇

第5章 体验式安全培训管理

北京新机场安全主题公园（以下简称“主题公园”），坐落于大兴机场建设施工现场主航站楼东北方位，总占地面积约4 700m^2，其中建筑面积3 700m^2。安全主题公园担负了整个大兴机场工程建设期间的所有参建工人的体验式安全教育培训任务。经过系统的安全教育培训后，一名工人可以学习到在建筑工程施工过程中所有的安全隐患之处，亲身感受和体验到“危而不险”的安全事故发生过程，体验式安全培训让安全培训更有针对性，不再进行“纸上谈兵”，告别说教，亲身体验。将施工安全教育与体验式安全培训相结合，让安全理念以更感性的方式深入人心，让每个工人把安全的红线意识放在心底，做到防患于未然。此举在很大程度上能增强参建工人的自我安全意识和提高其整体安全素质，这对大兴机场建设的安全管理水平全面提高大有裨益。主题公园内设置安全培训师驻场进行安全教育培训工作。本章以安全主题公园和安全护照为重点，介绍大兴机场在安全培训方面的经验做法，这些做法一方面增加了广大参建人员的安全技能，切实提高了有关人员的安全意识，保障了施工安全；另一方面也提高了培训效率，推动了工程建设。

5.1 安全主题公园

大兴机场在建设过程中针对各级各类参建人员进行了大量的安全培训，对进场施工的建筑工人做到了安全培训全覆盖。在培训的形式和效果上，通过体验式的安全主题公园和安全护照，提高了安全培训效果。如图5-1所示。

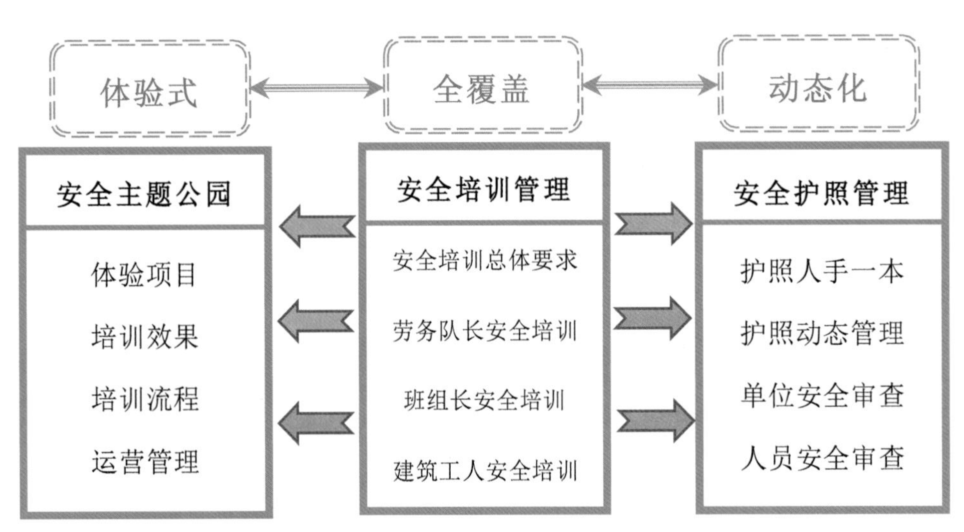

图5-1 大兴机场工程建设安全培训管理模式

5.1.1 建设背景

1.建筑业农民工的安全技能需要进一步提升

根据2020年我国农民工调查监测报告，2020年建筑业农民工总量达到5 226.48万人，占比达到总体农民工的18.3%，建筑业成为除制造业以外吸纳农村劳动力的第二大行业。但与此同时，农民工老龄化趋势进一步增加，50岁以上农民工所占比重为26.4%，比2019年占比继续提高；农民工的总体文化程度不高，初中及以下文化程度的工人占比超过

70%[1]。大兴机场工程标准高，新技术、新材料、新设备、新工艺应用多，建造难度大，这些项目特点要求农民工的技能需要进一步提升，要与项目施工要求相匹配。

2.政府住房和城乡建设主管部门要求大规模开展体验式安全教育

2017年1月，国务院办公厅《安全生产“十三五”规划》(国办发〔2017〕3号)文件指出，要注重安全文化服务能力建设工程，建设安全生产主题公园、主题街道、安全体验馆和安全教育基地。住房和城乡建设部下发了《关于进一步加强建筑施工安全生产工作的紧急通知》(建办质函〔2017〕214号)，北京市住房和城乡建设委在2017年新年伊始以红头文件形式下发《关于进一步加强全市建筑施工安全生产体验式培训教育工作的通知》(京建发〔2017〕68号)，将体验式安全培训教育工作作为专项检查内容。这些文件明确要求各施工单位要开展体验式安全教育培训。指挥部根据第6次指挥长办公会议纪要(新机指办公纪要〔2017〕6号)，下发了《关于开展体验式安全教育培训的通知》(新机指发〔2017〕47号)，要求所有参与大兴机场的施工单位在进场前必须组织其施工从业人员在北京新机场安全主题公园完成相应体验式安全培训教育；已进场的施工单位未经过体验式培训的施工从业人员，需及时参加北京新机场安全主题公园安全教育培训，实施人人持证上岗制度。

3.大兴机场建设项目大规模的培训量与分散的培训机构之间难以匹配

在相关要求下，大兴机场存在大量的培训需求，但现有培训设施不能跟上，影响工作效率。刚开始对于施工人员进行沉浸式安全培训，有专门的公司根据住房和城乡建设委的要求在别的地方建造了安全主题公园，施工单位会定期派人去培训。但大兴机场施工人数众多，工程量大，按原有方法进行培训，会消耗大量人力、物力、财力。原先的安全主题公园距离远、费用高、参加培训人数多。根据多方会谈和商量，决定在施工现场建造一座符合市住房和城乡建设委要求的安全主题公园。那个时候工程很集中，人员也很多，周边分散的培训基地安排不开，施工单位又预约不上。后来第三方培训机构主动联系，由指挥部免费提供场地，体验式培训第三方机构来做。

4.安全主题公园能够提高培训效率，节约成本，有利于工程建设

安全主题公园通过集中式培训，能够提高培训效率。同时，能够根据工程进展有针对性地开展培训，提高了培训效果。在项目现场就近培训，节约了培训过程中花在交通上的时间，有利于推动施工进度。同时，由于培训规模较大，人均培训成本也较低，一举四得。几

---

① 国家统计局. 2020年农民工监测调查报告[E/OL]. [2021-04-30]. http://home.stats.gov.cn4/t20210430_1816933.html.

家大的施工单位都很欢迎这种培训模式，有利于工程建设，有利于施工单位减少成本，有利于动态地、有针对性地开展相关培训，实现了较好的培训效果。

5.1.2 体验项目

大兴机场安全主题公园的建设流程主要分为如下四个阶段：

（1）设计阶段：2016年10—12月；

（2）建造阶段：2016年12月—2017年3月；

（3）启用时间：2017年3月16日；

（4）运营阶段：2017年4月—2019年7月。

安全主题公园建成后，开展了丰富多样的体验式培训项目。共设计和建造了个人安全防护体验、现场急救体验、安全用电体验、消防灭火及逃生体验、交通安全体验及VR安全虚拟体验等9大类近50项安全体验项目和观摩教学点。安全主题公园旨在大力倡导安全文化，提高建筑工人的安全素质（图5-2～图5-6）。

图5-2 安全主题公园大门

图5-3 安全主题公园内部实景图

图5-4 安全带使用体验

图5-5 生命救急体验

图5-6　安全鞋冲击体验

（1）个人防护装备8项：眼部防护展示、耳部防护展示、手部防护、腿部防护、足部防护、口鼻部防护、头部防护、特殊工种装备模特展示。

（2）高处坠落9项：洞口坠落体验、安全带使用体验、标准马道行走体验、劣质马道行走体验、安全网防护体验、移动脚手架倾倒体验、爬梯体验、护栏倾倒体验、高空平衡木行走体验。

（3）物体打击5项：安全帽撞击体验、安全鞋冲击体验、重物搬运体验、脚手架系统坍塌体验、模版系统坍塌体验。

（4）机械安全6项：塔吊安全吊装体验、吊具索具安全使用体验、钢筋切断机安全使用体验、钢筋弯曲机安全使用体验、无齿锯安全使用体验、木工锯安全使用体验。

（5）安全用电6项：个人安全用电防护装备展示、安全用电标识展示、正确接电线路展示、合格/不合格线缆展示、合格/不合格电气设备展示、人体触电体验。

（6）生命急救4项：紧急救治中心集结点、骨折急救体验、止血急救体验、心肺复苏急救体验。

（7）交通安全3项：交通标识展示、交通信号教育、长车内轮差体验项目。

（8）消防安全8项：消防器具综合展示、数字模拟灭火器、消防实战演习场、烟雾/火场逃生体验、干粉灭火器使用体验、消防栓使用体验、新型消防器材使用体验。

（9）其他类2项：有限空间作业体验和VR安全虚拟体验。

5.1.3 培训效果

1.告别传统说教

曾经的大多数工程对于安全教育主要采取的就是说教，上面领导安排安全教育讲座和课堂来让工人们来听，效果不大，很多工人也都是人到心没到。再加之上课和讲座太过形式单一、体验感较差，也不能很好地起到应有的效果。安全主题公园是一种沉浸式的体验教育，能起到同样甚至更好的安全效果。对于不同作业环境的工人进行不同的安全沉浸式培训，亲身体会可能接触到的安全隐患，能够加强工人自身的防范意识。

2. 亲身体验，切身感受

安全主题公园中配有很多与工程极其类似的场景模拟以供工人们去亲身体验，一些高空坠物等场景模拟，安全主题公园都做到了还原，给工人们以最真实的感受。当他们真实地体验过了危险之后，反而会很好地记住那种危机感，从而产生自觉的防范意识。通过切身的感受来加深他们的安全意识，强化他们的安全记忆。

3. 有效降低安全事故发生

作为一个超级工程，工程量大，最高峰时段参建人员众多，建设周期紧。但就在这样严苛的背景下，在安全生产上依然做到了安全责任事故零发生，其中安全主题公园起到了很好的保障和预防作用。建筑工人安全主题公园实际体验了解之后，亲身感觉会比较强烈，印象会比较深刻，而且在施工过程中，对这些安全事项也会比较注意。

5.1.4 培训流程

1.培训流程

培训流程如图5–7所示。

2.培训准备工作及材料

（1）《预约登记表》纸质两份、电子档一份。（必须详细填写表格内容）

（2）《体验式安全培训教育人员登记表》纸质一份。（内容必须与预约登记表一致）

（3）被培训人员身份证原件。（现场培训时登记签到及信息采集用）

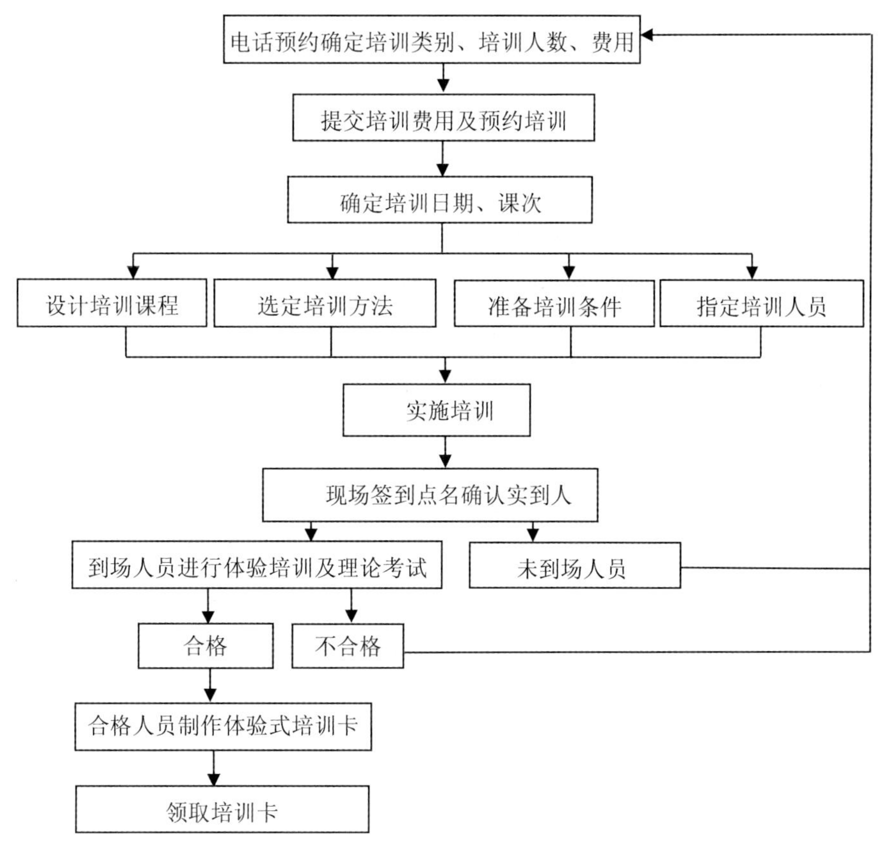

图5-7 安全主题公园培训流程

3.课程班次安排

培训课程以自然日为基础单位，标准课程为一个自然日内正常安排5个班次：上午9：00—11：30为A1课次；上午9：30—12：00为A2课次；下午1：30—4：00为A3课次；下午2：00—4：30为A4课次；下午2：30—5：00为A5课次。

单个班次标准人数60人，人数不到60人不给予开设班次，1天标准培训人数300人。培训班次顺序根据提交培训费用、培训资料时间由培训单位统一安排培训班次。

4.注意事项

（1）被培训管理人员或培训联系人员需加微信群。

（2）申请加入时请及时修改备注，注明：承建区域-总包名称-分包名称-指定联系人姓名，如：核心区-建工-北京xxxx公司-李xx。

（3）《预约登记表》在该群共享文件内自行下载。

（4）该群为安全体验培训内部交流群，仅用于相关事宜的沟通及主题公园信息、领卡等通知的发布。

（5）电子档资料需整理好统一提交，以总包名称+培训日期命名，子文件夹以各分包名称命名。照片以工人全名命名，遇到重名全名后加缀身份证号码。

5.预约登记表

参加培训者必须要先填写预约登记表（表5-1），待登记完成后，方可入园就行安全培训。

体验式安全教育培训预约登记表 表5-1

<table>
<tr><th colspan="7">北京新机场安全主题公园
体验式安全教育培训预约登记表</th></tr>
<tr><td>承建区域</td><td>标段名称</td><td>总包单位</td><td>分包单位</td><td>培训类别</td><td>收费标准</td><td>总包单位培训业务指定联络人/电话</td></tr>
<tr><td></td><td></td><td></td><td></td><td></td><td></td><td></td></tr>
<tr><td colspan="7">参训人员信息</td></tr>
<tr><td>序号</td><td>姓名</td><td colspan="2">身份证号</td><td>性别</td><td>工种</td><td>备注</td></tr>
<tr><td>1</td><td></td><td colspan="2"></td><td></td><td></td><td></td></tr>
<tr><td>……</td><td></td><td colspan="2"></td><td></td><td></td><td></td></tr>
<tr><td colspan="7">备注：一、承建区域分为：航站区、配套区、飞行区；二、培训类别分为：房建类65元/课次、市政类45元/课次</td></tr>
</table>

5.1.5 运营管理

1.安全教育培训管理

（1）概况

安全主题公园位于大兴机场施工区消防站南面，中央大道西侧，与消防站紧邻，坐西朝东。安全主题公园由教育培训区、生活办公区、停车场等主要建设项目组成，其中教育培训区约占地2 900m^2，基地建设设计包含三大板块，即建筑安全常识教育区功能板块、建筑职业岗位教育培训区功能板块、建筑安全事故模拟体验区功能板块，共计49项体验项目。总平面图如图5-8所示。

（2）管理平台

指挥部为北京新机场安全体验教育培训基地的业主方，它负责全方位主导教育基地的顺利建设、运营，以及制定相关规章制度。在指挥部的统筹下，第三方运营单位全面负责对教育基地进行规划、设计、施工、运营以及后期配合指挥部对所有施工区工人开展安全体验教育培训检查工作。

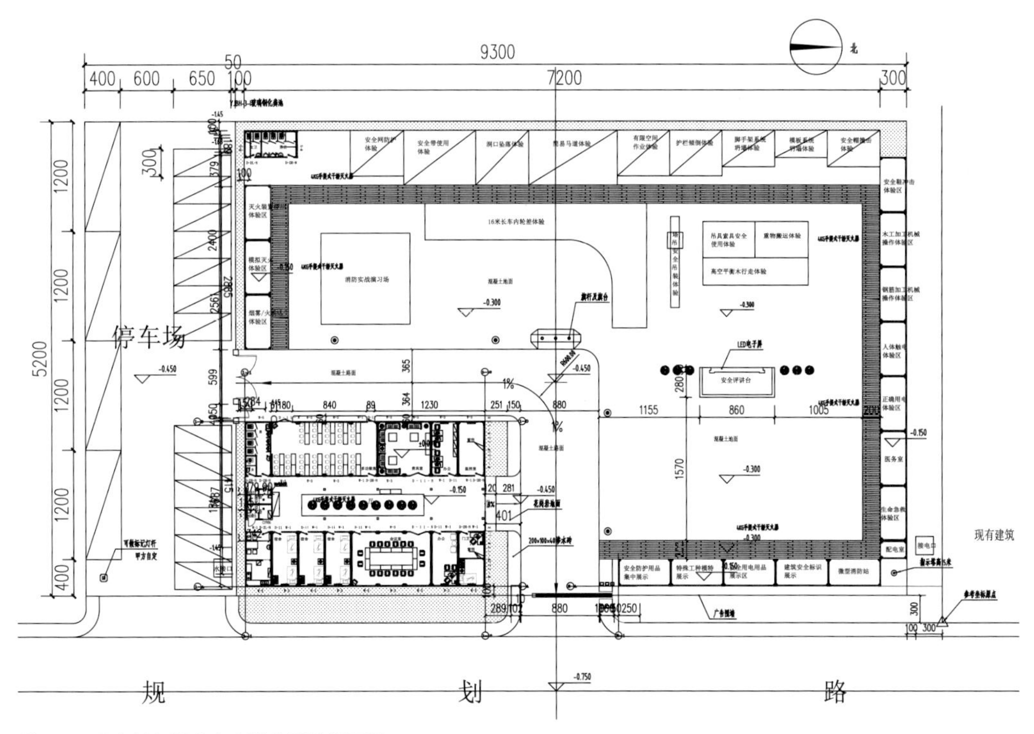

图5-8　北京新机场安全主题公园总平面图

体验方是由北京城建集团有限责任公司、北京建工集团有限责任公司、中国建筑第八工程局有限公司等各总包单位联合组成体验方，按照指挥部的统筹，有序地组织本单位所有施工人员参加安全体验教育培训，并支付相应费用。

（3）工作职责

1）指挥部管理职责

负责对教育基地建设施工质量、原材料质量、外观形象等的全过程监控，做好运营单位与各总包单位之间的协调工作，确保安全体验教育工作高效有序进行。负责监督教育基地施工现场的安全施工、现场文明施工、施工进度控制、安全培训等工作。参与运营商施工方案比选，为运营方确定施工方案提供建议。组织与运营单位签署施工安全责任书、消防安全责任书、施工环境保护管理责任书等，并监督其执行。负责处置各总包单位在安全体验教育培训过程中的违规行为。抽查各总包单位施工人员安全体验教育培训情况并及时向上级反馈。每月按照约定日期向运营单位提供各总包单位施工现场人员花名册。

2）设计、施工、运营单位管理职责

第一是质量管理。依据有关法律、法规、标准、合同要求建立适合自身的质量管理目标并承担工程施工质量管理责任。严格把控进场原材料、半成品的质量，做好验收、试验工作，并做好记录。建立设计、施工全过程相关的质量管理记录；

第二是安全管理。依据国家、地方、建设指挥部颁布制定的有关安全生产法律法规、管理规定建立适合基地的管理制度，承担教育基地施工、运营过程中的安全管理责任。建立健全安全生产、文明施工的各项责任制和规章制度，建立的制度必须到位，制定的内容必须执行到位。配合政府各级安全检查部门、指挥部的各级安全检查，发现隐患部位及时落实整改措施，并提前制定隐患部位的预防措施。负责体验基地内部各体验设备的定期检查，并有书面记录。根据建设、运营情况，全面识别教育基地内部重大危险源，定期更新完善，有相应的应急救援预案。

第三是消防管理。建立消防安全责任制，确定消防安全责任人，制定用电、用火、使用易燃易爆物品等各项消防安全制度、操作规程和应急预案。建立消防档案，安排专人负责管理。严格执行消防重点区域监控制度，对所有消防设施每年至少进行一次全面检查，确保完好有效，记录应当完整准确。保障疏散通道、安全出口、消防车通道畅通。设置吸烟区，安全体验教育培训基地内（含办公生活区）禁止吸烟。

第四是进度管理。根据合同的工期目标，编制施工进度计划，以确定工作内容、工作顺序、衔接关系，为实施进度控制提供依据。根据经指挥部批准的进度计划，组织落实需要的资源，做好进度掌控工作。检查对比实际进度与计划进度的偏差，采取纠偏措施，保证总工期目标的实现。分析总结阶段进度管理的经验，不断提高进度控制水平。

第五是人员管理。对于教育基地内部人员的管理，要根据相关制度建立内部人员管理制度、规定和档案。专业安全培训师需符合相关从业规定，经严格培训，考核合格后方能上岗。定期对安全培训师开展业务技能培训、业务技能比武，提高其业务技能。内部所有人员应统一着装，穿戴整洁，服装上有别于参训人员。对于参训人员的管理，要制定参训人员入场培训方案，并严格执行。维持好现场秩序，严防踩踏事件发生。严格执行培训预约制度。参训人员入场前，在教育基地工作人员的安排下排好队伍有序入场。参加培训时衣着整洁，使用、佩戴相关体验设备时标准到位。培训过程中做到“四不伤害”，爱惜体验设备。培训完成后从出口有序撤离。

第六是交通管理。负责教育基地门口及停车场的交通管理，包括交通疏导、车辆停放、场地环境卫生、事故应急处理等。制定交通管理制度、流程、细化方案和完善机制，有效组织教育基地大门及停车场交通循环，避免出现车辆拥堵，配合交通管理部门处理事故和救援。服从指挥部的统一安排、规划。

第七是治安管理。负责教育基地内治安管理。应服从指挥部的统一安排和协调，当与各总包方出现治安管理问题，应本着解决问题的态度协商，杜绝采用暴力手段解决问题，避免如发生打架、斗殴、群体性暴力事件。

第八是环境与卫生管理。在环境管理上负责教育基地区域及周边的环境管理。服从指挥部的统一部署，设置完善的排水系统，保持教育基地始终处于良好的排水状态。在卫生管理上制定教育基地区域内的卫生管理规定。建立卫生防疫制度，定时对办公生活区开展卫生大检查。餐食、饮水是重点检查对象。积极配合相关部门监督检查，发生因责任原因引起的群体性食物中毒、疫情等事件，指挥部将严肃处理。

第九是办公生活区管理。办公生活区应施行封闭式管理，并制定相应的管理制度。包括人员、设施、用水用电、餐饮、环境卫生、防疫、消防管理内容。积极配合上级部门监督检查。

第十是应急管理。制定完善的应急预案管理体系，内容应包括消防、安全保卫、大风、雾霾、意外事故等内容。针对应急预案每年至少安排一次应急演练。

3）各总包单位管理职责

积极配合安全体验教育培训工作的推进，踊跃组织施工人员参加培训。根据各单位施工计划安排，提前为本单位施工人员预约安全体验教育培训。有序组织本单位施工人员进入基地参加培训。施工人员培训后实施内部核查制度，一经发现未参加培训而上岗者严肃处理。总包单位在对待安全体验教育培训时如有阻挠、包庇、作假等一系列行为时，将受到指挥部处罚。每月按照约定日期向指挥部提交施工现场花名册。

（4）培训人次管理

教育基地运营期间三大总包单位承诺培训人次为北京城建集团有限责任公司为15 000人次；北京建工集团有限责任公司为8 000人次；中国建筑第八工程局有限公司为7 000人次。

其他总包单位具体培训人数视自身情况而定，但必须全员参加，不得隐瞒。

（5）培训预约及款项支付

1）各总包单位结合自身企业实际情况提前一星期将安全体验培训计划报运营单位，便于安排培训时间。

2）运营单位收到总包单位培训申请应当及时安排培训时间以及制定培训计划，并将具体培训时间及每批次人数及时反馈给总包单位。

3）总包单位在向运营单位提交培训计划的同时应当在提交计划后三个工作日内及时支付该批培训计划对应的培训费用。运营单位应提供同等金额的发票。

（6）安全教育培训合格证的检查管理

1）运营单位应当制定切合实际的检查方案，并报指挥部批准，经批准后的检查方案方能实施。

2）成立安全教育培训合格证检查小组，配合指挥部对施工区施工人员开展定期与不定期检查。

3）检查期间如发现以下行为视为未取得安全教育培训合格证：为携带合格证原件或复印件；合格证上照片与本人相貌不符；借用他人合格证；态度恶劣，不配合检查；安全培训合格证工种与自身所从事的工种不符；恶意损毁、篡改合格证上信息。

4）开展检查工作期间必须有两人以上在场，携带摄影或拍照工具。检查工作人员要相互监督。

5）检查小组如发现未取得合格证的施工人员，应当通过合法的途径取得有效证据。

6）检查小组完成检查工作后应当将检查信息汇总后上报至运营单位，由运营单位报至指挥部，并抄送各总包单位，若发现有未参加培训者应连同相关证据一并抄送。

7）经查出未参加培训人员必须3日内到运营单位处参加安全体验教育培训，由所在总包单位督促其执行。

8）指挥部将定期组织运营单位、各总包单位召开安全体验教育专题会议，通报各单位培训情况。

（7）安全体验教育的处罚

1）各总包单位应全力、积极配合安全体验教育工作的开展与推进，不得以各种借口阻挠。

2）如发现以下情况将按照5 000元/人次对相应总包单位作出处罚，此罚款金额由相应的总包单位直接支付给运营单位。第一，所在班组已参加完安全体验教育培训，而发现其中有未培训者。第二，检查合格证拒不提供，态度恶劣。第三，盗用、恶意篡改别人证件。第四，伪造合格证。第五，所在单位故意包庇、阻挠检查。第六，威胁、恐吓检查人员。第七，冒名顶替行为。各总包单位应当加强安全体验教育培训监督工作，及时组织本单位施工人员参与培训，并加强自身内部排查，共同推进安全体验教育培训工作。

2.办公区、生活区管理

在办公区区域要保持办公区域整洁，所有办公设施、设备及办公物品等应摆放整齐，不得在办公区域堆放杂物。离开办公室应清理桌面，资料、文具、椅子归回原位。对待办公设备要爱惜，办公设施、设备不准挪为私用，故意损坏需照价赔偿。任何人员不准携带危险品进入办公区域。同时还要保持办公区域卫生，严禁吸烟、随地吐痰、乱丢纸屑。在办公室内还提倡节约能源，下班后主动关灯、关电脑，并切断各类电源。最后离开办公区的人员负责关闭门窗并锁好门。工作时间因公或因私离开工作岗位需向上级领导报告，批准后方能离开。办公区域人员应当对基地重要文件严格保密，不得将保密文件随意复制或外借，不得在非保密场所阅办、谈论机密。

区别于办公区，生活区管理的制度是要先遵守国家相关法律法规，严禁在生活区聚众赌博、打架斗殴和从事其他违法乱纪的行为。严格执行安全用电制度，任何人不准私拉乱接电线，不准使用大功率电器（如热的快、小太阳）。基地内全体工作人员要养成良好卫生习惯，注意维护环境卫生，严禁随地吐痰、乱扔果皮纸屑、乱丢烟头。禁止卧床吸烟，宿舍内不得烧菜、做饭。工人们还要遵守作息时间，节约能源，不开天亮灯。不大声喧哗、吵闹，营造一个清静的生活环境。生活区域内配备的消防器材严禁随意挪动、损坏。做到节约用水，厨房、卫生间、淋浴间水龙头做到随用随关，发现使用后不关水龙头者将严厉处罚。

3.大型活动管理

在基地区域内召开重要会议或举办大型活动，基地应在筹备阶段提前将时间、地点、规模及策划方案提交至指挥部备案，征求安保措施。活动筹备阶段制定详细的策划方案，经基地内部讨论通过后报上级部门征求修改意见。上级部门通过后方能执行。

如果在重大活动举办日遇重要领导、中外记者等对基地视察、参观、访问等重要活动，基地应会同北京新机场建设公安处共同制度安全保卫工作方案和处置突发事件预案，认真落实各项安全措施，确保活动顺利进行。

活动当日按已通过策划方案布置好现场，有序引导参会者和嘉宾入场，维持好现场秩序。制定完善的设备技术、交通运输、餐饮等方面的后勤保障规划，提高大型活动的举办水平。此外还要做好活动的收尾清场工作，有序组织参会者、嘉宾离场，物资设备的撤出路线应当与人员分开。及时与参会者和嘉宾沟通，获得其对活动的意见和建议，为类似活动积累经验。

4.后勤管理

基地门卫要严格执行门卫制度，做好外来人员等级工作，禁止推销人员及闲杂人员入内，以免影响基地的培训工作。保持办公区、生活区干净整洁，严禁乱丢乱吐。严禁在办公生活区饲养动物。基地内部人员用餐一律在餐厅，严禁将食物带入宿舍或办公室。餐厅工作人员一定严把采购质量关，严禁采购腐烂、变质食物，防止食物中毒。加工、保管生熟食物要分开。餐厅餐具严格执行消毒制度，餐具做到无锈无油污。餐厅内外环境每日清扫，每周一次大扫除。卫生间、浴室地面保持洁净，垃圾及时处理。节约用水，严禁不关水龙头。

办公室办公用品必须节约使用，办公用品采购时严格执行审批制度，经上级领导批准后方能采购。所有办公设备、设施、耗材只能因公使用，严禁公物私用。以及停车场管理人员应做好停车场车辆管理工作，不得出现乱停乱放、车辆占道，拥堵等现象。

5.环境卫生管理

办公生活区的环卫管理首先的要求就是室内不能堆放杂物，垃圾及时清理，不能堆积。对于易坏、易变质发霉的物质应带离办公生活区，以免产生难闻气味。保持室内电线、网线线路整齐，不凌乱。以及门、窗洁净，玻璃明亮、无尘土，窗帘整洁。工作人员要自觉养成良好卫生习惯，搞好个人卫生，保持服装、头发干净、整洁。

整个基地范围内严禁乱吐痰、丢垃圾等。办公生活区域每天打扫一次，保持地面、墙面无泥渣、无涂鸦、无划痕。同时基地内全体人员应爱护花草等绿植，严禁在花坛内乱倒水、茶叶、脏物等影响植物生长，以及浴室、卫生间保持设施完好、标志醒目，上下水道畅通。定时打扫，通风良好，做到各设施干净无污物，地面无积水，无异味。要坚持贯彻除“四害”要求，确保用餐卫生，剩余饭菜要倒在指定地点。

安全项目体验区的环卫管理做到以下要求：①保持整个场地清洁，做到每天清扫；②展示功能区域应摆放整齐，无灰尘，无水痕，无破损；③保持各集装箱体验空间内明亮、清洁、空气清新、无异味；④不得在体验区任何地方堆放杂物；⑤完成当天培训任务后，应擦拭、润滑各设备，地面不得有油污；⑥体验区内绿化区域严禁踩踏，严禁向里面丢弃杂物；⑦场地内损坏的设施、照明灯具，应及时更换；⑧休验区内公用厕所应按时打扫，防止产生异味。化粪池应及时清运。

6.接待管理

在安全主题公园的招待管理上，工作人员要严格执行基地有关规定，本着“统一管理、热情周到、不失礼节、从简节约”的原则，结合实际，认真搞好接待工作。接待中的迎送、会见、陪同等各项活动要体现礼仪、对等、对口的原则，做到科学安排、文明接待、简朴大方。

接待范围包括以下：①上级部门、领导检查指导工作；②新闻媒体界采访报道；③各地相关单位领导体验观摩；④同行业交流学习；⑤其他相关的交流讨论。

在接待的计划与准备上也要做到两条规定：第一条是基地接到上级领导部门通知或相关单位来访预约时，应做书面登记并及时安排落实；第二条则是对重要来宾接待需在详细了解接待要求的基础上制定接待计划并排出计划安排表，基地内部讨论后报上级部门批准。

每一次接待均需填写接待记录单，内容包括来访单位、领导姓名、职务、具体时间、人数、来访类型及来访目的等，以及提前明确接待人员分工及职责，确定接待的领导、陪同人员、讲解人员，参观路线或洽谈的场所。最后接待人员应及时撰写重要来访信息稿交基地领导，便于基地归纳、总结和汲取经验。

7.设备维保

在安全主题公园内的设备维保方面，有关国家《安全生产法》等法律法规上要严格贯彻落实，制定适合基地体验设备的安全操作规程、保养维护措施、巡检制度等。同时严格落实岗位责任制，施行定人、定设备。以便能更好地熟悉掌握设备的性能，非自己负责范围内的体验设备严禁乱动。基地内安全体验设备也只能由专业安全培训师操作，安全培训师在上岗前应经过相关知识培训，考核合格后方能上岗。

严格执行体验设备日检制度，在每日开放基地之前严格核查每台体验设备的各项指标及试运行，如发现声音、震动、温度等异常情况立即上报，并记录在案。每日结束安全培训工作后，基地办公室应组织设备运行情况碰头会，将设备运行情况汇总。若发现问题应及时上报并提出解决方案，解决方案需经讨论后才能实施。经登记有异常的设备必须定专人负责检查、检修。如查找不出异常根源，禁止投入使用。

在每月必须召开一次安全运行会议，基地内部全体人员必须参加，形成会议纪要，留档备查。会议上要制定设备定期保养、大修、检查计划，计划制定出之后需经基地办公室审核、批准后方能执行。而设备保养、维修过程中使用到的润滑油、元器件必须严格审查有效期、质量合格证，并形成记录，留档备查。以及需要结合各设备的特点制定设备维保应急救援预案，每年至少组织一次全员急救援演练。

若发生重大设备事故，现场人员应保护好现场并将现场情况第一时间报告给上级领导。做到坚持执行设备事故调查“四不放过”原则。

8.消防管理

消防工作坚持贯彻“预防为主、消防结合”的方针，坚持专门部门和员工相结合的原则，实行防火安全责任制。各项目负责人应当履行以下消防管理职责：①组织制定消防管理制度、操作规程及应急预案，建立消防管理组织机构；②按照国家和行业标准配置相应的消防设施、消防器材，设置消防安全标识，并定期组织检查、检修，确保完好有效；③组织建立消防台账并如实填写检查记录，消防设施每年至少进行一次全面检查；④组织内部消防检查，及时消除消防隐患，定期组织消防演练。

保障安全出口、疏散通道、消防车道畅通。禁止乱动各种消防器材，严禁损坏各种消防设施、标识牌等。基地内不允许存放易燃易爆危险化学品和易燃材料。如确实需要使用应当按其性质设置专用库房分类存放，使用后的废弃易燃易爆化学危险物料应当及时处理。禁止使用电炉取暖、做饭、烧水，禁止使用碘钨灯照明。基地内施工或维修需要使用明火作业的，应当严格执行动火审批制度并采取相应的消防安全措施。

9.治安管理

基地内部治安管理工作严格贯彻“预防为主、单位负责、突出重点、保障安全”的方针，不得以经济效益、财产安全或其他任何借口忽视人身安全。基地运营办公室需建立门卫、值班、巡查等一系列制度及治安突发事件处理预案和演练方案。加强基地区域范围内的日常安全检查，在体验人员参加培训时需配备专职人员加强现场巡查，及时发现和消除安全隐患。落实重点部位防范，确保不发生危害安全培训的刑事案件和治安灾害事故。

门卫值班人员应当认真负责、坚守岗位、严格门卫制度。对基地实行封闭式管理，值班时不得擅离岗位。非培训人员、闲杂人员等不得进入基地现场，确因工作需要进入现场内的，必须按相关规定办理手续后方能入内。开展培训工作时要维持好现场秩序，做到文明有序，严防踩踏事故的发生。

凡从基地区域内携带材料、器件、设备、贵重物品等外出人员需持对应的携物证明并有相关人员签字，经门卫人员查验，门卫留存证明后，方可将物品带离。遇到漏水、漏电、漏气、设备故障以及配电装置发生异常等情况，值班人员应迅速、正确地作出判断并向相关部门报告，组织人员进行先期抢修。

5.2 安全护照管理

护照是一个国家的公民出入本国国境和到国外旅行或居留时，由本国发给的一种证明该公民国籍和身份的合法证件。安全护照参照这种模式进行颁发和管理，是建筑工人培训合格的证明。只有获得安全护照的建筑工人才能进入大兴机场的施工现场。不仅每个建筑工人都有安全护照，而且还要及时更新，确保了施工人员的安全状况可追溯，可查询，可监督。

5.2.1 安全护照管理模式

指挥部为了加强安全培训的管理，提出了安全护照的管理模式，这种模式也是当时工程一部、工程二部和安全质量部做的一个尝试。大兴机场的每一次安全培训后都是要求参加培训的建筑人员必须实名认证以及配有相关的资格证和许可证。但是大部分施工人员没有一个具体的东西能展示他们各自接受培训的程度以及拥有何种许可证，安全护照就是在这样的情况下应运而生。

在安全护照的培训模式下，每一个新入场的施工人员都会在参加第一次培训后获得一个自己的安全护照。这本护照就像是施工人员在施工现场的一张通行证，只有拥有并携带此护照（上面注明工人的姓名、工种、工号等信息），才能进入施工场地，完成特定的工作任务并参加安全培训。而随着现代信息与数字化的发展，数字安全护照也提上了日程，这是这种护照类似于二维码。数字安全护照也是北京市住房和城乡建设委正在研究的新技术。这种随着施工人员入场参加培训后就随身携带的护照，可以随时记录施工人员的信息，如违章记录或者培训记录，从而方便统一对建筑工人进行信息化管理（图5-9）。例如，工人办理出入卡必须向办卡人员提供三级教育记录、体验式培训记录、体检及劳动防护用品申请表，经总包单位对照核实后才可办理出入证。

图5-9　建筑工人高处作业劳动防护用品佩戴情况

5.2.2　安全护照动态管理

安全护照的本质不仅是一本小册子，而是一种区别于传统教育的安全培训与教育思路。当刚进场的施工人员参加完培训，并且培训合格之后会被颁发一个合格证，也就是安全护照，护照会跟着他们的施工证，在拥有了这个许可证之后，施工人员中的每一个工人就可以进场了。新到的施工人员也好，研发的施工人员也好，每个施工人员都要先进行三级安全教育（公司教育、项目教育、班组教育），在考核合格之后方可颁发安全护照，并进入现场参与机场建设，然后去做各自需要进行施工的工作。没有安全护照禁止进入现场施工作业。同时定期对工人的安全护照进行检查，避免疏漏造成危险事故（图5-10）。

图5-10　新工人入场安全教育培训手册

5.2.3 安全审核前置管理

1.单位及人员资质许可

安全护照是施工人员必须具备的证件，而对参建单位来说，则需要办理相应的安全许可证件，才能被允许进场施工。建设单位需要负责协助参建方办理各区域施工申请等相关审批手续。如属控制区内项目，项目建设单位协助参建方办理人员、车辆、物料等相关证件。

开工前若参建单位需踏勘现场，由项目建设单位组织各参建单位，属地管理部门配合对现场各类管线、设施设备和周边建筑物、构筑物进行现场踏勘，并留存现场照片及记录。开工准备完成后，项目建设单位填写《开工确认单》并将开工准备相关资料报送属地管理部门，项目建设单位收到属地管理部门审批同意的《开工确认单》后，方可进场开工。

参建方每日进行现场施工前，还需填写《施工申请表》，明确每日进出场时间及工作任务，严格按照经属地管理部门审批通过的时间及施工地点进出施工现场。

（1）参建单位资质管理

承接建设工程项目的勘查、设计、施工、监理单位和材料设备供应商，应符合《建筑业企业资质等级标准》的有关规定；施工单位必须持有有效期内的安全生产许可证。施工单位的资质由项目建设单位负责审查。工程存在分包的，分包合同中应当明确总承包单位与分包单位各自的安全生产方面的权利、义务；总承包单位须提供对分包单位的管理办法及相应管理制度；总承包单位对施工现场的安全生产负总责，总承包单位和分包单位对分包工程的安全生产承担连带责任。

（2）施工安全组织机构及人员管理

施工单位应当设立安全生产管理机构，配备专职安全生产管理人员。施工单位的项目负责人应当由取得相应执业资格的人员担任，并应具备有效期内的安全生产证书；施工单位应落实安全生产责任制度、安全生产规章制度和操作规程，确保安全生产费用的有效使用，并根据建设工程的特点组织制定安全施工措施，消除安全事故隐患。施工单位应落实本单位参与建设的施工人员意外伤害保险办理及工程项目建筑安装工程一切险的办理。施工单位应建立施工现场消防安全责任制度，确定消防安全责任人，制定用火、用电、使用易燃易爆材料等各项消防安全管理制度和操作规程。

建设单位或其委托的工程招标代理机构在编制资格预审文件和招标文件时，应当明确要求建筑施工企业提供安全生产许可证，以及企业主要负责人、拟担任该项目负责人和专职安全生产管理人员相应的安全生产考核合格证书。

2.航站楼工程的施工许可

（1）施工安全手续办理

航站楼管理部门只针对施工项目进行审批，施工单位必须具有施工资质和安全生产许可证，才具备航站楼内施工资格。

（2）施工申请

航站楼内施工项目严格实行许可证制度，任何施工项目的开展必须取得航站楼管理部门签发的《施工许可证》同一施工项目存在总包、分包的，施工单位必须分别开具《施工许可证》，严禁混用。项目施工前，项目建设单位或施工单位须到航站楼管理部办理施工手续，需携带的文件包括但不限于：

1）相关单位开具的确认该项目可实施的批复文件；

2）实施施工项目的施工单位的资质证明、营业执照；

3）施工方案、施工图纸、防护措施及现场管理方案、建筑内部防火设计方案、施工过程风险识别及控制措施等；

4）建筑内部防火设计方案。

（3）施工资料审核

航站楼管理部对施工单位或项目建设单位提供的资料进行审核，如提供的资料有误、不齐全，航站楼管理部门有权要求更改、补充，或不予受理。

施工项目申请中土建、强电、弱电、暖通、给水排水等方面内容，由航站楼管理部门相关业务模块审批，涉及的维保单位进行会签，审批、会签前须勘测现场。

各审批、会签单位认同施工项目的同时负责协调职责范围内与该施工项目有关的事宜；

（4）发放《施工许可证》

施工单位的施工人员必须要到派出所进行备案审核，确认无犯罪记录后，允许其在航站楼施工。

施工项目获得批准后，建设单位与航站楼管理部门签订《航站楼施工安全协议书》，并根据工程实际情况缴纳安全保证金。上述程序进行完毕后，施工单位即可领取航站楼管理部签发的《施工许可证》。

施工单位用于工作的材料、工具、设备等进入机场控制区，需办理手续并领取《工具携带证》，填写《危险工具携带清单》方可进入。

施工单位需在机场控制区进行施工项目时，须办理隔离区证件后方可进入实施。

在航站楼开展项目的建设单位获取《航站楼施工项目许可证》后，应组织施工单位施工人员接受航站楼施工管理入场安全培训并掌握培训内容，并通过航站楼管理部门组织的考试。

上述程序执行完毕后，施工单位在大兴机场运行管理部、航站楼消防监控中心进行备案登记之后可以开展施工项目，期间随时接受航站楼管理部门的检查。

3.公共区工程的施工许可

（1）施工安全手续办理

公共区管理部只针对施工项目进行审批，施工方必须有施工资质和安全生产许可证。如需要用地施工，则施工方必须提供所用土地产权单位出具的书面确认文件。

（2）施工申请

项目施工前，施工单位须到公共区管理部办理施工手续，需携带的文件包括但不限于：

1）相关单位开具的施工批准文件；

2）施工方案、图纸、施工总平面布置图、防护措施、现场管理方案、施工过程风险识别及控制措施等相关资料；

3）与项目相符合的企业资质等级证书、营业执照及安全生产许可证；

4）如施工过程中会造成能源的非正常供应，施工单位需提前与公共区管理部进行协调。根据影响范围，协调相关责任单位后确认项目实施时间及方式并书面通知施工单位，项目方可实施；

5）如工程项目有委托的监理单位，需提供项目监理实施细则。

（3）施工资料审核

由公共区管理部对施工资料及施工方案进行审核，与施工单位共同进行现场勘察后确认施工方案并开具《公共区域施工项目申请单》，如施工涉及其他相关管理单位，还需相关单位进行会签审批。

（4）发放施工许可证

施工单位携带审批完毕的相关资料领取公共区管理部签发的《公共区域施工许可证》。公共区管理部可根据工程实际情况要求施工单位提供施工保证金。同一施工项目存在总包、分包的，施工单位必须分别开具许可证，严禁混用。

5.3 安全培训内容

5.3.1 安全培训总体要求

施工前，工程管理单位应按要求对所有施工人员进行培训，内容包括：机场有关空防、

图5-11 指挥部领导“平安工程”大讲堂授课现场

消防等方面的安全管理规定，机场施工管理安全要求等内容。施工安全员还要经过无线电通信培训，熟悉机场通信程序。施工单位应指定施工现场负责人，负责对施工人员讲解安全注意事项，所采取的施工安全措施等内容。

从事机场施工管理的人员应当持证上岗。涉及机场施工管理的相关部门应根据上岗证书的取证和复审周期，将培训工作列入年度工作计划。涉及机场施工管理的相关部门应建立机场施工管理试题库，每年对机场施工管理人员进行全面测试，并定期进行新知识和重点内容的考核，确保员工达到必要的上岗能力。

当施工人员入场时，工程项目部应组织进行以国家安全法律法规、企业安全制度、施工现场安全管理规定及各工种安全技术操作规程为主要内容的三级安全教育培训和考核（图5-11）。当施工人员变换工种或采用新技术、新工艺、新设备、新材料施工时，应进行安全教育培训。施工管理人员、专职安全员每年度应进行安全教育培训和考核（表5-2）。

安全教育和培训的对象及相关要求 表5-2

各类人员安全教育培训	安全培训时间	安全培训教育内容	发证单位	有效期
项目负责人	初次培训不少于32学时，每年再培训不少于12学时	国家安全生产方针、政策和有关安全生产的法律、法规、规章及标准；安全生产管理基本知识、安全生产技术、安全生产专业知识；重大危险源管理、重大事故防范、应急管理救援组织以及事故调查处理的有关规定；职业危害及其预防措施；国内外先进的安全生产管理经验；典型事故和应急救援案例分析；其他需要培训的内容	政府建设主管部门发放的《安全生产考核合格证书》，简称B证	
专职安全生产管理人员		国家安全生产方针、政策和有关安全生产的法律、法规、规章及标准；安全生产管理基本知识、安全生产技术、职业卫生等知识；伤亡事故统计、报告及职业危害的调查处理方法；应急管理、应急预案编制以及应急处置的内容和要求；国内外先进的安全生产管理经验；典型事故和应急救援案例分析等	政府建设主管部门发放的《安全生产考核合格证书》，简称C证	

续表

各类人员安全教育培训	安全培训时间	安全培训教育内容	发证单位	有效期
新上岗人员（包含特种作业人员）	接受三级教育，公司级岗前安全教育培训时间不少于15小时，项目级安全教育培训时间不少于15小时，班组级安全教育培训时间不少于20小时	（1）公司级岗前安全教育内容应当包括：国家、省市及有关部门制定的安全生产方针、政策、法规、标准、规程；安全生产基本知识；本单位安全生产情况及安全生产规章制度和劳动纪律；从业人员安全生产权利和义务；有关事故案例等。培训时间不少于15小时。 （2）项目级安全教育的主要内容包括：本项目的安全生产状况；本项目工作环境、工程特点及危险因素；所从事工种可能遭受的职业伤害和伤亡事故；所从事工种的安全职责、操作技能及强制性标准；自救互救、急救方法、疏散和现场紧急情况的处理、发生安全生产事故的应急处理措施；安全设备设施、个人防护用品的使用和维护；预防事故和职业危害的措施及应注意的安全事项；有关事故案例；《北京市建设工程施工现场作业人员安全知识手册》；其他需要培训的内容。 （3）班组级安全教育的内容包括：岗位安全操作规程；岗位之间工作衔接配合的安全与职业卫生事项；本工种的安全技术操作规程、劳动纪律、岗位责任、主要工作内容、本工种发生过的案例分析；《北京市建筑施工作业人员安全生产知识教育培训考核试卷》；其他需要培训的内容		
特种作业人员：电工、焊工、架子工等	接受专门培训、考核	安全生产相关法律法规；安全生产方针和目标；安全生产基本知识；安全生产规章制度和劳动纪律；施工现场危险因素及危险源，危害后果及防范对策；个人防护用品的使用和维护；自救互救、急救方法和现场应急情况的处理；岗位安全操作规程；有关事故案例；其他需要培训的内容	省、自治区、直辖市人民政府建设主管部门或其委托的考核发证机构	有效期2年，延期复核合格的，有效期延期2年
体验式培训	项目从业人员每年应进行不少于两次体验式安全培训，每次培训时长不少于2学时，新入场和转场人员应于进场后7日内完成体验式安全培训，可将体验式安全培训学时纳入三级安全培训教育的项目安全培训学时	（1）理论课程：①从业人员的权利和义务；②劳动防护用品的使用；③施工现场常用安全管理知识；④施工现场常见的高处坠落、坍塌、物体打击、机械伤害、起重事故、触电六大类伤害事故案例；⑤从业人员相关技能培训。 （2）实际操作课程应包括但不限于以下项目：高处坠落、墙体倒塌、综合用电、移动式操作架倾倒、平衡木、临边防护、安全帽冲击、劳动防护用品穿戴、人行马道、消防演示、急救演示等体验项目。鼓励运用VR（虚拟现实）等新科技手段开发更具体验效果的培训项目作为体验式安全培训的辅助项目，增强安全培训视觉效果	培训设施产权单位或其委托的管理单位发放体验式安全培训合格证明	体验式安全培训合格证明保存期不少于一年

5.3.2 劳务队长安全培训

安全培训要确保法律法规得到落实，劳务队长是关键环节。首先应把劳务公司抓住，由劳务公司实施第一个环节的安全教育，因为建筑工人是由劳务公司派遣的。即劳务公司与建筑工人之间有合同关系，应该负责建筑工人的安全培训，而不能把所有的培训责任都放到总包单位。劳务公司应对所属的工人根据工种不同进行全面教育，因为我国建筑工人尚未达到产业工人的级别。产业工人应具备多种技能，而不是单一的技能。产业工人应该可以操作各种机械设备，具备多个工位的施工技能。而劳务队长是联系劳务公司和施工单位的桥梁，是劳务公司在施工现场的直接管理者，可以有效地对劳务班组进行管理和培训。例如，总包单位北京城建集团对劳务队长有基本要求，每半个月要对劳务队长进行一次培训，每半个月劳务队长必须巡视工程，每周一的例会劳务队长必须参加。

5.3.3 班组长安全培训

班组是一个工地施工的基本单元，班组长是直接管理建筑工人的基层管理者，也是最能影响建筑工人安全行为的人，因为很多班组长都是通过招募同乡、亲戚、朋友等当上班组长的，即班组长是天然的建筑工人领导者。在大兴机场施工过程中，北京城建集团也是每周培训一次班组长，且要求班组长现场不要实际施工，只负责监督管理（图5-12）。

图5-12 班组长安全培训现场情况

“每天的班前教育班组长要搞好，上工地之后你就巡视，看哪个地方到底有没有问题。我跟班组长说，你们想过没有，今天你把张三带出来，从正月十五一过就出来，到下一个春节回去之后张三没回去。你老婆孩子热炕头、小酒一端的时候，你想没想过那家怎么过？我们班组长的责任就是这个责任，你把他带出来，要安安全全带回去。别让人家的顶梁柱最后没了，弄得人家妻离子散，我们成了罪人。安全搞不好，最后都是罪人。我们千万不要去当罪人。你带20个人出来，最后带回去19个，剩余这一家就没法过。班组长培训我给他们讲这些东西。”

5.3.4 建筑工人安全培训

建筑工人是实际施工的主体，是建设大兴机场的主力军，是创造这一世界奇迹的幕后英雄。工程是干出来的，安全也是干出来的。建筑工人的安全行为决定直接决定了整个项目的安全程度。因此，对建筑工人的安全培训至关重要。本章第一节讲到的安全主题公园就是基于这个目的。在实际施工过程中，有很多建筑工人安全培训方面的先进做法。例如，北京城建集团的工人每10天就在大教室轮训一次，讲的问题包括施工现场安全死角、关键性的东西。

“你让他认知到安全工作的重要性，出了事之后这一家生活受很大影响，因为工人在家是顶梁柱。今天你具体做什么工作、应该注意什么，都给你讲到了。再一个，你跟他讲其他的法律法规他听不进去，你给他讲安全事故是怎么出现的。还有我给工人搞教育的时候，我说你们想过没有，大家都是农民出身，但是你们又是一群最伟大的人。为什么这样讲？这工程没你们，靠我们这些穿着黄马甲的、戴红帽子的，工程干不了。这个工程应该说真正的是你们干出来的，我们的工程能够干到这样，功劳是你们建设者的，所以说工人他就特别爱听。”

据研究，80%以上的安全事故都是人的不安全行为导致的[①]。因此，对建筑工人进行安全培训全覆盖，安全护照全拥有，安全技能全具备，安全意识全认可，是保障大兴机场安全施工的基础。可以说，通过对劳务队长、班组长、建筑工人等不同层次的基层人员进行全方位、高密度、多形式的培训教育，很好地营造了安全氛围，构筑了安全零事故的坚固屏障。这也是大兴机场安全目标能够实现的一项重要机制（图5-13）。

① Heinrich, H.W., Petersen D, & Roos N. Industrial accident prevention [M]. New York: McGraw-Hill, 1950.

图5-13　建筑工人班前教育现场情况

5.4　本章小结

大兴机场在建设过程中采用了“安全主题公园+安全护照”的新型安全培训模式。一方面提高了参加培训建筑工人的参与兴趣，使一线工人能够获得更加直观和生动形象的安全教育，切实提高其安全意识和安全技能；另一方面也保证了安全培训对象的参与度，增加了安全培训内容的覆盖氛围，提高了安全培训效果。

在安全培训对象方面，要求所有进场施工的建筑工人都要参加安全培训，并获得安全护照。在安全培训内容方面，采取安全主题公园的形式，进行了丰富多样的体验式培训，包括个人安全防护体验、现场急救体验、安全用电体验、消防灭火及逃生体验、交通安全体验及VR安全虚拟体验等9大类近50项安全体验项目。在安全培训效果方面，通过安全护照，检查建筑工人的安全培训效果，能够对建筑工人的安全状态进行动态查询、监督和干预，保证了建筑工人的安全状态平稳可靠，从而转变了传统模式下重处理事故、轻事故预防的安全管理思路。

通过采用“安全主题公园+安全护照”的新型安全培训模式，使得安全管理工作重心前移，把预防为主而不是事故处理作为安全管理方向，把关注技能而不是事后奖惩作为建筑工人安全保障的重点，把体验为主而不是刻板说教作为安全培训的主要形式，把安全状态动态管控而不是考察工作经验作为建筑工人招募和管理的依据，进而从一线施工人员方面保障了重大工程安全隐患得到降低或消除。同时，在安全培训层次上，针对劳务队长、班组长、建筑工人等不同对象开展了针对性的培训，提升了安全培训的效果，保障了工程建设安全绩效。

第6章 充分参与的社会化安全服务

根据组织管理理论，具有不同专门知识的助手通常被称为参谋人员，参谋的设置首先是为了方便直线主管的工作，减轻他们的负担。参谋的主要任务是提供某些专门服务，进行某些专项研究，以提供某些对策建议。[①]大兴机场建设项目充分运用了第三方社会机构提供的各种专业化参谋服务，如进度综合管控、安全生产检查、造价审计等。第三方的方法是大兴机场在工程管理方面的一个特色，因为指挥部毕竟人力有限，这样可以配置最优秀的、有经验的专家来帮助指挥部管理这些事情。这里的第三方是指除建设单位、施工单位、监理单位、设计单位、勘察单位五方责任主体之外的单位。因为这些单位不是工程的直接承建者，更多的是起到参谋的作用，且相对于发包方和承包方来说具有一定的独立性，因此本章把其称为第三方，也叫作社会化服务单位。这些社会化服务单位起到了重要的作用，主要是借助外脑，充分利用社会资源为工程服务，提高了指挥部的管理效能；另一个作用是“专业的事让专业的人去做”，提高了安全工作的管理水平和服务质量，确保平安工程能够切实实现。本章从安全方面介绍大兴机场社会化安全服务的主要内容，包括第三方安全生产咨询、社会稳定风险评估、社会化安全保卫三个方面。

---

① 周三多，陈传明，刘子馨，贾良定. 管理学——原理与方法［M］. 第7版. 上海：复旦大学出版社，2018：247.

6.1　动态化调整的第三方安全生产咨询服务

大兴机场在建设期间采用了多种形式的社会化服务模式，具体包括：安全生产风险咨询、安全培训教育、社会稳定风险评估、安全保卫等。在社会化服务过程中，指挥部采取了一系列创新措施，例如，根据项目进展动态调整服务模式，公众充分参与社会稳定风险评估，充分整合参建单位的安保力量，打造工程安全共同体。最终，这种模式突破了指挥部自身资源限制，充分集成了行业领先的各专业经验和智慧，提升了安全管理效能，确保了平安工程目标的实现。具体见图6-1。

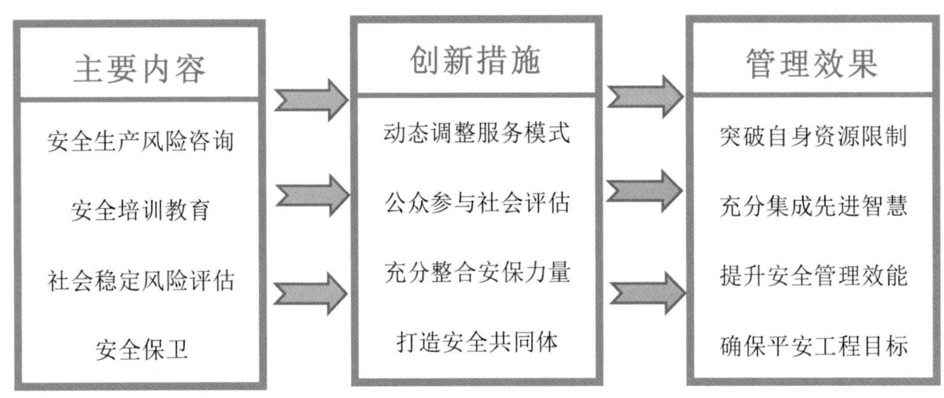

图6-1　大兴机场社会化安全服务模式

在安全生产咨询方面，指挥部根据工程任务量的变化，在建设高峰期和项目收尾期动态性地采取了不同的安全生产第三方咨询服务模式，做到了管理模式与项目任务之间的合理匹配。

6.1.1 建设高峰期第三方安全咨询服务

大兴机场在建设高峰期，委托第三方专业机构在安全生产和安全保卫等方面开展了相应工作，能够提升指挥部安全管理力度和效能。在安全生产方面，委托第三方安全咨询机构从第三方视角梳理项目安全风险。自2018年7月30日至2019年6月30日，按季度为周期，该第三方机构对指挥部、施工方和监理方，通过外聘专家组培训、现场检查、内业检查等措施，贯彻以风险管控和隐患排查治理为核心的安全生产管理体系，指导施工单位完成风险管控和隐患排查治理并建立重大事故隐患排查治理与重大风险管控评估联动机制，完成对施工方80个标段（动态变化）的绩效考核和评比。另外，针对不同工程项目、工期和季节特点开展专项检查整治工作。体系运行过程中发现的问题，通过专家组下发整改通知书、现场督促整改、整改复查系列循环管理机制完成，并形成周、月度、季度、年中报告，及时反馈施工、监理和建设三方，完成闭环管理，从而有效降低施工方安全生产风险、杜绝重大安全生产隐患，全面落实建设方法定职责。

1.项目风险调研

收集安全生产管理资料（施工单位和监理单位），共计54个工程项目。针对在施项目的工程进度、作业内容、作业环境、作业条件、管理措施等方面进行了调研，掌握现阶段工程施工内容和风险特点。调研57个工程项目（含未进场项目3个），共收回调研表31张，当场调研记录26份（表6-1）。

参与调研的工程项目 表6-1

工程区域	项目数	调研项目数	备注
航站区工程部	5	5	—
配套工程部	23	16	7个园林项目未进场
飞行区工程部	29	28	城际铁路未调研
机电设备部	8	4	4个项目未进场
弱电信息部	13	4	9个项目未进场
合计	78	57	—

2.安全检查

安全检查依据：以《北京新机场建设指挥部安全生产管理手册》为基础、现行的法律法规标准为检查依据，编制了以安全管理、合同履约、危大工程安全施工方案、应急管理、技术交底、安全培训等项内容为检查项目的施工单位检查细则表、监理单位检查细则表。

安全检查范围：计划检查项目数：78个工程项目。实际检查项目数：50个工程项目（航站区工程部5个，配套工程部14个，飞行区工程部27个，机电设备部2个，弱电信息部2个），现场检查约500人次。

安全检查内容：安全资料管理和现场安全管理两方面。安全资料：总包方—安全管理制度、危大工程安全施工方案、安全技术交底、特种作业人员资格证书、安全生产例会、安全教育培训、合同履约情况、风险评估与隐患排查等资料。监理方—施工单位报审材料、监理日志及安全会议、联合检查记录等资料。现场安全：临时用电、临边防护、消防安全、个人防护用品佩戴、绿色文明施工等方面。专项检查：7月、8月正值汛期，项目组重点开展了防汛专项检查，主要检查深基坑、脚手架、塔式起重机等重点部位（图6-2）。

图6-2 现场安全检查情况

（1）航站区工程部

资料管理：项目总体管理较好，资料管理规范、分类有序、存档完整。个别资料存在问题的情况，工作组现场指出，项目管理人员当场整改。

现场管理：现场管理基本规范，能够做到作业环境干净整齐，废弃物料及时清理。仍有未戴安全帽、未系安全带、看火人擅离职守等现象，已按要求立即整改。

防汛工作：各工程项目单位防汛物资到位，防汛工作正常。

监理单位主要问题为对施工单位审核的资料不完整，有遗漏或手续不全现象。监理单位已按要求整改。

（2）配套工程部

资料管理：主要问题为培训记录和建档登记资料不完整，人员资质过期没有及时更新，项目单位已及时整改。

现场管理：主要问题是临时用电不规范和临边防护不到位，未戴安全帽、未系安全带等不安全行为，项目单位针对所提出的问题已做出整改。

防汛工作：各工程项目单位防汛物资到位，防汛工作正常。

监理单位主要问题为管理资料有缺失，对施工单位所提供的资料审核不认真。监理单位已进行整改。

（3）飞行区工程部

资料管理：主要问题是应留存的记录不完整，培训、技术交底和隐患排查缺少完整的检查记录。

现场管理：主要问题是临时用电作业不规范，使用一拖二，电线泡在水中。已整改。

防汛工作：各工程项目单位防汛物资到位，防汛工作正常。

监理单位：主要问题是现场巡检记录不完整。

（4）机电设备部

资料管理：主要问题为缺少现场安全检查记录。

现场管理：主要问题是临时用电作业不规范。

防汛工作：各工程项目单位防汛物资到位，防汛工作正常。

监理单位：主要问题为对施工单位安全资料审核不全面，监督检查不到位。

（5）弱电信息部

资料管理：主要问题为缺少电工特种人员资质证书。

现场管理：现场安全管理良好。

防汛工作：各工程项目单位防汛物资到位，防汛工作正常。

监理单位：主要问题是对施工单位安全资料审核不完全。

（6）绩效考核

考核对象：工程项目、项目群。

考核周期：一个季度。

考核依据：综合考虑安全检查细则、建委处罚与通报、指挥部约谈等。

考核分值计算：工程项目得分=施工单位得分，其中：区住建委通报与处罚、指挥部约谈的工程项目，各扣5分，直至扣完10分。

考核结果：分为4级（表6-2～表6-7）。

安全绩效考核等级标准 表6-2

等级	优秀	良好	合格	不合格
考核得分	≥90	80≤得分＜90	70≤得分＜80	＜70

注：发生死亡事故，绩效考核结果判定为不合格。

项目安全生产考核结果统计（2018年第三季度） 表6-3

工程区域	项目考核结果（单位：个数）			
	优秀	良好	合格	不合格
航站区工程部	4	1	—	—
配套工程部	5	8	1	—
飞行区工程部	13	12	2	—
机电设备部	1	1	—	—
弱电信息部	1	1	—	—
合计	24	23	3	—

北京城建集团有限责任公司项目群安全生产考核结果（2018年第三季度） 表6-4

排名	工程项目名称	监理单位	施工单位得分	考核结果	附加扣分项
第1名	航站区二标段 航站楼及综合换乘中心（核心区）工程	北京华城建设监理	97.0	优秀	
第2名	货运区二标段	北京帕克国际	95.5	优秀	
第3名	市政六标	北京华城监理	94.5	优秀	
第4名	信息中心及指挥中心	北京华城监理	84.5	良好	通报
第5名	房建二标 公安、武警、急救工程	北京华城监理	82.5	良好	

北京建工集团有限责任公司项目群安全生产考核结果（2018年第三季度） 表6-5

排名	工程项目名称	监理单位	施工单位得分	考核结果	附加扣分项
第1名	航站区三标段 指廊工程	北京华城监理	97.0	优秀	
第2名	货运区一标段	北京帕克	89.5	良好	
第3名	市政三标	北京希达监理	83.0	良好	通报、处罚
第4名	空防安保培训中心	北京华城监理	79.5	合格	通报

中国建设第八工程局有限责任公司项目群安全生产考核结果（2018年第三季度） 表6-6

排名	工程项目名称	监理单位	施工单位得分	考核结果	附加扣分项
第1名	航站区四标段 停车楼及综合服务楼工程	北京希达监理	96.0	优秀	
第2名	热源工程	北京华城监理	94.5	优秀	
第3名	市政五标	北京华城监理	87.5	良好	通报
第4名	污水处理厂、燃气站	北京希达监理	84.0	良好	通报

河北建设集团有限公司项目群安全生产考核结果（2018年第三季度） 表6-7

排名	工程项目名称	监理单位	施工单位得分	考核结果	附加扣分项
第1名	场道11标	北京中企建发	94.0	优秀	
第2名	市政八标	北京华城监理	90.5	优秀	通报
第3名	附属6标	北京颐和监理	87.0	良好	
第4名	房建三标 安防中心、绿化基地	北京华城监理	83.0	良好	

3.安全培训

委托第三方安全教育培训机构，在建设好的安全主题公园，对员工进行安全教育与培训。原国家安全生产监督管理总局职业安全卫生研究中心进行了现场培训指导和集中培训。

（1）现场培训指导。针对风险管控与隐患排查，该中心于2018年第三季度现场培训指导54个工程项目安全管理人员约300人次，并收回项目单位通过学习后反馈的风险评估登记表和隐患排查规范用表30份。针对防火安全相关知识，该中心于2018年第四季度现场培训指导48个工程项目安全管理人员约200人次。

（2）集中培训。为落实安全生产主体责任，提升建设方、监理方及总包方的安全管理能力，项目工作组对三方进行了安全生产方面的集中培训。共培训6次，约600人次（图6-3、表6-8）。

图6-3 建筑工人施工现场安全生产培训

集中培训情况 表6-8

时间	地点	对象	内容
2018.4.25	指挥部 第一会议室	建设方	安全生产相关法律法规 安全生产体系管理手册
2018.5.10	指挥部 第二会议室	建设方、施工方与监理方	安全生产管理体系 试运行工作安排
2018.6.13	指挥部报告厅	建设方、施工方与监理方	安全生产责任制 事故处理与应急管理
2018.8.7	指挥部报告厅	建设方	安全形势分析 安全责任分析 建设方安全生产法定职责
2018.9.3	指挥部报告厅	施工方与监理方	安全形势分析 安全责任分析 施工方与监理方安全生产法定职责
2018.11.1	指挥部报告厅	建设方、施工方与监理方	风险管控与隐患排查

6.1.2 项目收尾期第三方安全咨询服务

大兴机场投运后，还有教育科研基地等收尾工程。这时在建的工程项目较少，安全管控范围相应减少，不需要再采用大团队的第三方安全咨询方式。这时采用了更为灵活的以专家现场安全检查为主的方式进行安全管控。这种管控方式就是分不同领域成立专家库，然后根据指挥部的计划需要派出若干专家进行现场检查（图6-4）。

图6-4　安全专家现场检查情况

上述两种不同的第三方安全咨询服务方式，是根据项目特点进行的动态调整，反映了管理中的适度原理，即合适的就是最好的，较好地满足了项目安全管控需要，取得了项目安全与成本等其他目标之间的平衡，效果较好。

6.2　公众充分参与的社会稳定风险评估服务

社会稳定风险评估直接的效果是缓解社会矛盾和冲突，减少群体性事件等社会影响，这是以解决问题为导向的有效性原则；潜在的、长远的效果就是在决策评估过程中推进公众参与，推进公共决策的民主化，从而建设协商民主体系，这是民主性原则。社会稳定风险评估的对象是民众的维权、利益、需求和偏好等。民众参与程度的高低是制度安排潜在的和长远的收益表现，这也是社会稳定风险评估与环境影响评价、经济评价、节能评估、安全评估等决策类评估的主要区别。从公民行为选择的角度看，社会稳定风险评估的实质是力图把公民从对立转变到中立或支持立场上，或者降低对抗的激烈程度，即通过利益博弈和应对措施达到利益平衡，降低社会风险程度，推动社会发展成果能够得到公正地共享。以社会力量来推动社会稳定风险评估的公开化、法治化是当前的趋势①。大兴机场采用了社会力量对该项目的社会稳定风险进行识别、分析、评估和跟踪，减少了社会冲突等安全风险。

① 朱德米. 重大决策事项的社会稳定风险评估研究［M］. 北京：科学出版社，2016：48-53.

6.2.1 社会稳定风险评估委托

大兴机场工程投资规模大、影响范围广，涉及征地拆迁、生态环境、社会环境、居民出行等与群众切身利益息息相关的问题，如处理不当有可能引发群体性社会事件，造成一定的负面社会影响，进而影响社会稳定、和谐发展。根据北京市委办公厅、北京市人民政府办公厅"印发《北京市重大决策社会稳定风险评估实施细则（试行）》的通知"（京办发〔2012〕12号）提出：重大政策制定、重大项目、重大决策事项，做出决策前都要进行社会稳定风险评估，对其潜在的社会稳定风险进行先期预测、先期研判、先期介入和先期化解，在了解民情、反映民意、集中民智、珍惜民力的基础之上，做好风险防范，进而进行有效的社会稳定风险管理控制，切实维护最广大人民群众。

指挥部委托了第三方咨询单位来进行社会稳定安全风险的分析。第三方咨询单位认真研究了工程及有关资料，对机场红线范围内及周边村庄用地等进行了现场勘察，组织了有关职能部门、属地政府、企事业单位及村民代表召开座谈会。

6.2.2 社会稳定风险评估内容

受指挥部委托后，北京市工程咨询有限公司立即成立项目组，围绕有关审批部门关注的重点和项目影响范围内人民群众关心的焦点开展《北京新机场工程（北京地区）社会稳定风险分析报告》编制工作，工作内容大体可分为三个阶段。

1.输入阶段

主要包括前期准备与资料收集、公众参与调查和社会稳风险因素初步识别，具体各部分工作如下：

（1）前期准备与资料收集

2013年10月22日，北京大兴国际机场建设领导小组出具了《关于北京大兴国际机场项目环境影响评价和社会稳定风险分析公众参与工作实施方案》《关于北京大兴国际机场项目环境影响评价和社会稳定风险分析公众参与培训工作方案》及《大兴区北京大兴国际机场公参宣传应急预案》等相关文件，对大兴机场项目社会稳定风险分析公众参与工作各部门分工、职责进行了部署。

2014年3月3日，北京新机场建设大兴区筹备办公室出具了《关于北京大兴国际机场项目环评公参第二阶段和稳评公参方案有关意见的函》，对稳评公参工作提出了若干意见和建议。

2014年3月7日，指挥部组织召开了大兴机场第二阶段公参启动会，对稳评公参范围、形式、问卷及公告内容等进行了最终确认，同时项目组提出了环评与稳评公参数据共享性问题。

（2）公众参与调查

按照《关于建立健全重大决策社会稳定风险评估机制的指导意见（试行）》的通知（中办发〔2012〕2号）、《北京市重大事项社会稳定风险评估实施细则（试行）》等政策文件中有关风险调查与识别要做到客观科学、系统全面的要求，为充分听取群众意见，了解群众诉求，便于群众了解真实情况、表达真实意见，公司初步拟定采取公示（网络、报纸、现场张贴公告）、问卷调查、村民代表深度访谈、座谈会（区、镇、村以及企事业单位）等形式开展民意调查，深入实地向群众特别是利益相关方了解情况。

（3）社会稳定风险因素初步识别

在风险调查的基础上，针对利益相关者不理解、不认同、不满意、不支持的方面，或在日后可能引发不稳定事件的情形，分门别类梳理各方意见和情况，对项目合法性、合理性、可行性、风险可控性进行深入研究，全面、全程查找并分析可能引发社会稳定风险的各种风险因素。

2.内部分析阶段

主要是在前阶段工作成果的基础上，进行分析梳理，包括风险分析、初始风险等级预判、风险防范和化解措施制定以及落实措施后风险等级预判等几项内容，具体如下所述。

（1）风险分析

项目组结合有关资料、公参调研情况等，参考了大兴机场工程前期选址、立项等相关报告，包括预可研报告、可研报告、文物调查报告、水土保持方案报告书、地质灾害危险性评估报告、地震安全性评价报告、环境影响报告书等咨询报告中结论性的资料，认真研读了国务院、中央军委、北京市政府、市发展和改革委员会、原市规划委员会、市交通委员会、原市国土资源局、市环保局、市水务局、市文物研究所和大兴区相关委办局等单位关于大兴机场工程建设的有关批复、意见等指示性文件，按照大兴机场工程各项风险可能发生的项目阶段（决策、准备、实施、运行），结合大兴当地经济社会与拟建机场项目的相互适应性，以及各项风险因素的成因、影响表现、风险分布、影响程度、发生可能性，找出主要风险因素。采用定性与定量相结合的风险分析方法，估计主要风险因素的发生概率、影响程度和风险程度，分析主要因素之间是否相互影响。

（2）初始风险等级预判

对所有风险点逐一进行分析，参考相同或者类似项目引发的社会稳定风险情况，预测研判风险发生的概率，可能引发矛盾纠纷的激烈程度和持续时间，可能产生的各种负面影响，对大兴机场工程项目初始风险等级进行预判。

（3）风险防范和化解措施制定

据风险调查与分析的结果，项目组针对主要风险因素研究提出各项综合和专项的风险防范、化解措施，提出落实各项措施的责任主体和协助单位、防范责任、具体工作内容、风险控制节点、实施时间和要求的建议以及相应的风险应急处置预案。

（4）落实措施后风险等级预判

积极落实相应的宣传解释、风险防范与化解措施以后，对大兴机场工程综合风险等级进行预判。

3.成果输出与后续跟踪阶段

报告编制与提交。按照国家发展和改革委员会办公厅《关于印发重大固定资产投资项目社会稳定风险分析篇章和评估报告编制大纲（试行）的通知》（发改办投资〔2013〕428号）、北京市交通委员会《北京市交通行业重大事项社会稳定风险评估管理办法（试行）的通知》（京交安全发〔2011〕101号）等相关文件中关于社会稳定风险评估报告编制内容及格式的要求，编制《北京新机场工程（北京地区）社会稳定风险分析报告》，提交北京市交通委员会进行评估。

6.2.3 社会稳定风险识别

1.主要社会稳定风险因素

通过资料调查、民意调查、有关部门意见征求及专家意见咨询等形式开展风险调查后，围绕大兴机场工程的建设和运营是否可能使相关利益群体合法权益遭受侵害，从项目立项、施工、运营等各个阶段可能对外产生的负面影响，全面、动态、全程识别判断可能影响项目总体目标顺利实现的各种风险因素，并初步判断出主要的和关键的单因素风险。

大兴机场工程覆盖面广，涉及因素众多，从政策规划和审批、征地拆迁安置补偿、技术经济、生态环境影响、项目管理、经济社会影响、安全卫生到媒体舆论等方方面面都存在较大的风险。经初步判断，大兴机场工程项目共有8类52个潜在的社会稳定风险因素（表6-9）。根据各因素对项目准备、设计、实施、运营等不同阶段的影响，共识别出6类22个主要社会稳定风险因素（表6-10）。

部分潜在社会稳定风险因素（部分） 表6-9

类型	序号	风险因素	参考标准指标	是否为主要风险因素
政策规划和审批程序	1	国家和地区综合规划符合性	符合国家和地方经济发展规划	否
	2	专业规划符合性	符合国家民航发展“十二五”规划	否
	3	立项、审批程序	项目立项、前置专题文件办理等符合基建程序要求	否
	4	前置支撑文件	项目立项所需的前置文件的批复文件正在办理，但是都按期获得批复存在未知因素	是
	5	设计参数（设计规范）	项目采用的技术标准符合《民用机场工程项目技术标准》等规范要求	否
	6	立项过程中公众参与	环评公参已完成	否
	7	立项过程中公众参与	稳评公参已完成	否
	8	立项过程中公众参与	机场建设方案及选址调查构成已多次征求相关部门意见	否
征收拆迁及安置补偿	9	土地房屋征收征用范围	项目建设用地是否符合因地制宜、节约利用土地资源的总体要求，土地房屋征收征用范围与工程用地需求之间、与当地土地利用规划的关系等；正在办理国土部门预审文件	是
	10	土地房屋征收征用补偿金	资金来源、数量、落实计划；正在落实中	是
	11	被征地农民就业及生活	农民社会、医疗保障方案及落实情况，技能培训和就业机会；有初步计划，有待落实	是
	12	安置房源数量和质量	房源数量、位置、安置居民与当地居民的融合度；有初步计划，有待落实	是
	13	土地房屋征收征用标准	项目征地拆迁的实物或货币补偿安置标准是否符合国家和北京市、大兴区有关政策规定；补偿标准是否有协议，房屋拆迁补偿标准采用市场价格的是否与合格第三方评估价格一致；标准的延续性	是
	14	土地房屋征收补偿程序和方案	项目征地和房屋拆迁安置计划是否按照国家和北京市法规规定的程序开展土地房屋征收补偿工作；补偿方案是否征求了公众意见等；目前方案和程序有待落实	是
	15	实施过程	文明拆除方案的制定和拆除过程的建管	是
	16	特殊土地和建筑物的征收征用	涉及基本农田、宗教用地等与相关政策的衔接	是
	17	市政管线改移	是否能及时达成协议，补偿资金到位及是否能及时补偿	否
	18	占用的地方道路、水利设施恢复情况	是否能及时回复占用的道路、水利设施，满意度情况；整体搬迁后，该问题影响较小	否
	19	压覆矿产的补偿	是否权属单位达成协议，补偿及时到位，对因项目实施受到各类生活环境影响人群的补偿方案等	否
	20	对当地的其他补偿	对施工损坏建（构）筑物的补偿方案，对因项目实施受到各类生活环境影响人群的补偿方案等	否
	21	征地拆迁投诉机制	是否建立房屋土地征用补偿投诉机制和渠道，及时处理征地拆迁中的问题；有待建立	是

主要社会稳定风险因素 表6-10

序号	主要风险点	主要风险因素识别
1	政策规划和审批程序风险	前置支撑文件
2	征地拆迁及安置补偿风险	安置房源数量和质量
3		土地房屋征收征用范围
4		土地房屋征收征用标准
5		土地房屋征收征用补偿金
6		土地房屋征收补偿程序和方案
7		实施过程
8		征地拆迁投诉机制
9		特殊土地和建筑物的征收征用
10	民生和社会管理风险	被征地农民就业及生活
11		文化、生活习惯
12		宗教、习俗
13		就业影响
14		流动人口管理
15	生态环境风险	扬尘、噪声和振动影响
16		固体废弃物污染
17		其他影响（墓地）
18	工程风险	工程方案稳定性
19		资金筹措和保障
20	管理制度体系风险	安全卫生管理
21		建设期项目单位管理
22		全周期风险管理

2.主要社会稳定风险因素类别

根据北京市人民政府办公厅《北京市重大决策社会稳定风险分析实施细则（试行）》、北京市交通委员会《北京市交通行业重大事项社会稳定风险分析管理办法（施行）的通知》以及北京市发展改革委员会《关于实施重大项目社会稳定风险分析的试点办法》等相关文件要求，从合法性、合理性、可行性和可控性4个方面对大兴机场工程（北京地区）的主要社会稳定风险因素进行划分（表6-11）。

主要社会稳定风险因素类别　　表6-11

序号	主要风险点	主要风险因素识别	合法	合理	可行	可控	发生阶段
1	政策规划和审批程序风险	前期支撑文件	▲				决策
2	征地拆迁及安置补偿风险	安置房源数量和质量		▲	△		准备
3		土地房屋征收征用范围		▲	△		准备
4		土地房屋征收征用标准	△	▲	△		准备
5		土地房屋征收征用补偿金	△	▲	△		准备
6		土地房屋征收补偿程序和方案	△	▲	△		准备
7		实施过程		▲	△		实施
8		征地拆迁投诉机制		▲			实施
9		特殊土地和建筑物的征收征用	▲	▲			实施
10	民生和社会管理风险	被征地农民就业及生活	△	▲			实施
11		文化、生活习惯		▲			实施
12		宗教、习俗	△	▲			实施
13		就业影响		▲			实施
14		流动人口管理		▲			实施
15	生态环境风险	扬尘、噪声和振动影响	△	▲			实施、运行
16		固体废弃物污染	△	▲			实施、运行
17		其他影响（墓地）		▲			实施
18	工程风险	工程方案稳定性		△	▲		准备、实施
19		资金筹措和保障		△	▲		准备、实施
20	管理制度体系风险	安全卫生管理		△		▲	实施、运行
21		建设期项目单位管理		△		▲	实施
22		全周期风险管理		△		▲	决策准备、实施、运行

注：“▲”代表本风险源所属主要风险类别，“△”代表本风险源所属一般风险类别。

3.主要社会稳定风险因素发生阶段

针对上述22个具体风险因素，表6-11最右边一列按照不同阶段时间进行了划分，可以发现以下几个问题：

（1）决策阶段大兴机场项目主要风险为政策规划和审批程序的合法性，主要指前期支撑文件，包括各项前期专题报告和各部门的审批意见，如果不能按期获得，将影响项目实施计划，建议各部门加快各专题报告的论证和审查，尽快提出专业审查和批复意见，为项目立项和下阶段方案优化提供依据。

（2）准备阶段主要风险因素集中于征地拆迁及安置补偿风险和工程风险。其中征地拆迁及安置补偿风险主要指在确定安置房源数量和质量风险、土地房屋征收征用范围风险、土地房屋征收征用标准的风险、土地房屋征收征用补偿金风险和土地房屋征收补偿程序和方案风险；工程风险主要指设计准备阶段工程方案的稳定性与资金筹措和保障风险。

（3）实施阶段主要风险因素较多，从征地拆迁实施过程、投诉机制、特殊土地和建筑物征收征用到民生和社会管理风险、生态环境风险、工程风险和管理制度等均有涉及，实施阶段是大兴机场工程风险的集中爆发期。

（4）运行阶段主要风险因素有运营期噪声、日常运营固体废弃物处理、安全卫生管理等方面。

（5）风险管理贯穿于大兴机场工程始终，从前期、准备、实施到运行，各相关部门、单位均应结合各自职责、各自领域建立相应的风险管理和应急机制等。

结合上述22个风险因素，下面从合法性、合理性、可行性和可控性4个方面分别对大兴机场工程（北京地区）主要社会稳定风险影响因素进行简要分析。

4.合法性风险因素识别

大兴机场工程（北京地区）社会稳定风险合法性分析主要是分析大兴机场项目是否存在因为违反现行法律和政策而引发社会稳定事件的风险，主要包括项目是否符合党的路线方针政策，是否符合国家法律、法规和规章，是否符合党中央、国务院和市委、市政府制定的相关文件精神，是否符合产业政策和发展规划，是否符合行业准入有关文件要求。

5.合理性风险因素识别

大兴机场工程（北京地区）社会稳定风险合理性分析主要是分析大兴机场项目是否符合人民的根本利益，包括是否对相关利益方身体健康、经济利益和对周边生态环境产生危害和其他影响等。

6.可行性风险因素识别

大兴机场工程（北京地区）社会稳定风险可行性分析主要是分析大兴机场项目是否与地区经济社会发展水平相适应，项目实施是否具有相应的人力物力财力，相关配套措施是否经过科学严谨周密论证，建设时机和条件是否成熟，项目组织管理是否完善，是否建立社会稳定风险管理机制以及相应的应急处置预案。本次重点对工程风险，从工程方案稳定性和资金筹措与保障两方面进行影响因素识别，具体如下所述。

以工程方案风险为例：

（1）工程方案稳定性影响因素

大兴机场建设项目涉及土建、通信导航、气象、飞行管制等多个专业，工程方案的稳定性主要是指在工程设计和施工阶段应尽可能避免因设计问题、施工问题或组织问题等导致的工程变更等不稳定风险。

在工程设计阶段，做好图纸审核，主要是图纸的完整性、各专业的协调性、各专业技术的先进性、新材料及设备的使用上必须体现出节能及环保、符合国际要求并达到一定指标。保证图纸在方案设计阶段、初步设计阶段、施工图设计阶段，都要达到各阶段的设计深度。通过高质量的设计，避免工程施工质量和运营服务质量降低、工程质量隐患导致的安全事故及可能诱发社会稳定事件的可能性。

在工程施工阶段，主要是组织好工程招标投标，选好优秀的、有资格的施工单位、监理单位，并审核施工单位的施工组织设计、监理大纲。施工中做好进度控制、投资控制、工程质量控制。在材料、设备的招标投标中控制设备选型及技术指标，要适合工程需要并达到技术先进、经济合理。在施工过程中严格检查施工质量，尤其是隐蔽工程，必须经过四方验收合格后才能进行下道工序施工。当工程完工时必须按相关各专业的工程验收规范，做好竣工验收。以上各项控制不好都会给工程造成损失，并可能引起舆论的关注，造成不良社会影响，并可能诱发不稳定因素。

（2）资金筹措和保障影响因素

资金筹措和保障风险主要是分析资金筹措方案和保障措施可行性风险，资金保障措施是否充分。本项目资本金中40%为国家资本金，10%需要集团自筹，另外借入资金及其他资金所占比为50%。融资主要通过商业银行借款、银团借款、外国政府借款、国际金融组织借款、发行企业债券等方式筹资和拟采取BOT（Build-Operate-Transfer）、参股等社会化合作方式解决。鉴于本项目建设周期较长，在建设过程中国内外经济政策形势不确定性因素有很多影响到本项目的融资问题，如果在资金上出现问题，将会导致材料供应不足、施工企业拖欠工人工资、工程进度计划受到干扰等一系列问题，并可能诱发不稳定因素。

7.可控性风险因素识别

大兴机场工程（北京地区）社会稳定风险可控性分析主要是分析大兴机场项目是否存在公共安全隐患，会不会引发群体性事件、集体上访，会不会引发社会负面舆论、恶意炒作以及其他影响社会稳定的问题。分析该项目引发的社会稳定风险是否可控，能否得到有效防范和化解；是否制定了社会矛盾预防和化解措施以及相应的应急处置预案，宣传解释和舆论引导工作是否充分。可控性风险重点针对管理制度风险，从安全卫生管理、建设期项目单位管理和全周期风险管理三个方面进行影响因素识别，具体如下所述。

（1）安全卫生管理影响因素

安全卫生管理主要包括施工与运行期间安全、卫生与职业健康风险，泄漏、爆炸、火灾等重大生产安全事故及洪涝灾害风险、社会治安和公共安全风险等，另外还包括机场安全运营管理，如极端天气等导致航班不正常的应急处置是否得当，避免引起旅客不满进而冲击候机楼、停机坪等，安检人员应严格履行职责、确保旅客安全性。

（2）建设期项目单位管理影响因素

建设期项目单位管理包括项目单位内部管理制度的完备性以及项目单位对外部，如设计、施工、监理等单位的管理制度问题。如存在上述管理制度不完备、不健全及出现疏漏、责任落实不到位处，易引发不稳定事件。

（3）全周期风险管理影响因素

全周期风险管理主要指项目单位和当地政府是否对社会稳定风险有充分认识并各司其职，是否建立社会稳定风险管理机制，是否有相应的应急处置预案，如有关权威宣传部门是否针对各类负面媒体舆情有对应的措施预案，各相关部门单位针对征地拆迁、环境噪声、工程方案等是否有相应的风险管理制度和预案。

6.2.4 社会稳定风险估计

单因素风险估计采用定性分析与定量分析相结合的方法，对识别出的每个主要风险因素的风险程度进行深入分析、预测，分析引发风险的直接和间接原因，预测和估计可能引发的风险事件及其可能性、发生概率，分析其影响程度，判断其风险度。

1.风险概率的衡量（p）

单因素风险按照风险因素发生的可能性，可将风险发生概率划分为很高、较高、中等、较低、很低五档。本项目中，风险发生概率依据实际调查和专家打分后具体确定。社会稳定风险事件发生概率的等级取值见表6-12。

社会稳定风险事件发生概率的等级划分 表6-12

发生概率	简单描述	等级值
很低	不太可能或者基本不会出现	0~0.2
较低	在关注的期间偶尔出现	0.2~0.4
中等	在关注的期间几次出现	0.4~0.6
较高	在关注的期间多次出现	0.6~0.8
很高	在关注的期间频繁出现	0.8~1.0

2.风险影响程度的衡量（q）

按照社会稳定风险事件发生后果的严重程度，将风险影响后果划分为5个等级，即可忽略、较小、中等、较大、严重。社会稳定风险发生后对项目的影响程度等级划分见表6-13。

社会稳定风险事件发生后的影响程度等级划分 表6-13

发生后的影响程度	等级值
可忽略	0～0.2
较小	0.2～0.4
中等	0.4～0.6
较大	0.6～0.8
严重	0.8～1.0

本项目中影响程度系根据被访政府部门代表、专家的意见及各因素可能引发的后果严重程度综合分析确定。

3.风险度的衡量（$R=p \times q$）

根据每个风险发生的概率等级和风险影响等级，构建风险概率—影响程度矩阵（即风险评价矩阵）。以风险发生的可能性（概率）为横坐标，以风险因素产生的影响程度（后果）为纵坐标。H代表高风险区域，M为中风险区域，L为低风险区域。将主要的社会稳定风险源分别构建风险评价矩阵后，得到单因素风险的等级。

项目社会稳定风险被量化为关于风险发生概率和损失严重性的函数，将风险事件发生的概率和影响程度值相乘（即$p \times q$），风险度的划分标准为三个等级：

重大风险（$R>0.64$）、较大风险（$0.36<R<0.64$）、一般风险（$0<R<0.36$）。

4.合法性风险因素估计

大兴机场工程（北京地区）项目合法性风险主要包括发展规划分析、产业政策分析和行业准入分析，属于城市基础设施建设中普遍存在的社会稳定风险。

（1）发展规划风险分析

1)《全国民用机场布局规划》。该规划已获得国务院批准出台。根据布局规划的指导思想、目标和原则，依据已形成的机场布局，结合区域经济社会发展实际和民航区域管理体制现状，按照“加强资源整合、完善功能定位、扩大服务范围、优化体系结构”的布局思路，重点培育国际枢纽、区域中心和门户机场，完善干线机场功能，适度增加支线机场布点，构筑规模适当、结构合理、功能完善的北方（华北、东北）、华东、中南、西南、西北五大区域机场群。

至2020年，布局规划民用机场总数达244个，其中新增机场97个。北方机场群布局由北京、天津、河北、山西、内蒙古、辽宁、吉林、黑龙江8个省（自治区、直辖市）内各机场构成。在既有30个机场的基础上，布局规划新增北京第二机场、邯郸、五台山、阿尔山、长白山、漠河、抚远等24个机场，机场总数达到54个，为促进华北、东北地区经济社会发展、东北亚经济合作和对外开放提供有力的航空运输保障。

2）《中国民用航空发展第十二个五年规划（2011年至2015年）》。该规划依据国家发展"十二五"规划纲要和"十二五"综合交通运输体系发展规划编制。在增强运输机场保障能力中提出"要以需求为导向，优化机场布局，加快机场建设，完善和提高机场保障能力。重点是缓解大型机场容量饱和问题和积极发展支线机场"，"北方机场群：将北京首都机场建设成为具有较强竞争力的国际枢纽机场，新建北京新机场"。

3）《北京城市总体规划（2004年—2020年）》综合交通体系，第138条关于机场规划中提出"根据城市及区域发展的需要，结合民用航空事业发展的要求，通过加快京津冀北地区的协调，在区域经济联系的主导方向上，选址建设首都第二机场。场址建议选择在北京的东南方向或南部。同时配合选址工作的进展，适时开展与新空港配套的集疏运交通设施建设的规划准备工作。应与津冀进行沟通与协调，共同对选址方案规划建设用地进行控制和预留。"

4）《北京市国民经济和社会发展第十二个五年规划纲要》。该规划纲要在建设系统完善的基础设施中提到"提高对外交通能力，让交通往来更加便捷。打造国际航空枢纽及亚洲门户。建成大兴机场一期，新增航空旅客吞吐能力4 000万人次。完善首都国际机场功能。2015年全市航空旅客吞吐能力超过1.2亿人次。加强新机场和首都国际机场、中心城间交通联系，实现大兴机场半小时通达中心城区"。

综上所述，大兴机场建设符合《全国民用机场布局规划》总体布局规划，符合《中国民用航空发展第十二个五年规划（2011年至2015年）》的运输要求，符合《北京城市总体规划（2004年—2020年）》和《北京市国民经济和社会发展第十二个五年规划纲要》的发展规划要求。

（2）产业政策风险分析

民用航空业是国家重要的基础产业，也是国家先进发达的标志之一，具有很强的公共属性和社会属性。项目建设符合《产业结构调整指导目录（2011年本）》第一类鼓励类：第二十六条航空运输"1、机场建设2、公共航空运输3、通用航空"。

北京是我国的政治、文化中心，同时也是国际交流中心，是世界闻名古都和现代化国际城市。近年来，随着社会、经济的不断发展，北京地区的航空业务量持续增长，民用机场设施资源相对匮乏。大兴机场是京津冀地区民用航空运输中的重要基础设施之一，具有明显的公益性质和社会属性。项目建设符合国家民用航空业发展的产业政策要求。

（3）行业准入风险分析

1）建设主体

大兴机场项目建设主体是首都机场集团公司，隶属于民航局，是一家跨地域、多元化的大型国有企业集团。2002年12月28日，由原北京首都机场集团公司、北京首都国际机场股份有限公司、天津滨海国际机场、中国民航机场建设总公司、金飞民航经济发展有限公司和中国民航工程咨询公司联合组建成立。公司全资、控股的成员企业30多家，管理资产规模超过1 000亿元，员工38 000多人。旗下拥有北京、天津、江西、湖北、重庆、贵州、吉林、内蒙古、黑龙江等9省（直辖市、自治区）所辖机场30多个，并参股沈阳、大连机场，机场旅客吞吐量占全国市场份额30%。在机场投资、设计、建设、管理、经营、咨询等方面构建起一体化的发展平台，并在房地产、物流、证券、保险、担保等领域有了较大发展。首都机场集团公司具有合格的建设主体资格。

2）建设内容

大兴机场项目建设内容主要包括机场飞行区、航站区，货运、航空配餐、消防救援、生产生活辅助设施，以及供电、供水、供气、排污等公用配套设施。新机场工程与《全国民用机场布局规划》《中国民用航空发展第十二个五年规划（2011年至2015年）》要求一致，符合《产业结构调整指导目录（2011年本)》鼓励类项目建设，符合北京市地区发展规划。

3）建设程序

①前期主要工作

2008年，北京市完成大兴机场选址论证工作，确定选址本市大兴区。2009年，完成首都地区机场（包括首都国际机场、大兴机场、天津机场）功能定位及分工论证工作，平衡了天津的要求。2010年，完成南苑机场搬迁方案论证工作。2011年，北京市与民航、空军积极沟通协调并签署《北京新机场建设和空军南苑机场搬迁框架协议》和《南苑机场土地及设施处理框架协议》。2012年3月1日，大兴机场和空军南苑新机场两项工程预可研报告（项目建议书）正式上报国务院、中央军委。国家发展和改革委员会组织中咨公司进行专家评审并开展专题论证后，于2012年11月19日会同总参将《关于审批北京新机场项目建议书的请示》上报国务院和中央军委。2012年11月28日，国务院办公会审议通过新机场项目建议书。2012年12月22日，国务院、中央军委正式下发《关于同意北京新机场建设的批复》，大兴机场前期工作取得重大进展。

②可研报告已上报并组织评审

大兴机场可行性研究报告于2013年7月31日经由民航局报至国家发展和改革委员会。

中咨公司于2013年8月初正式启动了可研报告评估论证工作，分别于8月21—22日、8月26—29日先后召开了航站楼建筑方案专家论证会、可研报告咨询论证会。目前正在根据专家论证意见开展相关的协调工作。

从各种前置文件的委托评估和工作进展看，项目建设单位严格按照基建程序准备项目立项的各种准备工作，项目的前期工作程序是合规的。

目前各专业部门还有待各专题报告完成进行审查后才能出具批复意见。如果不能按照计划要求完成各专业审查和批复意见，国家发展和改革委员会将无法出具项目立项审批意见。如果在相关前期手续审批文件不齐全的前期下开工，将影响项目的合法性，群众在征地拆迁方面将难以配合，存在潜在的社会稳定风险因素。土地利用审批文件正在办理中，如果不能按时办理土地审批文件，也将影响项目的批复，在获得土地批复文件前征用土地，将不符合土地管理法规，使得项目的合法性存在问题，产生潜在的风险，项目征地合法性存在被质疑，导致征地群众与项目建设单位产生矛盾。

根据以往类似基建工程经验，在项目开工前由于政府各部门审批文件不能按期办理导致项目存在合法性风险因素的可能性很低（估计该因素发生的概率不足20%），但一旦无法按期办理齐全各前置文件审批手续而强制开工入场，在过程中出现有损群众利益的事件，群众会以此为由阻挠机场工程建设，对政府公信力及后续机场工程建设运营埋下隐患，造成的后果（影响程度）较大（估计其影响程度为60%～80%）。

5.可控性风险因素估计

可控性风险因素主要指各项管理制度，结合本项目特点，主要包括安全卫生管理、建设期项目单位管理和全周期风险管理三项。具体各影响因素产生原因、发生概率及影响程度如下所述。

以管理制度风险中的影响因素安全卫生管理为例：

（1）质量安全

大兴机场项目工程具有建设投资巨大、周期漫长、技术复杂、工程参与方众多、环境制约因素多、不可预见性问题大等特点。在建设过程中，建设参与各方不可避免地面临着各种质量安全风险。

（2）公共安全

公共安全风险主要是指导致公共卫生、火灾、泄露、爆炸等重大安全事故的概率以及是否有相关预案等。近几年公共安全风险事件时有发生，机场建成后作为城市公共场所，人员稠密、活动集中，容易产生公共安全问题。

（3）社会治安

机场项目建设过程中由于受各种因素的影响，会引发一些潜在的矛盾，尤其是施工期间的社会治安问题也会日益突出，治安形势也比较严峻，如果防范处理不当会引发社会不稳定事件的发生，出现沿线区域个别群众一些极端行为阻挠施工，影响到区域经济的发展和项目建设进展等。

机场项目建设需要招聘大批的外来务工人员，外来人员的整体素质及法律观念等存在一定的差异，可能会导致施工人员与周围群众之间发生一定矛盾冲突。部分劳务公司对务工人员拖欠工资等一系列问题也会引发施工人员的不满情绪，导致社会不稳定因素。

大兴机场项目参加施工的队伍规模大、来源复杂、施工人员素质差异较大，如果施工安全管理制度不落实，将可能发生施工安全事故；如果不建立施工人员健康检查和传染病防治制度，外来施工队伍可能带来传染病，造成社会恐慌；如果不加强安全施工教育，将可能出现施工安全事故导致群死群伤；机场运营期间，如果不加强旅客安全检查和机场的治安保卫工作，很可能会出现爆炸等安全事故。上述有关安全卫生问题一旦发生，直接关系到当地群众和施工人员的生命财产安全，一旦发生，后果较大（影响程度70%～80%）。根据北京市类似大型工程项目施工情况调查，此类事件发生的概率较低（30%）。

6.2.5 社会稳定风险防范

社会稳定风险的责任主体是施工单位，协助单位有大兴区政府、首都机场建设集团。针对社会稳定风险，有如下防范措施：

（1）由大兴区政府牵头，区维稳办、区信访办、区治安支队等政府有关部门积极配合，认真做好信访和矛盾纠纷排查工作，密切关注极少数群众可能因对项目不满意引发的上访、闹访、煽动群众、示威等动向，第一时间采取教育、说服、化解等措施，将问题消除在萌芽状态。同时定期召开工程项目治安环境分析会议，分析总结项目建设过程中的治安问题，进一步强化措施、落实责任，为该项目建设营造良好的治安环境。

（2）区公安分局、区流管办应按照有关规定加强对外来人口的管理和社会治安管理工作，打击违法犯罪活动，营造良好的治安环境。开展形式多样、内容丰富的“地企共建”活动，增进了解与友谊，共同构建和谐社会。

（3）施工单位应紧密联系和依靠区政府有关部门和相关乡镇组织，采取以预防为主的治安防范措施，加强对施工人员法制教育和管理工作，充分尊重当地群众的生活习惯、宗教信仰和风俗特点。施工单位及时兑现人员工资，若出现拖欠问题，项目单位在劳动部门的配合下，有权代扣施工单位的工程结算款用于发放施工人员尤其是民工工资。

（4）首都机场建设集团应保障落实项目资金情况，按照合同约定及时兑现。通过监理单位对施工单位做好监督管理工作，保证从业人员工资及时兑现。一旦发现有施工单位有拖欠工人工资情况，要及时督促协调解决，同时做好应急资金预案。

6.3 以指挥部为核心的多方联动安全保卫管理

工程项目往往是在生地中建造，周边监控力量薄弱，容易发生盗窃、违章、违规动火等越轨行为。越轨是指人的行为脱离了正常轨道，超越社会规定或规范而产生的行为。依据社会互动理论，越轨行为受到人的相互作用的影响[①]。建筑工人嵌入于工程社会中，受到周边工友、班组长、安全员等其他社会群体的正向或负向影响，可能导致越轨行为的发生。社会越轨是一种违反社会规范的行为，而社会控制则是对这种行为的校正。通过社会化安全保卫力量对建筑工人的安全行为进行监督和控制就是一种社会控制方式。因此，社会化安全保卫服务需要调动第三方安保公司、政府消防队等社会力量，共同参与大兴机场的安保工作中。当时施工现场不是只有一家保安公司，指挥部和各施工单位都有自己的安保力量。施工单位进场必须要配备保卫部门和保卫专门人员。为了加强消防力量，现场专门派驻了消防车辆。大兴区直接派了一个消防中队在现场派驻，三辆消防车常驻现场，平时进行备勤和巡视。

6.3.1 指挥部安全保卫领导组织

1.指挥部工程应急救援领导小组

为做好大兴机场建设工程安全事故应急处置工作，提高大兴机场建设指挥部应对突发安全事故的综合指挥能力，提高参建单位紧急救援反应速度和协调水平，确保迅速有效地处理各类安全事故，建立应急救援响应程序，最大限度地减少事故损失，维护施工环境和人员稳定，消除不良影响防止和控制大兴机场建设工程安全事故的发生，经指挥部研究后成立北京新机场建设指挥部工程应急救援领导小组。

（1）应急救援领导小组的职责

①安全事故发生后，组织有关部门和单位按照应急救援预案迅速开展抢险救援工作，防止事故的进一步扩大，力争将事故损失降到最低程度。②根据事故发生状态，统一布置应急预案的实施工作，对应急处理工作中发生的争议采取紧急处理措施。③根据预案实施过程中发生的变化和问题，实际对预案进行修改和完善。④紧急调用救援所需的各类物资、人员和设备。⑤稳定大兴机场施工现场秩序，组织做好伤亡人员善后及安抚工作。⑥组织参建单位开展应急救援演练活动。⑦配合上级部门组成的事故调查组开展调查工作，及时向有关部门

---

① 毛如麟，贾广社. 建设工程社会学导论［M］. 上海：同济大学出版社，2011：262.

上报责任人处理结果。

（2）领导小组办公室的职责

检查督促应急救援预案和定期演练，做好应急救援的各项准备工作；接到事故或险情报告后，迅速报告领导小组组长，并通知有关成员单位和人员立即进入工作状态。

（3）指挥部各部门的职责

1）行政办公室：负责应急救援工作情况与事故信息的搜集、整理和上报；负责应急救援过程中的相关后勤保障工作；承担领导小组日常工作。

2）质量安全部：负责应急救援预案的制定、修订、演练工作；指导、协调安全事故应急救援工作；根据工作需要，组织质量安全专家参与事故应急救援和隐患排查及事故调查工作；负责应急值守，接收、处置质量安全事故信息，按照信息处置办法及时调度跟踪事故情况，传送至各工程部和相关单位。

3）工程部：负责工程安全事故的现场指挥，负责组织事故施工单位、相关施工单位和监理单位应急处置，将人员和财产损失降低到最小；安排施工单位保护现场；在最短的时间内安排恢复生产；与质量安全部配合进行事故调查处理；监督检查施工单位日常的安全预防及培训教育工作。

4）协调保卫部：负责事故现场的协调保卫工作，协助质量安全部进行安全检查。

5）审计监察部：协助质量安全部进行安全事故调查处理工作。

6）党委办公室：负责有关安全事故信息的收集、整理，并按照《北京新机场建设指挥部新闻宣传管理规定》的有关要求启动相关程序，进行危机管理、新闻发布或情况通报。

2.新机场建设安全保卫工作委员会

同时，2017年初，为加强大兴机场建设期间安全保卫工作，成立了北京新机场建设安全保卫工作委员会。该委员会统筹有关部门和单位共同做好机场建设期间的安全保卫工作。

6.3.2 各驻场单位安全保卫力量

大兴机场建设工程各单位在安保工作中给予了指挥部大力的支持和配合。各驻场单位在安全保卫工作中也贡献了很大力量。这些单位在指挥部的统一协调和带动下，很好地完成了各项安全保卫工作，取得了良好的安全保卫成绩，并且涌现了一大批先进的安保工作经验和优秀做法。具体包括：中建八局停车楼项目部推出互联网+安保举措，研发应用“诸英台”安全管理系统，在生活区取消现金消费，确保内部财产安全；中交一航四落实安全工作“六个一”制度，将安全保卫责任层层分解；甘肃机械化、四川场道、金港场道等单位积极落实指挥部清理荒草可燃物要求；北京城建、北京建工等单位发挥主观能动性，加大人力物力投入，落实综合治理工作措施。

6.3.3 安全保卫共同体工作成效

各驻场单位的安保力量与指挥部的安全保卫领导组织共同组成了安全保卫共同体，产生了“聚变”效应，涌现出一大批先进做法，整体提升了安保治理能力。

1.创新管理机制，安全管理取得新成效

新机场建设安全保卫工作委员会全面统筹部署大兴机场建设安全保卫工作，审议安全保卫重大事项，监督考核各单位安全保卫工作落实情况。2017年先后组织召开安保例会9次，下发通知通报6份，在提升大兴机场建设区域治安防控整体水平方面发挥了重要作用。研究出台《北京新机场建设安全保卫积分考核管理办法（试行）》，该办法涵盖组织建设、消防管理、治安管理、交通管理等4大类共计49个积分考核项目，并设置了5个积分等级对应相应的管理处罚措施，积分考核结果作为北京新机场建设安全保卫工作委员会组织实施的评先评优、表彰奖励活动的重要依据。仅2017年就对34家（次）单位下发《扣分通知书》54份，对6家单位通报批评，极大地提高了各单位做好安全保卫工作的积极性、主动性和针对性，收到了良好效果。

2.加强消防监管，营造高压态势

各工程建设单位始终将消防安全工作作为重中之重，多管齐下、多措并举，不断完善消防安全管理制度措施，有效落实消防安全责任。

一是保卫部与机场公安分局消防处建立联合检查工作机制，形成了保卫部日常监管，消防处跨场指导，重点场所协同检查的工作模式，重大活动安保期间组织“拉网式”大排查，确保各项消防隐患问题清零归零。

二是结合2017年入场施工单位不断增多的实际，保卫部优化调整员工分工，固化责任区员工制度，落实实名制管理措施，量化检查要求，严格执行消防检查“实名签到、全程摄像、台账记录、督办整改”的工作标准。2017年全年共开展消防检查974家次，填发《消防监督检查记录单》748份，发现并整改问题隐患82处，封停存在消防安全隐患临时建筑4栋。

三是先后组织开展了高层建筑消防安全综合治理、电动自行车违规停放充电等多个专项检查，指导施工单位规范设置27处集中停放、充电区域。

四是加大行政处罚力度，对6家未制定并落实消防安全管理措施的施工企业依法高限行政

处罚，共计罚款14万元、行政拘留1人、行政罚款31人次。

五是重大活动、重要勤务安保期间启动易燃易爆危险品超常规管控措施，除保障施工、生活必需外，其他易燃易爆危险品一律清离至红线外。由责任区员工带领企业安保负责人对照清单逐一对场内存储、使用的易燃易爆危险品数量、位置、安保措施、管控责任人“见人、见物、见台账”，落实死看死守管控措施，确保不发生问题。

六是组织开展16批次的119主题消防宣传、应急灭火救援等各类宣传、演练、演习活动，进一步提高建设人员消防安全意识和消防安全“四个能力”。

3.提高政治站位，确保重大活动安全

在建设期间，中央、北京市、河北省等各级领导多次到大兴机场视察、调研指导工作。2017年2月23日，习近平总书记视察大兴机场建设工程，以北京城建、北京建工、中建八局为主要代表的所有工程建设单位以捍卫核心安全的政治高度，坚持“万无一失、一失万无”工作标准，攻坚克难、无私奉献，无条件配合公安机关在人员审查、内部摸排、清查管控、安全监管等方面做了大量扎实细致的工作，确保了视察活动的绝对安全。在随后的“4·26”心连心特别节目录制、“一带一路”国际合作高峰论坛、马凯副总理视察新机场、党的十九大安保等重大安保任务中，全体工程建设单位和广大工程建设者们全情投入、全力以赴，以高度的政治责任感和使命感出色地完成了上级交给的各项安保任务，实现了大兴机场建设区域的持续安全稳定。

4.加大整治力度，治安秩序管控再上新台阶

一是组织开展治安环境秩序清理整治波次行动，通过设置驻点警务岗亭和摩托车巡逻队流动巡查强化重点区域治安管控，督促指导施工单位落实治安秩序防控“门前三包”。

二是协调专业机械随警巡控，持续加强对出入口、围界沿线巡逻管控，采取挖沟、堆土等方式修缮围界，查扣挪用、冒用、套用、伪造车辆通行证，处置证闯岗滋事事件，配合属地公安机关对扰序违法人员行政处罚，确保建设区域封闭式管理落到实处，见到实效。

三是组织开展运输车辆突出问题整治专项行动，查获并暂扣各类违规运输车辆，采取约谈、通报、书面检查、积分考核等多重手段强化管理，场内大型运输车辆遗撒、未苫盖，占道停车、违章行驶等现象明显减少。

四是密切关注因劳务纠纷、薪资纠纷引发的各类矛盾纠纷和不稳定因素，先后妥善处置了各类群体性、突发性涉访事件，未引发舆论负面炒作或造成不良后果。

5.加强背景审查，流动人口管理取得新战果

各工程建设单位依托信息化管理手段，坚持做好流动人员信息的采集、录入工作。针对

今年以来新入场单位多、作业居住分散的实际，着重加强新入场施工单位流动人口的摸排管控和监督管理。在2・23专项勤务等一系列重大活动安保期间，组织开展流动人口专项背景审查工作，对大兴机场全体项目管理人员、施工作业人员身份信息进行逐一摸排整理。2017年全年共采集录入3万余名流动人口基础信息，成功抓获网上在逃人员1名，发现违法犯罪前科人员、涉访维稳对象、重点关注群体等669人，均已分类妥善处置，及时消除了安全隐患，确保了施工现场流动人口“底数清、情况明”。

6.去短板强服务，证件管理实施新举措

随着各项工程建设不断推进，出入施工现场的车辆、机械越来越多，原有的车辆通行证件管理模式一定程度出现了群众跑路多、伪造冒用多、查证核实难等实际问题，给场内治安秩序和交通秩序管控带来不利影响。结合首都机场集团公司开展的“确保安全提升服务”专项行动，保卫部认真总结、积极探索，利用公安分局开发建设的“国门公安”警务APP（Application）平台搭建了大兴机场车辆通行证件网上申办模块，经多次修改完善，试用阶段后将全面实现长期车辆通行证网上申请、网上流转、网上审批，极大方便施工单位业务办理，提高工作效率①。

6.4 本章小结

大兴机场体量巨大，参与单位和人员众多，工程建设安全管控任务艰巨。在建设过程中，指挥部除了采用安全委员会等方式统筹建设单位和其他参建单位的力量，还采取了社会化安全服务机制，即对安全生产风险咨询、安全培训教育、社会稳定风险评估、安全保卫等工作进行服务外包，借助于第三方专业机构的力量加强安全管理力度。

在安全生产风险咨询方面，根据建设任务量的多少进行了动态化调整。在建设高峰期聘请第三方安全生产咨询机构进行风险评估和专项培训，在项目收尾期则主要以聘请安全生产专家到现场进行安全检查，把发现的安全隐患或问题及时反馈给建设单位和承包单位。在社会稳定风险评估方面，委托了第三方工程咨询机构进行了社会稳定风险的识别、估计和防范工作，并在评估过程中积极倡导公众参与，把不稳定因素及时发现和消除，利益相关者的合理诉求得到了充分满足和体现，保证了重大工程的社会效益和稳定状态。在安全保卫方面，

① 李意和. 不忘初心，牢记使命，全力为新机场建设运营攻坚保驾护航——2017年北京新机场建设安全保卫工作总结报告［R］. 2018.

指挥部通过建立安全保卫领导组织，积极整合各驻场单位的安全保卫力量，取得了良好的工作成效。

由此可见，充分参与的第三方社会机构是大兴机场能够快速、安全地建成投运的重要原因之一。这种社会化安全服务机制，一方面解决了指挥部自身安全管理人员和资源有限的矛盾，另一方面提升了有关安全管理工作的专业性、先进性和高效性，集成了行业领先的安全管理经验和智慧，是大兴机场工程建设安全目标得以实现的重要保障。

第7章 全方位多层次全时段的安全绩效考核

工程项目管理是一个由多个环节组成的循环过程，即认识问题、规划如何解决问题、决策、执行决策、检查决策的执行情况。项目管理的循环过程实际上也是项目目标控制的过程[①]。同时，根据控制论原理，一个完整的控制过程包括输入、输出和反馈三个环节[②]。控制的目的是实现项目计划，从而达成项目目标。指挥部开展的安全绩效考核同样是一个控制活动，其目的是完成指挥部各项安全任务，实现安全管理目标。安全生产绩效考核过程包括建立安全生产考核标准，采用一定的安全生产考核方法，收集并分析相应的安全生产信息，根据安全生产考核结果采取相应的措施，进而实现完整的控制闭环。本章依据这一思路，主要介绍指挥部在安全绩效考核过程中的框架、信息分析和最佳实践。

---

① 贾广社. 项目总控——建设工程的新型管理模式[M]. 上海：同济大学出版社，2003：5.

② 孙继德，王广斌，贾广社，张宏钧. 大型航空交通枢纽建设与运筹进度管控理论与实践[M]. 北京：中国建筑工业出版社，2020：33.

7.1 安全生产绩效考核框架

大兴机场在建设过程中形成了一套成熟的安全生产绩效考核模式。该模式通过安全考核制度，明确了安全考核对象、安全考核周期、安全考核等级、安全考核标准等事项，使得指挥部和参建单位管理人员知道考核什么，怎么考核。同时，通过安全生产检查、安全生产例会、专项活动纪事、安全月度报告等方法全方位获取安全考核信息，进而全面掌握现场各部门和各单位的安全状态。最后，形成了多种可复制、可推广的安全考核最佳实践，筑牢了大兴机场的安全底座，彰显了重大工程安全管理的中国特色。具体见图7-1。

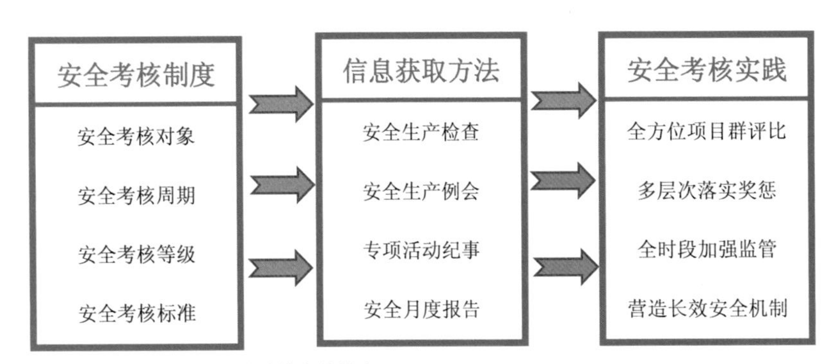

图7-1 大兴机场安全生产绩效考核模式

7.1.1 安全生产绩效考核目的

1.安全绩效定义

安全绩效是指基于安全生产方针和目标，指挥部各工程部门、各参建单位控制安全风险和消除事故隐患等工作取得的可测量结果。研究机场安全绩效是对机场安全管理系统实施效能的验证，而科学合理的安全绩效指标是安全绩效管理的关键。国际民航组织在文献中把安全绩效定义为由安全绩效目标和安全绩效指标界定的国家或服务提供者的安全业绩。Bezerra和Gomes（2018）[①]的研究表明：机场绩效测量实践需要识别、度量和分析关键绩效维度以及向利益相关者披露相关信息。目前国内对于机场安全绩效的研究大部分是针对机场或航空公司SMS的评价。谭克涛（2006）[②]构建了机场SMS过程，提出公司到员工的5级安全目标，并与绩效挂钩，并认为构建指标体系时应从系统角度出发。王永刚和孙亚菲（2012）[③]提出了机场运行安全规划中的安全指标；董正亮等（2007）[④]在《以平衡记分卡为中心构建安全绩效管理系统》中指出了设立和筛选指标时，应根据企业安全战略目标和实际情况设定指标。

2.安全生产绩效考核目的

为认真贯彻落实“安全第一、预防为主、综合治理”的安全生产方针，加强指挥部安全生产工作，确保指挥部安全生产目标的顺利实现，持续提升安全管理绩效，建立安全生产的长效机制。

安全生产绩效考核范围包括指挥部相关部门与参建单位。

7.1.2 安全生产绩效考核标准

1.考核等级

按绩效考核得分，将考核结果分为四个等级，如表7-1所示。

安全绩效考核等级标准 表7-1

等级	优秀	良好	合格	不合格
考核得分	90（含）以上	80~89	70~79	69（含）以下

2.考核周期

施工单位和监理单位每季度1次，指挥部各部门每半年1次。

---

① Bezerra, G. C., & Gomes, C. F. Performance measurement practices in airports: Multidimensionality and utilization patterns［J］. Journal of Air Transport Management, 2018, 70: 113-125.

② 谭克涛.长沙机场安全管理体系的构建研究［D］.湖南大学，2006.

③ 王永刚，孙亚菲. 机场运行安全规划中安全指标体系的构建［J］. 中国安全科学学报，2012，22（6）：3-7.

④ 董正亮，王方宁，郭启明，景国勋，张军波，张永全. 以平衡记分卡为中心构建安全绩效管理系统［J］. 工业安全与环保，2007，33（11）：57-59.

3.考核标准

绩效考核实行记分制，总分为100分，按以下三个要素进行考核记分：事故、政府检查、指挥部相关要求综合评比。

施工单位的具体考核内容（表7-2）。

（1）事故管理（20分，扣完为止）。

如果发生一次10万（含）至100万（不含）直接经济损失事故或轻伤事故，扣除10分；如果发生一次100 万（含）至1 000万（不含）直接经济损失事故或1至2人重伤事故，扣除15分；如果发生一次3至9人重伤事故，扣除20分；如果发生一次1人（含）以上死亡事故或较大（含）及以上事故，绩效考核结果为不合格。

（2）市、区两级安监局、住房和城乡建设委及其质监站、民航专业质监站等政府部门检查（10分，扣完为止）。

上述相关政府部门实施一起行政处罚扣1分，扣完为止。此外住房和城乡建设委每扣1分，绩效考核扣1分，扣完为止。

（3）落实指挥部相关要求（70分，扣完为止）。

施工单位考核表（部分）　表7-2

考核单位：		被考核单位：	考核日期：　年　月　日			
序号	考核项目	考核细则	分值	扣分标准	自评分	考评分
一	事故管理（20分）	发生一次10万（含）至100万（不含）直接经济损失事故或轻伤事故	10			
		发生一次100万（含）至1000万（不含）直接经济损失事故或1至2人重伤事故	15			
		发生一次3至9人重伤事故	20			
		发生一次1人（含）以上死亡事故或发生较大（含）以上事故，绩效考核为不合格	—			
二	市、区两级安监局、住房和城乡建设委及其质监站、民航专业质监站等政府部门执法检查（10分）	政府部门实施行政处罚，住建委扣分	10	行政处罚一起扣1分，扣完为止；住房和城乡建设委扣1分，绩效考核扣1分，扣完为止		

监理单位的具体考核内容见（表7-3）。

（1）事故管理（20分，扣完为止）

如果是发生一次10万（含）至 100 万（不含）直接经济损失事故或轻伤事故，经事故调查组认定，负有监理责任，扣除10分；如果是发生一次100万（含）至1000万（不含）直接经济损失事故或1至2人重伤事故，经事故调查组认定，负有监理责任，扣除15分；如果发生一次3至9人重伤事故，经事故调查组认定，负有监理责任，扣除20分；如果是发生一次1人（含）以上死亡事故或较大（含）及以上事故，经事故调查组认定，负有监理责任，绩效考核结果为不合格。

（2）市、区两级安监局、住房和城乡建设委及其质监站、民航专业质监站等政府部门执法检查（10分，扣完为止）

上述相关政府部门实施一起行政处罚扣1分，扣完为止。

（3）落实指挥部相关要求（70分，扣完为止）

监理单位考核表（部分）　　表7-3

<table>
<tr><td colspan="3">考核单位：</td><td colspan="2">被考核单位：</td><td colspan="3">考核日期：　年　月　日</td></tr>
<tr><th>序号</th><th colspan="2">考核项目</th><th>考核细则</th><th>分值</th><th>扣分标准</th><th>自评分</th><th>考评分</th></tr>
<tr><td rowspan="4">一</td><td colspan="2" rowspan="4">监管项目事故管理（30分）</td><td>发生一次10万（含）至100万（不含）直接经济损失事故或轻伤事故，负有监理责任</td><td>10</td><td>1 次事故扣除10分</td><td></td><td></td></tr>
<tr><td>发生一次100万（含）至1 000万（不含）直接经济损失事故或1至2人重伤事故，负有监理责任</td><td>15</td><td>1 次事故扣除15分</td><td></td><td></td></tr>
<tr><td>发生一次3至9人重伤事故，负有监理责任</td><td>20</td><td>1 次事故扣除20分</td><td></td><td></td></tr>
<tr><td>发生一次1人（含）以上死亡事故或发生较大（含）以上事故，负有监理责任，绩效考核为不合格</td><td>—</td><td>政府部门实施1起对监理单位的行政处罚扣1分；实施1起对施工单位（监理单位有责任）的行政处罚扣0.5分</td><td></td><td></td></tr>
<tr><td>二</td><td colspan="2">监管项目受市、区两级安监局、住房和城乡建设委及其质监站、民航专业质监站等政府部门执法检查（10分）</td><td>政府部门对监理单位实施行政处罚；政府部门对施工单位实施行政处罚，监理单位有责任的</td><td>10</td><td>政府部门实施1起对监理单位的行政处罚扣1分；实施1起对施工单位（监理单位有责任）的行政处罚扣0.5分</td><td></td><td></td></tr>
<tr><td>三</td><td>落实指挥部要求</td><td>监管施工单位落实安全风险评估（14分）</td><td>是否监督管理施工单位建立本项目安全风险管理责任制和管理制度并落实</td><td>2</td><td>受监管单位没有相应制度扣1分，各部门没有落实管理责任扣1分</td><td></td><td></td></tr>
</table>

指挥部各工程部部门考核的具体考核内容（表7-4）。

（1）所管理的总承包项目、直接发包的专业工程项目，发生事故按以下情况扣分（20分，扣完为止）：

如果是发生一次10万（含）至100万（不含）直接经济损失事故或轻伤事故，扣除5分；发生一次100万（含）至1 000万（不含）直接经济损失事故或1至2人重伤事故，扣除10分；发生一次3至9人重伤事故，扣除20分；发生一次一人（含）以上死亡事故或发生较大（含）及以上事故，绩效考核为不合格。

（2）落实法律法规相关要求（80分，扣完为止）。

各工程部考核表（部分） 表7-4

考核单位：		被考核单位：		考核日期：年 月 日		
序号	考核项目	考核细则	分值	扣分标准	自评分	考评分
一	所管理的总承包项目、直接发包的专业工程项目（20分）	发生一次10万（含）至100万（不含）直接经济损失事故或轻伤事故	5	一次扣除5分		
		发生一次100万（含）至1000万（不含）直接经济损失事故或1至2人重伤事故	10	一次扣除10分		
		发生一次1至2人死亡事故或3至9人重伤事故	20	一次扣除20分		
二	落实法律法规相关要求（80分）	各工程部是否在开工前对工程总承包单位进行安全技术交底	4	开工前未对总承包单位进行安全技术交底扣4分		
		施工过程中及时发现监理单位和总承包单位现场安全监督不力的问题，是否及时督促整改	4	施工过程发现监理单位监督不力问题未督促改正扣4分		
		对监理单位在安全例会上提出的施工现场存在的问题是否督促监理单位和总承包单位采取有效措施	4	监理单位安全例会提出的问题未督促参建单位采取有效措施扣4分		
		各工程部是否建立健全领导值班记录，是否详细记录每天值班情况	3	未制定计划扣1分，未详细记录扣2分		
		各工程部是否落实指导、监督安全生产、文明施工与施工质量工作	4	未落实指导、监督安全生产、文明施工与施工质量工作扣4分		
		各工程部是否落实全面协调、督促管理各参建单位开展施工现场安全风险评估、分级、制定相应管控措施工作	9	所管理参建单位：未开展施工现场安全风险评估扣3分，未进行安全风险分级扣3分，未制定相应管控措施扣3分		
		各工程部是否全面协调、督促管理各参建单位开展施工现场事故隐患排查治理工作，实现闭环管理	4	未全面协调、督促管理各参建单位开展施工现场事故隐患排查治理工作扣4分		

7.2 安全生产绩效考核信息分析

信息方法是运用信息论的观点，把系统的过程抽象为信息的获取、传递、加工、处理和输出的过程，通过对信息流程的分析和处理，实现复杂系统的目的性运动和对系统运动过程规律性的认识①。

7.2.1 安全生产信息分类

1.概念

安全生产信息指的是在劳动生产中起安全作用的信息集合。它包括很多方面，比如警示信息、上级命令等诸多方面对安全生产工作起到影响作用的信息总称。安全信息是安全活动所依赖的资源，安全信息是反映人类安全事务和安全活动之间的差异及其变化的一种形式。安全科学的发展，离不开信息科学技术的应用。安全管理也是借助大量的安全信息进行管理，其现代化水平决定信息科学技术在安全管理中的应用程度。只有充分地发挥和利用信息科学技术，才能使安全管理工作在社会生产现代化的进程中发挥积极的作用。

在大兴机场的日常安全生产活动中，通过安全例会、安全检查等各种方法获得安全问题、安全数据、安全行为等安全信息，各种伤亡事故的统计分析也属于安全生产信息。掌握了准确的安全生产信息，就能进行正确的安全决策，提高项目安全生产管理水平。

2.功能

安全生产信息是企业编制安全管理方案的依据。企业在编制安全管理方案，确定目标值和保证措施时，需要有大量可靠的信息作为依据。例如，既要有安全生产方针、政策、法规和上级安全指示、要求等指令性信息，又要有企业内部历年来安全工作经验教训、各项安全目标实现的数据，以及通过事故预测获知生产安危等信息，作为安全决策的依据，这样才能编制出符合实际的安全目标和保证措施。

安全生产信息具有间接预防事故的功能。安全生产过程是一个极其复杂的系统，不仅同静态的人、机、环境有联系，而且同动态中人、机、环境结合的生产实践活动有联系，同时又与安全管理效果有关。如何对其进行有效的安全组织、协调和控制，主要是通过安全指令

① 孙继德，王广斌，贾广社，张宏钧. 大型航空交通枢纽建设与运筹进度管控理论与实践[M]. 北京：中国建筑工业出版社，2020.5，41.

性信息（如安全生产方针、政策、法规，安全工作计划和领导指示、要求），统一生产现场员工的安全操作和安全生产行为，促进生产实践规律运动，以此预防事故的发生，这样安全信息就具有了间接预防事故的功能。

安全生产信息具有间接控制事故的功能。在生产实践活动中，员工的各种异常行为，工具、设备等物质的各种异常状态等大量的不良生产信息，均是导致事故发生的因素。企业管理人员通过安全信息的管理方式，获知了不利安全生产的异常信息之后，通过采取安全教育、安全工程技术、安全管理手段等，改变了人的异常行为、物的异常状态，使之达到安全生产的客观要求，这样安全信息就具有了间接控制事故的功能。

3.分类

依据不同的原则，安全信息可有不同的分类方式。从信息的形态来划分，安全信息划分为：一次安全信息和二次安全信息。而从应用的角度，安全信息可划分为如下三种类型。

（1）生产安全状态信息

包括：生产安全信息，如机场内从事生产活动人员的安全意识、安全技术水平，以及遵章守纪等安全行为；投产使用工具、设备（包括安全技术装备）的完好程度，以及在使用中的安全状态；生产能源、材料及生产环境等，符合安全生产客观要求的各种良好状态；各生产单位、生产人员及主要生产设备连续安全生产的时间；安全生产的先进单位、先进个人数量，以及安全生产的经验等。而生产异常信息，这包括如在施工现场从事生产实践活动人员，进行的违章指挥、违章作业等违背生产规定的各种异常行为；投产使用的非标准、超载运行的设备，以及有其他缺陷的各种工具、设备的异常状态；生产能源、生产用料和生产环境中的物质，不符合安全生产要求的各种异常状态；没有制定安全技术措施的生产工程、生产项目等无章可循的生产活动；违章人员、生产隐患及安全工作问题的数量等。生产事故信息，如发生事故的单位和事故人员的姓名、性别、年龄、工种、工级等情况；事故发生的时间、地点、人物、原因、经过，以及事故造成的危害；参加事故抢救的人员、经过，以及采取的应急措施；事故调查、讨论、分析经过和事故原因、责任、处理情况，以及防范措施；事故类别、性质、等级，以及各类事故的数量等。

（2）安全活动信息

安全活动信息来源于安全管理实践，具有反映安全工作情况的作用。具体包括以下几点。安全组织领导信息。主要有安全生产方针、政策、法规和上级安全指示、要求及贯彻落实情况；安全生产责任制的建立、健全及贯彻执行情况；安全会议制度的建立及实际活动情况；安全组织保证体系的建立，安全机构人员的配备，及其作用发挥的情况；安全工作计划的编制、执行，以及安全竞赛、评比、总结表彰情况等。安全教育信息。主要有各级领导干部、各类人员的思想动向及存在的问题；安全宣传形式的确立及应用情况；安全教育的方法、内容，受教育的人数、时间；安全教育的成果，考试人员的数量、成绩；安全档案、卡片的及时建立及应用情况等。安全检查信息。主要有安全检查的组织领导，检查的时间、方法、内容；查出的安全工作问题和生产隐患的数量、内容；隐患整改的数量、内容和违章等问题的处理；没有整改和限期整改的隐患及待处理的其他问题等。安全指标信息。具有各类事故的预计控制率，实际发生率及查处率；职工安全教育率、合格率、违章率及查处率；隐患检出率、整改率，安全措施项目完成率；安全技术装备率、尘毒危害治理率；设备定试率、定检率、完好率等。

（3）安全指令性信息

安全指令性信息来源于安全生产与安全管理，具有指导安全工作和安全生产的作用。其主要内容包括：安全生产方针、政策、法规和上级主管部门及领导的安全指示、要求；安全工作计划的各项指标；安全工作计划的安全措施计划；企业现行的各种安全法规；隐患整改通知书、违章处理通知书等。

7.2.2 安全生产信息收集

1.安全检查

安全生产检查是安全生产管理工作的一项重要内容，是搞好安全生产工作的重要保证，是及时发现和清除不安全因素的重要措施，因此必须建立健全各级安全生产检查制度。

项目部每周组织两次安全检查，各施工班组每天班前、班中、班后进行安全检查。各级安全检查都要以北京市施工现场检查评分细则为依据，检查的评分记录应存档。对检查出的隐患，限期整改，建立登记台账、整改、检查、销案制度。要制定整改计划，定人、定措施、定时完成，在隐患未消除前必须采取可靠的防护措施，有严重险情应立即停止作业。对出现的事故苗头必须按“四不放过”的原则进行处理，同时积极采取防范措施，防止事故的再次发生，检查施工现场安全管理资料，力求做到齐全、有效（图7-2）。

每天督促并协助各班组做好安全生产工作。对重要设施脚手架、机械设备、电器及“三宝”（安全帽、安全带、安全网）的正确使用和“四口”（预留洞口、电梯井口、通道口、楼梯口）防护等必须经常检查，保持各种安全设施处于良好状态。同时班组长必须坚持每天上班前认真检查安全措施和班前安全技术交底，做好班组日记。

图7-2 大兴机场航站楼C形柱钢结构施工情况

2.安全例会

为了进一步抓好大兴机场建设的安全生产管理工作，及时了解、掌握施工各阶段的安全生产信息，分析各时期安全生产形势，做到有针对性地开展安全生产工作，统一协调和落实安全生产的各项工作，加强安全生产管理，积极主动地做好预防措施，确保不发生死亡事故，制订了安全例会管理办法。指挥部及参建单位的安全生产管理部门开始落实各自单位的安全例会（安全形势分析会议）的组织及相关安全专题会议。

一般的安全例会的流程为：会前通知、会时签到、例会（安全形势分析）中记录、会后总结落实的要求。指挥部及各参建单位会在每季度召开安全形势分析会议，并在会中及时总结安全工作，从而整合安全生产信息和组织学习相关规定，进行安全教育，对安全生产中出现的问题及时讨论解决，提出下一步安全生产要求，不断提高安全生产监管水平。

指挥部及参建单位安全生产管理部门会在会议召开前一至三个工作日发出通知单，通知参加会议的相关人员，通知单应存档备查。同时为了更好地记录，指挥部及参建单位会议安全生产管理部门应负责会议纪律的维护，准备签到表，组织参会人员签到，签到表应存档备查。

指挥部及参建单位相关部门应每季度会至少组织召开一次安全生产例会（安全形势分析

会议），安委会全体成员都会参加，根据上级安全工作总体要求，定期（每季度）提出指挥部、各参建单位阶段性安全生产指导思想、安全目标。

在安全会议上研究与讨论如何贯彻落实安全生产方针、政策，一起分析安全生产信息，查找倾向性、关键性的问题，安全部门汇报安全目标管理计划及执行情况，研究、协调、解决安全生产隐患，提出建议，拟定超前性安全生产应对措施和解决办法。

研究制定各部门在隐患信息处理过程中的分工和协作，制定隐患整改负责人及隐患整改的要求和期限，并汇报对重大事故的处理决定和通报等。能贯彻上级安全工作会议精神和安全生产工作部署，认真督促抓好落实工作。

参建单位安全管理机构应每月至少组织召开一次安全分析例会，项目生产负责人、技术负责人、安全管理人员、工程技术人员均应参加会议。主要负责人负责检查上阶段安全生产情况，汇报上阶段安全生产情况，分析施工现场存在的问题，通报上阶段检查情况，对上阶段施工现场安全检查中存在的问题和安全隐患，研究相关问题和安全隐患的应对措施和方法，消除安全隐患，确保安全生产。会议对发生的安全生产事故，按照“四不放过”的原则做出处理和决定。并开始研究下一步安全工作重点，部署下一阶段安全生产工作，传达贯彻上级有关安全生产方面的方针政策相关文件，研究并提出本单位的落实措施。

指挥部及参建单位综合管理部门会为安全例会提供便利条件。如落实会场，布置会场，备好座位、会议器材、纸、笔等会议所需的各种设施、用品等。需在会前半小时准备完毕。

指挥部及参建单位会在安全例会上落实会议记录责任部门，并针对会议中汇报、研究、讨论的事项以及安全生产方面的方针政策形成会议纪要，会议纪要应分发与会人员以及事项涉及的有关部门负责人签字确认。指挥部安全质量部门同时会负责督促、检查、考核参建单位安全生产例会（安全形势分析会议）定期（每季度至少一次）开会情况、会议参加人员情况、会议研究安全生产事项情况等内容。最后还会督促、检查、考核会议结果的执行情况并形成记录。

每个月的安全信息在统计之后都会生成与现场相对应的安全月报，这些安全月报则可以被用来提供信息分析，确保下一阶段的安全生产目标。

3.安全生产专项活动纪事

安全生产专项活动纪事会记录当月发生的每一件与安全生产有关的重大事件。其精细程度基本按天记录。当月每天所发生的安全生产活动的详细情况都会经过总结，汇总到当月的安全生产月报上，从而方便安全生产委员会更好地进行信息分析。以2018年6月为例，该月的安全生产专项活动纪事摘录如表7-5所示。

2018年6月安全生产专项活动纪事（部分） 表7-5

时间	牵头单位	工作摘要
6月1日	北京市住房和城乡建设委新机场建设协调处	召开大兴机场扬尘治理工作会议，安全质量部通报近期扬尘治理检查情况
6月1日	北京新机场建设安全生产工作协调小组办公室	召开安全生产月活动安排计划会，并就规范大兴机场建设工程有限空间作业安全管理工作和安全生产巡查工作制定情况进行说明，安全质量部已落实安全生产月活动，有限空间作业安全管理工作实施
6月4日	北京市政府督导组	按照市领导的指示在大兴机场工地进行了扬尘专项治理暗查
6月13日	北京市住房和城乡建设委	组织召开北京大兴机场质量安全监管会，通报4、5月份质量安全检查情况和处罚情况，开展执法检查工地93次，排查安全问题339条，发现质量问题情况53条
6月13日	安全质量部	召开环境监理月度讲评会，市住房和城乡建设委协调处吴建处长到会指导。会议通报了5月各标段文明施工、扬尘治理工作情况，传达了北京市政府督查组暗访督查情况，宣贯了存土场使用管理规定，对下一阶段扬尘治理工作重点提出要求
6月22日	大兴区住房和城乡建设委	组织召开北京大兴机场安全监督工作会，部署了六月工作安排
6月22日	民航质监总站	对飞行区房建项目进行安全复检查。飞行区工程部、安全质量部派员配合检查，听取飞行区各单位安全工作汇报
6月25日	民航华北地区管理局公安局	召开北京大兴机场航空安保工作协调会

7.2.3 安全生产信息统计

对于当月的安全生产，主要先统计当月的安全问题，然后会进行监理工作的统计分析。安全生产绩效考核信息的统计主要分为航站区工程、飞行区工程以及市政配套工程三个区域。以2018年7月的安全生产月报为例，该月安全问题及监理工作情况统计如下：

1.安全问题统计

（1）航站区工程

由表7-6可知，2018年7月航站区共有11个类别的安全问题，安全问题总量有284个，其中数量较多的安全问题包括消防、安全防护、临时用电、脚手架、绿色施工这5个类别。根据帕累托原理，这些问题是重点问题，应加强控制。

航站区安全问题数量表　　表7-6

类别	安全管理	安全防护	消防	临时用电	机械安全	起重吊装	脚手架	高处作业	临边洞口	动火作业	绿色施工
数目	2	61	70	47	13	12	25	6	15	11	22

（2）飞行区工程

由表7-7可知，2018年7月飞行区共有9个类别的安全问题，安全问题总量有147个，其中数量较多的安全问题包括生活区及办公区管理、机械安全、模板支护体系、安全防护、安全管理、防洪这6个类别。根据帕累托原理，这些问题是重点问题，应加强控制。

飞行区安全问题数量表　　表7-7

类别	安全管理	安全防护	消防保卫	机械安全	生活区、办公区管理	塔式起重机起重吊装	脚手架	模板支护体系	防洪
数目	11	12	8	26	42	7	6	24	11

（3）市政配套工程

由表7-8可知，2018年7月市政配套工程共有10个类别的安全问题，安全问题总量有340个，其中数量较多的安全问题包括临时用电、施工电梯、消防、安全防护、临边防护这5个类别。根据帕累托原理，这些问题是重点问题，应加强控制。其中施工电梯和起重设备发现的问题需要全部立即整改。

市政配套工程安全问题数量表　　表7-8

类别	临边防护	消防	临时用电	机械设备	危大工程	脚手架	起重设备	施工电梯	安全防护	绿色施工
安全隐患	23	61	100	14	12	12	5	63	30	20
立即整改	14	52	88	12	5	11	5	63	25	18
限期整改	9	9	12	2	7	1	0	0	5	2

2.监理工作统计

（1）航站区工程

由表7-9可知，2018年7月监理单位在航站楼共进行日常巡视228次，召开安全例会12次，进行安全联检13次，发现问题9项，下达暂停令95次，限期整改20次，实施了较为全面的安全控制工作。

航站楼监理工作统计表 表7-9

类别	安全例会	安全联检	日常巡视	工作联系单	监理通知单	监理会议	发现问题	暂停令	限期整改
数目/情况	12	13	228	1	9	1	9	95	20

（2）飞行区工程

由表7-10可知，2018年7月监理单位在飞行区共进行周安全检查31次、安全专项检查21次、召开安全监理工作会议18次、下发安全通知单13次，参加安全工作会议10次，进行安全培训教育6次，实施了较为全面的安全控制工作。

飞行区监理工作统计表 表7-10

类别	参加安全工作会议	安全监理工作会议	安全专项检查	周安全检查	下发安全通知单	安全教育培训
数目/情况	10	18	21	31	13	6

（3）市政配套工程

由表7-11可知，2018年7月监理单位在市政配套工程共进行日常巡视278次，召开安全例会13次，进行安全联检13次，发现问题344项，下达暂停令1次，限期整改52次，实施了较为全面的安全控制工作。

市政配套工程监理工作统计表 表7-11

	安全例会	安全联检	日常巡视	工作联系单	监理通知单	暂停令	发现问题	限期整改
数目/情况	13	13	278	17	30	1	344	52

7.3 安全生产绩效考核最佳实践

从广义上来讲，最佳实践指在某一领域内为完成某一既定目标，目前所公认的最优途径或方法。就组织项目管理而言，最佳实践是指当前业界公认的达到组织既定目标的最优化方法，是经实践证明和得到广泛认同的比较成熟的做法。最佳实践来源于项目管理关键过程，针对项目管理过程中某个关键过程，可以有多种做法来实现该关键过程内容，而最佳实践是为实现其相对应的关键过程任务的一种目前被公认的最好的做法[①]。大兴机场在安全生产绩效考核方面的最佳实践如下：

① 贾广社，陈建国. 建设工程项目管理成熟度理论及应用——一种提升与改进项目管理能力的途径与方法［M］.北京：中国建筑工业出版社，2012：38-39.

7.3.1 全方位考核各项目群安全

项目群是为了实现区域经济发展或组织的战略目标和投资企业的利益，通过统一组织和协调的方式来完成一组目标相互关联（项目相关联或目标相关联）的项目，以实现组织的战略目标及利益。大兴机场是一个典型的项目群，其安全绩效考核采用了北京市住房和城乡建设委、北京市安全监督总站、大兴区住房和城乡建设委、指挥部、总包单位等多层次、全方位的安全检查方式，形成了层层安全防线，有效地预防了安全事故，确保了安全绩效。

安全检查方式也是多层次的：两级住房和城乡建设委联合召开通报会，指挥部定期召开讲评会，指挥部下面各个工程部每周召开安全例会，形成了多层次的安全检查方式。例如，在建设高峰期的时候，北京市、大兴区两级住房和城乡建设委每个月开一次通报会，北京市住房和城乡建设委、质量监督总站、安全监督总站、大兴区住房和城乡建设委相关政府监管人员都在现场。根据现场检查结果进行排名，通报发现的问题和整改情况。通报会由住房和城乡建设委组织，参会单位基本上都是北京市市属单位。会上有排名情况介绍，会通报表扬或通报批评，考核力度较大（图7-3）。

图7-3 2017年5月11日大兴机场安全质量通报会

指挥部也会通过讲评会对项目群进行排名打分，项目群内部的总包单位也会进行排名。指挥部安全质量部负责推进督查，各工程部负责组织落实，各参建单位负责现场自查，保卫部负责消防检查和监督。同时各部门加强沟通协调与合作，建立联动机制。

“我们每周一进行安全检查，即安全联合检查。监理、总包和我们一块进行安全检查。上午检查，下午是讲评问题。周三周四复查，因为需要整改，整改完了复查，我们每周都是这么做的。而且还有负责安全这块的属地化管理，是大兴区住房和城乡建设委进行安全方面的政府监督，每周都来查一次。我们有三个标段，当时是核心区、指廊区还有停车楼这三个标段，要检查三天。所以从安全的角度来看，总的来说基本上是按照这种方式来做的。”

因此，通过住房和城乡建设委、指挥部、总包单位等不同层次，构建了严密的安全考核体系。特别是住房和城乡建设委直接对项目群进行考核和排名，是其他项目所没有的。通过各种形式的安全考核评比，把各项制度细则与专项措施落到实处。同时，在项目群之间形成相互督促、相互学习的安全氛围，有效保障了安全考核之后的处罚和整改措施能够落到实处，不断改进。

7.3.2 多层次落实安全奖惩措施

首先，在政府层面，严格执法检查，对违规行为和相关安全问题进行处罚和督促整改。北京市住房和城乡建设委由质检站、质量处、安全处、新机场建设协调处4个机构对项目进行高压式管理，检查频次和力度确实是前所未有的。质检站进行常态化监督；安全处和质量处进行安全检查和通报，对施工单位提要求，并进入下个月的通报里面；新机场建设协调处发现哪个项目有问题就建议质检站下处罚单。

其次，在指挥部层面，通过多种方式进行安全考核。每季度通报安全生产绩效考核与评比情况，对优秀单位及个人进行表彰，对不合格的进行约谈，同时，工程部门、总承包单位、监理单位有针对性地采取必要管理手段。指挥部给各个单位比较大的理解和支持，安质部在每月召开讲评会的时候，会表扬做得好的单位，批评做得不好的单位。在沟通协调过程中，指挥部会加班加点，让需要协调的事情能尽快解决。

最后，在总包单位层面，必须总包单位安全经理签字后工程款才能支付给分包单位，有效提高了安全管理人员的执法效力。例如，总包单位北京建工集团的分包工程款必须要由安全部门签字，安全部门不签字这个工程款拿不到，这样就让分包单位切实地知道安全的重要性。

此外，总包单位对违章行为直接采取教育、评比、奖惩等多种措施进行处理。

“有的人不戴安全带。他手里拿着工具材料要干活。有的时候掉到网里他没事。但是特别悬的地方，你不用提醒，他的安全带系得好好的。比较安全的地方让他系安全带就费劲了，他就觉得没事。但是2m以上高度属于高处作业，就得系上安全带。教育不行我就罚你，罚你再不行就不留你。确实赶走好多人，应该说有几十个人。有的是整个班组的就赶走了。而且有的时候罚了款以后，我们有安全评比，张榜公布。做得好的分包班组，我们真给现金进行奖励。做得不好的，我们有一个保温板用于公布评比结果，大家都从这儿过，一看就能看到。有的分包好强，心里头也不那么痛快，这都是一种督促方式。督促我们去激励，去落实好安全责任。”

7.3.3 全时段加强安全管理力度

全时段是指在建设期间的各个时间段，包括正常工作时间和“盲时”时段。“盲时”是指周末、节假日、午休、夜班等特殊时间，由于安全监督力量薄弱，容易导致安全事故发生的时段。加强“盲时”管理，可以确保安全监督全时段覆盖，不留安全死角，进而减少安全隐患。管理人员休息了，工人有的不休息。有的施工任务非常紧张，不加班加点干不完，这个时候的管理就很重要。根据统计，盲时发生事故的概率在70%，因为这段时间的安全管理相对来说比较薄弱。所以针对现场，只要工人干活必须有管理人员在场。建设单位周六、周日、节假日也有人在值班，在督促着施工单位。

总之，通过全方位项目群安全考核评比、多层次严格落实安全奖惩措施、加强“盲时”管理等措施，有效杜绝了安全事故和人员伤亡的发生，是大兴机场安全生产绩效考核方面的最佳实践。

7.4　本章小结

安全绩效考核机制是指挥部进行安全管理的重要抓手，是确保安全目标得以实现的重要保障。安全绩效考核的对象包括指挥部各部门及施工、监理等参建单位。指挥部制定了明确而详细的安全绩效考核制度，细化了考核周期、考核等级、考核标准和奖惩办法，明确了各部门和各单位的安全管理责任。

在安全生产绩效考核过程中，主要收集生产安全状态信息、安全活动信息、安全指令性信息等各类信息，以掌握具体安全生产绩效情况，并通过安全检查、安全例会、安全生产专项活动纪事等多种方式进行信息收集，最后，对航站区工程、飞行区工程以及市政配套工程等重点工程进行月度统计、分析、评比和总结。

在安全生产绩效考核的具体实践中，涌现出了一些优秀的做法，形成了重大工程安全生产绩效考核最佳实践，包括：在政府、指挥部、总包单位等多个层面开展全方位项目群安全考核评比；通过处罚、督促整改、通报、评比、约谈、教育、表彰、奖励、处罚、款项支付等方式严格落实安全奖惩措施，激发参建人员的荣誉感，增强参建人员的责任感，共同营造协同配合、齐抓共管的长效安全奖惩机制；全时段加强安全管理，特别是加强“盲时”管理，不留安全死角，在周末、节假日、午休、夜班等特殊时间保证安全管理人员全覆盖，安全管理力度不放松，进而减少安全隐患。

安全生产绩效考核机制使得总体安全目标得以细化落实，安全状态可知可控，不安全行为和安全隐患能够得到及时纠正和干预，从而确保了安全管理形成闭环。在大兴机场工程建设安全生产绩效考核中涌现出来的最佳实践，为重大工程安全绩效管理提供了可复制、可推广的管理经验，是具有鲜明中国特色的重大工程安全管理的生动案例。

关键环节篇

第8章 过程空间结果相统一的安全生产标准化管理

标准是用来衡量组织中的各项工作或行为符合组织要求的程度的标尺。要对组织的各项活动或工作进行有效控制，就必须首先明确相应的控制标准，确定控制标准是进行控制工作的起点[①]。没有一套完整的标准，衡量绩效或纠正偏差就失去了客观依据[②]。安全生产标准化是通过建立安全生产责任制，制定安全管理制度和操作规程，排查治理隐患和监控重大危险源，建立预防机制，规范生产行为，使各生产环节符合有关安全生产法律法规和标准规范的要求，人、机、物、环处于良好的生产状态并持续改进，不断加强安全生产规范化建设[③]。从过程维度来看，安全生产标准化通过计划、实施、检查、控制等环节进行持续改进，体现了“安全第一，预防为主，综合治理”的方针和“以人为本”的思想；从空间维度来看，安全生产标准化保证了人的安全行为和物的安全状态，从而消除了安全隐患，避免了安全事故的发生；从结果维度来看，确保安全生产工作的规范化、科学化、系统化和法治化，有效控制安全风险，持续改进安全绩效，进而有效提高安全生产水平。本章从过程、空间、结果三个维度对大兴机场安全生产标准化进行剖析，提炼其要素、过程和效果，主要内容包括大兴机场安全生产标准化管理对象、管理流程和管理效果三个方面。

---

① 《管理学》编写组. 管理学［M］. 北京：高等教育出版社，2019：270.

② 周三多，陈传明，刘子馨，贾良定. 管理学——原理与方法［M］. 第7版. 上海：复旦大学出版社，2018：346.

③ 吴凯. 安全生产标准化激励约束机制的建立探讨［J］. 中国安全生产科学技术，2011，7(2): 164-167.

8.1 安全生产标准化管理对象

安全生产标准化管理对象是标准化管理的客体，其分类既要保证覆盖企业安全生产管理的所有内容，又要避免不同对象之间因涉及内容的重叠导致工作的重复[①]。大兴机场在安全生产标准化管理的对象包括单位、人员、设备设施、施工材料、消防、绿色施工、职业健康等多个方面，体现了该项目目标的多重性和耦合性。具体的安全生产标准化管理模式如图8-1所示。在图8-1中，通过采用多种安全生产标准化管理方法，将管理对象全覆盖，并持续改进管理效果，从而达到过程维度、空间维度、结果维度之间的动态循环过程，促进大兴机场安全管理的标准化、稳定化、透明化和高效化。

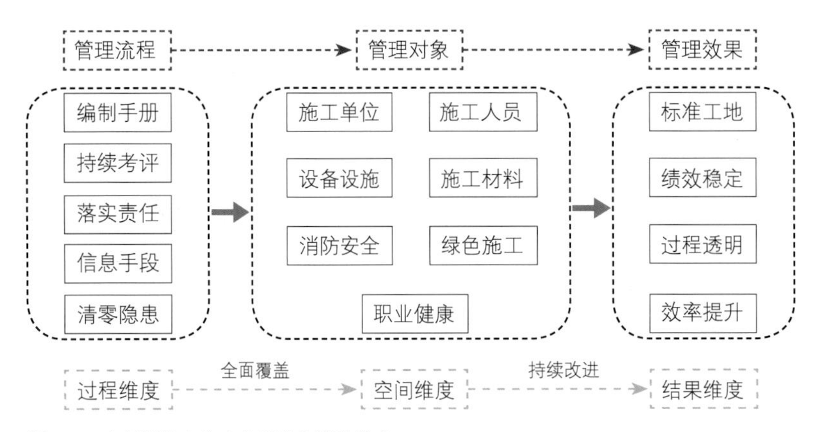

图8-1 大兴机场安全生产标准化管理模式

8.1.1 施工单位管理标准化

大兴机场施工单位管理标准化从多方面展开，包括安全专项方案编制管理标准化、安全生产检查管理标准化、安全隐患排查管理标准化等多种内容。

① 于洋. 企业安全生产标准化管理模式研究［J］. 中国安全生产科学技术，2013，9(12): 171-178.

首先，安全专项方案编制管理标准化。施工单位应当在危大工程施工前组织工程技术人员编制专项施工方案。实行施工总承包的，专项施工方案应当由施工总承包单位组织编制。危大工程实行分包的，专项施工方案可以由相关专业分包单位组织编制；专项施工方案应当由施工单位技术负责人审核签字、加盖单位公章，并由总监理工程师审查签字、加盖执业印章后方可实施。危大工程实行分包并由分包单位编制专项施工方案的，专项施工方案应当由总承包单位技术负责人及分包单位技术负责人共同审核签字并加盖单位公章；对于超过一定规模的危大工程，施工单位应当组织召开专家论证会对专项施工方案进行论证。实行施工总承包的，由施工总承包单位组织召开专家论证会。专家论证前专项施工方案应当通过施工单位审核和总监理工程师审查。专家应当从地方人民政府住房和城乡建设主管部门建立的专家库中选取，符合专业要求且人数不得少于5名。与本工程有利害关系的人员不得以专家身份参加专家论证会；专家论证会后，应当形成论证报告，对专项施工方案提出通过、修改后通过或者不通过的一致意见。专家对论证报告负责并签字确认。

其次，安全生产检查管理标准化。大兴机场项目部建立了具体的安全检查制度，包括定期安全检查、季节性安全检查以及专业检查。每月按照《北京市施工现场检查评分记录表》检查两次，留存检查记录。安全检查应由项目负责人组织，专职安全员及相关专业人员参加，定期进行并填写检查记录。每月依据《建筑施工安全检查标准》《建筑工程施工现场安全资料管理规程》对施工项目的安全生产情况进行安全评价。对检查中发现的事故隐患应下达隐患整改通知单，定人、定时间、定措施进行整改。重大事故隐患整改后，应由相关部门按照“谁检查谁复查”的原则组织复查。对上级部门、行业主管部门组织的检查电所下选事故隐患整改通知书，项目经理部应及时进行整改，并如期将落实整改情况以书面形式反馈到上级部门和行业主管部门。设有新机场建设现场指挥部的集团公司，对所属项目每月开展安全检查、评比活动，并将评比结果于每月25日报北京市住房和城乡建设委员会新机场建设协调处。

再次，安全隐患排查管理标准化。根据《北京市房屋建筑和市政基础设施工程生产安全事故隐患排查治理管理办法》，施工单位是施工现场事故隐患排查治理工作的责任主体，并应当实施信息化管理。施工单位应当结合实际，建立健全事故隐患排查治理工作制度，明确安全、生产、技术、设备、消防、材料等部门事故隐患排查治理工作的职责，并对事故隐患的排查、登记、报告、监控、治理、验收各环节和资金保障等事项作出具体规定。施工现场的安全生产管理机构应当履行下列职责：每日对施工现场事故隐患进行排查，定期组织专项检查，及时督促消除事故隐患，对一般事故隐患整改情况进行复查；制止和纠正违章指挥、强令冒险作业、违反操作规程等违法违规行为；负责事故隐患排查治理信息系统的日常运行管理工作；及时向项目负责人、施工单位安全生产管理部门上报重大事故隐患及整改情况。施工单位的项目负责人应当全面负责本项目事故隐患排查治理工作，落实事故隐患排查治理工作制度；制定工程项目事故隐患排查治理工作计划；确保事故隐患排查治理工作资金的有效使用；定期组织相关人员对施工现场事故隐患进行全面排查，落实事故隐患整改责任人及整改措施。

8.1.2 施工人员管理标准化

1.严格落实安全主体责任

各单位要按照“谁主管，谁负责；谁经营，谁负责”的工作原则，坚决贯彻落实安全管理主体责任，加强安保工作的组织领导，进一步明确保卫机构和管理人员，层层落实安全岗位责任。健全完善安全工作制度，保卫部等部门要严格落实内部监察责任，发现安全问题要纳入单位安全隐患库，明确责任人员和整改时限，挂账督办，坚决做到安全工作与生产运营、经营效益同部署、同落实、同奖惩。

2.加强对合约商员工的教育管理

各甲方单位要严格落实合约商管控“五个必须”工作要求，即：必须签订安全管理合同（合同中必须有安全条款）；必须制定安全管理制度；必须厘清安全管理职责边界；必须要有监督检查措施；必须要有明确的安全责任追究手段。按照“四不放过”原则，严格履行监督责任，督导合约商做好内部人员安全教育和管理工作。

3.强化内部员工教育培训

各单位要认真履行安全教育主体责任，针对不同单位、不同岗位特点，开展分层级、有针对性的安全教育，合理安排培训频次，确保员工全面覆盖。同时，单位应当结合不同安全形势，及时补充更新培训内容，确保鲜活有效。

4.提升应急处置能力

各单位要加强一线员工的反恐防范应急处置能力，着重强化员工针对可疑物品报告处置和异常行为识别工作流程的熟知程度，教育引导员工发现异常及时报告，不擅自处置、处理可疑物品。单位应当针对员工对方案预案熟练度以及方案预案的实战性、可操作性开展演练，查找问题漏洞，及时整改完善。

5.加强员工从业资质管理

各单位要对现有工作岗位职责进行评估和细化，确保员工的资质能力符合工作岗位业务要求和安全要求，对于不能胜任的员工要调整到其他岗位。

6.加强保密纪律教育

各单位要加强对员工的安全保密意识教育，严禁通过互联网、微博、微信等自媒体传播可能影响机场形象及影响社会安全稳定的安全类信息。

8.1.3 设备设施管理标准化

首先，做好施工现场围挡和防护，防止意外伤害。大兴机场的施工内容包括排水设施、沉淀池、绿化布置等，在施工过程中经常会涉及大模板的存放与吊运以及大玻璃的存放与搬运，如不妥善处理极易产生事故，造成人员受伤和材料损失。施工安全的首要着眼点应当是施工现场，大兴机场在施工现场采取了围挡措施，防止因施工操作出现失误而对行人或路过的车辆产生生命或财产损害，有效降低危险系数。

其次，为施工人员配备完善的个人防护装备和配套设施，防止人身伤害。建筑工人必须要用施工企业配的安全帽。当时航站楼核心区进行分区施工，每个区的反光背心都是不一样的。工人的安全帽统一是黄色，经过严格测试，从正规厂家购买。工人宿舍配备了洗澡间、空调、理发室、娱乐室，配套设施非常完善。来自河北承德的六区木工陶玉凤说："干木工20多年，大大小小的工地去了不少，这个工地的条件是最好的。冬天不冷不受罪，生活区管理也很好，住着放心。"①

再次，做好现场设施和临边、洞口、电梯井、出入口等危险位置的防护。施工环节中极为重要的一环是设施的检查与维护，定期的检查与及时的维护有利于延长设施的使用寿命，节省不必要的开支，降低工程的施工成本。为了保障操作人员的安全，各类保护设施应当齐备（图8-2）。

"通过安全管理，把隐患降到最低。屋面最高的点应该是20多米，这么高要是掉下来，后果不堪设想。光是挂安全网这一项一年就花了300万元，这是属于安全防护这一块。严格说来挂一层就行，实际上又挂了一层，共两层安全网。后来我们认为花这么多钱，能接住一个人就'赚'了。因为我们做得比较好，甲方也好，住房和城乡建设委也好，就提出表扬。总之就是确保安全，你再怎么干也不会掉下来。实际上真有人掉下来，但是接住了，所以这个措施真管用了。"

各类防护设施上都有着严格规定：

钢管临边防护：①立杆、横杆采用φ48.3×3.6mm的钢管，防护栏应搭设二道护身栏，第一道栏杆离地1 200m，第二道栏杆离地600mm，立杆高度1 300m，立杆间距不得大于

① 张威，宋正亮，刘时新. 打造"凤凰"展翅的"中国速度"——记北京城建集团北京大兴国际机场航站楼项目部[J]. 工会博览，2018，(36):35-37.

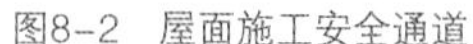
图8-2　屋面施工安全通道

图8-3　格栅式临边防护

2000mm；②防护栏杆立杆底端应固定牢固，当在基坑四周土体上固定时，应采用预埋或打入方式固定。当基坑周边采用板桩时，如用钢管做立杆，钢管立杆应设置在板桩外侧。栏杆立杆和横杆的设置及连接，应确保防护栏杆在上下横杆和立杆任何处，均能承受任何方向的最小1kN的外力作用，当栏杆所处位置有发生人群拥挤、车辆冲击和物件碰撞等可能时，应加大横杆截面或加密立杆间距；③防护栏杆应张挂密目式安全立网；防护栏杆底部设置高度不低于180mm的挡脚板；基坑、沟槽边应增设防水墙（挡），表面刷红白相间油漆，张挂安全警示标牌；④说明：1–钢管；2–密目式安全网；3–底座；4–挡脚板。

格栅式防护栏杆：①立柱选用截面长、宽不小于40mm，厚度不小于2.5mm的方形钢管，在上下两端约250m处焊接不小于50×50×5mm钢板连接外框，连接板采用不小于M6普通螺栓固定连接；②外框、竖杆选用截面长、宽不小于30m的方形钢管;竖杆间距应不大于200m；③当在混凝土楼面、地面、屋面或墙面固定时，底座为150mm×150m×8m的钢板，用四个M10的膨胀螺栓与混凝土面固定，抗冲击力满足国家相关要求；④说明：1–立柱；2–外框；3–立杆；4–螺栓连接；5–底座；6–挡脚板（图8–3）。

网片式防护围栏（可用于堆场）：①立柱选用截面长、宽不小于40mm，厚度不小于2.5m的方形钢管，在上下两端约250mm处焊接不小于50mm×50mm×5mm钢板连接外框，连接板采用不小于M6普通螺栓固定连接；②外框选用截面长、宽不小于30mm的方形钢管；焊接钢丝网钢丝直径不小于2.5mm，网孔边长不大于20m。③当在混凝土楼面、地面、屋面或墙面固定时，底座为150mm×150mm×8mm的钢板，用四个M10的膨胀螺栓与混凝土面固定，抗冲击力满足国家相关要求；④说明：1–立柱；2–外框；3–焊接钢丝网；4–螺栓连接；5–底座；6–挡脚板（图8–4）。

组装式防护栏杆（楼梯扶手）：①分层施工的楼梯口和梯段边，以及未安装正式楼梯防护

图8-4　网片式防护围栏

图8-5　组装式楼梯临边防护

图8-6　水平洞口防护

图8-7　电梯井防护栏杆

栏杆前，必须搭设高度不低于1 200mm的防护栏杆，喷刷红白相间安全警示色；旋转式楼梯安装防护栏杆的同时，中空位置应每隔4层且不大于10m设置一道水平安全网，首层应设置双层水平安全网；②立杆的固定应符合相关标准的要求，抗冲击力满足国家相关要求（图8-5）。

水平洞口防护：①短边长度大于25mm，且小于等于50mm的洞口采用盖板；②短边长度大于500mm，且小于等于1 500mm的洞口采用预留钢筋网片加盖板防护，也可采用扣件扣接钢管形成网格，其上铺脚手板进行防护；③短边长度大于1 500mm的洞口按临边防护要求采用栏杆防护，洞口内支挂水平安全网（图8-6）。

电梯井防护栏杆：①电梯井口应设置固定式防护门，其高度不应小于1 500mm，底部安装高度不小于180mm挡脚板，竖向栏杆间距不大于120mm；②电梯井口防护栏四角采用膨胀螺栓与结构墙体四角固定；③防护栏外侧悬挂安全警示牌（图8-7）。

除以上防护措施外，大兴机场还设有防护棚用以保障员工的施工安全。包括钢筋加工棚、木工加工棚、施工现场饮水（休息）处防护棚、安全通道防护棚等，最大限度给予员工安全防护，保障员工的生命财产安全。

8.1.4 施工材料管理标准化

1.施工材料

对水泥等易受潮、变质的材料，设立专用库房，库房底部用砖垫起，满铺木胶板防潮；项目要以建筑垃圾减量化为原则，各种材料剩余料要充分利用。短钢筋等被充分利用制作马镫、墙拉筋、过梁钢筋、排水沟箅子等。废旧模板用于制作洞口防护、后浇带盖板等。现场混凝土余料要回收利用制作小型预制构件等；面材、块材镶贴，做到预先总体排版。

2.可燃材料

可燃材料应按计划限量进场。进场后，可燃材料宜存放于库房内，露天存放时，应分类成垛堆放，垛高不应超过2m，单垛体积不应超过50m^3，垛与垛之间的最小间距不应小于2m，且应采用不燃或难燃材料覆盖。

3.易燃易爆危险品

易燃易爆危险品应按计划限量进场。进场后，易燃易爆危险品应分类专库储存，库房内应设置通风阀，保证通风良好，并应设置严禁明火标志。

4.大模板的存放与吊运

（1）大模板存放区应设置高度不低于1.2m的围栏并封闭管理，出入口设置显著标识及警示标志。

（2）施工现场禁止使用单腿模板。模板支腿的上支点高度应不低于模板高度的2/3。

（3）大模板存放场地必须平整夯实。有支腿大模板必须对面码放整齐，两模板间距不小于600mm，并保证70°～80°的自稳角。长期存放的大模板必须采取拉杆连接、绑牢等可靠的防倾倒措施。

（4）无支腿大模板和角模模板必须放入专门设计的模板插放架内。插放架应使用钢管搭设，设置行走马道和防护栏杆，架体高度不得低于大模板高度的80%。

（5）木质大模板吊环应采用可重复周转使用的配件，连接应牢固可靠。严禁使用铁丝或钢筋焊接制作吊环。

（6）大模板吊装入位之后和拆除之前，必须使用钢丝绳索扣（保险钩）固定，严禁使用铁丝或火烧丝固定大模板。

（7）大模板吊运应设专人指挥，指挥人员和作业人员必须站在安全可靠处。模板吊运时应采取措施防止起吊模板碰撞相邻模板，起吊应平稳，不得偏斜或大幅度摆动。禁止同时吊运两块及以上大模板。

（8）严禁人员和物料随同大模板一同起吊。穿墙螺栓等零散部件的垂直运输应使用金属容器吊运。

（9）模板拆除应按区域逐块进行，并设置警戒区。

（10）五级（含五级）以上大风应停止大模板吊装作业。

（11）大模板安装拆除应严格按“先稳后摘、先挂后拆”的顺序进行。

5.大玻璃的存放与搬运

（1）玻璃应放置在专用存放架上，呈70°~80° 码放，并采取相应措施进行固定，底部采取防滑移措施，周围应设置明显的警告标志。

（2）玻璃在搬运、安装过程中，应有防止倾倒和底部滑移的措施。

（3）人工搬运玻璃时，必须使用专用夹具和吸盘。施工人员在存放架两侧利用吸盘先将玻璃与其他玻璃移开50~100mm左右后方可进行搬运。搬运过程中，必须设专人在存放架两侧负责看护剩余玻璃。搬运后，周转架上的剩余玻璃应按照要求进行捆绑固定。

（4）玻璃在竖向存放时必须全部采用捆绑的方式。

8.1.5 消防安全管理标准化

1.消防安全“四个能力”

公安部印发的《构筑社会消防安全“防火墙”工程工作方案》中提出了社会单位消防安全“四个能力”。提高检查消除火灾隐患能力，切实做到“消防安全自查、火灾隐患自除”；提高组织扑救初起火灾能力，切实做到“火情发现早、小火灭得了”；提高组织人员疏散逃生能力，切实做到“能火场逃生自救、会引导人员疏散”；提高消防宣传教育培训能力，切实做到“消防设施标识化、消防常识普及化”。

2.消防安全管理责任制

实行施工总承包的，由总承包单位负责。分包单位应向总承包单位负责，并应服从总承包单位的管理，同时应承担国家法律、法规规定的消防责任和义务；施工单位应根据建设项目规模、现场消防安全管理重点，建立消防安全管理责任制，将责任制内容具体落实到相关责任人。

3.消防安全管理组织机构及人员

根据建设项目规模、现场消防安全管理的重点，建立消防安全管理组织机构及义务消防组织，并应确定消防安全负责人和消防安全管理人员（图8-8）。

图8-8 高处动火作业两名看火人同时看火

4.施工现场防火技术方案

施工单位应编制施工现场防火技术方案，并应根据现场情况变化及时对其修改、完善。防火技术方案应包括下列主要内容：现场重大火灾危险源辨识；施工现场防火技术措施；临时消防设施、临时疏散设施配备；临时消防设施和消防警示标志布置图。

5.消防安全技术交底

作业前，施工现场的施工管理人员应向作业人员进行消防安全技术交底。消防安全技术交底应包括下列主要内容：施工过程中可能发生火灾的部位或环节；施工过程应采取的防火措施及应配备的临时消防设施；初起火灾的扑救方法及注意事项；逃生方法及路线。

6.消防安全教育和培训

施工人员进场时，施工现场的消防安全管理人员应向施工人员进行消防安全教育和培训。消防安全教育和培训应包括下列内容：施工现场消防安全管理制度、防火技术方案、灭火及应急疏散预案的主要内容；施工现场临时消防设施的性能及使用、维护方法；扑灭初起火灾及自救逃生的知识和技能；报警、接警的程序和方法。

7.施工现场灭火、应急疏散及演练

施工单位应编制施工现场灭火及应急疏散预案。灭火及应急疏散预案应包括下列主要内容：应急灭火处置机构及各级人员应急处置职责；报警、接警处置的程序和通信联络的方式；扑救初起火灾的程序和措施；应急疏散及救援的程序和措施。

8.消防安全检查

施工过程中，施工现场的消防安全负责人应定期组织消防安全管理人员对施工现场的消防安全进行检查。消防安全检查应包括下列主要内容：可燃物及易燃易爆危险品的管理是否落实；动火作业的防火措施是否落实；用火、用电、用气是否存在违章操作，电、气焊及保温防水施工是否执行操作规程；临时消防设施是否完好有效；临时消防车道及临时疏散设施是否畅通（图8-9）。

9.现场消防安全管理档案

施工单位应做好并保存施工现场消防安全管理的相关文件和记录，并应建立现场消防安全管理档案。

图8-9　消防纠察队对消防设施进行每日巡查

8.1.6 绿色施工管理标准化

绿色施工是指工程建设中，在保证质量、安全等基本要求的前提下，通过科学管理和技术进步，最大限度地节约资源与减少对环境负面影响的施工活动，实现“四节一环保”（节能、节地、节水、节材和环境保护）。绿色施工管理一般包括绿色施工检查、绿色施工效果评价、噪声污染控制、建筑垃圾控制等。

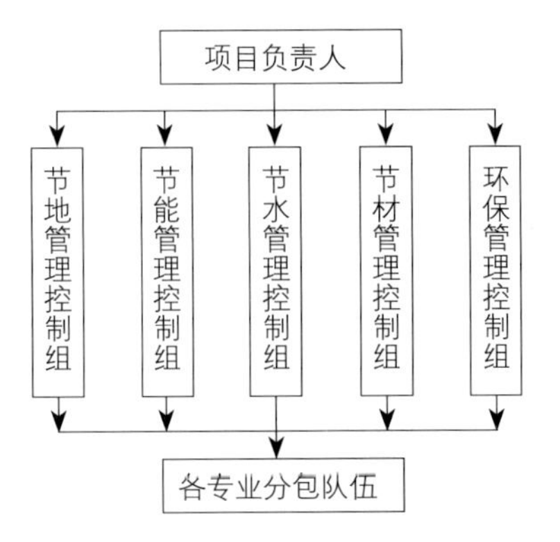

图8-10 绿色施工组织机构示意图

大兴机场的施工单位设有完善的绿色施工组织管理制度和机构，并且设置相关专职、兼职管理人员进行绿色施工检查；施工单位落实和制订绿色施工方案和措施，对施工人员进行绿色施工培训和教育。项目负责人应组织对项目管理人员、自有工人、分包管理人员、作业人员、实习人员等进行绿色施工培训（图8-10）。

施工单位每月进行绿色施工检查并且做出客观评价，从中找出相关问题并加以解决，各项管理和检测记录齐全，将评价结果于每月25日之前报北京市住房和城乡建设委员会新机场建设协调处。

检查频率：项目负责人应每周组织项目总工、生产经理、绿色施工管理员对项目绿色施工情况进行检查，可与其他检查同时进行。

检查主要内容：项目绿色施工各项“四节一环保”措施是否到位，是否存在材料浪费现象，各项设备、设施是否有损坏现象，各项技术措施是否有经济效益分析，各分包区域的用水、用电指标是否超标，宿舍是否有长流水、长明灯、私拉乱接现象，生活区、食堂的卫生情况。整改时要将检查中存在的问题下发整改通知，定时、定人、定措施进行整改。

在相关污染控制方面，大兴机场根据严格标准把控，严格服从国家的有关规定。在噪声污染处理方面，施工现场应根据现行国家标准《建筑施工场界环境噪声排放标准》GB 12523的要求控制噪声排放，制定降噪措施，并对施工现场场界噪声进行检测和记录。建筑施工过程中场界环境噪声不得超过规定的排放限值。监测仪器反映建筑施工场界环境噪声排放限值。

建筑施工过程中时刻注意土壤保护，保护地表环境，防止土壤侵蚀、流失。因施工造成的裸土，及时覆盖砂石或种植速生草种，以减少土壤侵蚀；因施工造成容易发生地表径流土壤流失的情况，应采取设置地表排水系统、稳定斜坡、植被覆盖等措施，减少土壤流失。沉淀池、隔油池、化粪池等不发生堵塞、渗漏、溢出等现象。及时清掏各类池内沉淀物，并委托有资质的单位清运。对于有毒有害废弃物如电池、墨盒、油漆、涂料等应回收后交有资质的单位处理，不能作为建筑垃圾外运，避免污染土壤和地下水。施工后应恢复施工活动破坏

图8-11 施工现场绿化情况

的植被（一般指临时占地内），与当地园林、环保部门或当地植物研究机构进行合作，在先前开发地区种植当地或其他合适的植物，以恢复剩余空地地貌或科学绿化，补救施工活动中人为破坏植被和地貌造成的土壤侵蚀（图8-11）。

施工过程中，密切注意空气污染情况。根据《环境空气质量指数（AQI）技术规定（试行）》分级方法，按照生态环境部关于统一京津冀及周边地区城市重污染天气预警分级标准有关规定，依据空气质量预测结果，综合考虑空气污染程度和持续时间，将空气重污染预警分为4个级别，由轻到重依次为蓝色预警、黄色预警、橙色预警和红色预警。大兴机场建设工程接到预警后，根据空气重污染预警级别，采取相应的健康防护引导、倡议性减排和强制性减排措施。

8.1.7 职业健康管理标准化

职业安全健康是指影响或可能影响工作场所内的员工或其他工作人员（包括临时工和承包方员工）的健康的条件或因素。项目部经理建立职业健康管理责任制，项目经理为职业健康管理第一人，项目部经理部建立、健全职业健康培训、考核和监护制度。

1.职业健康危害因素辨识

施工前，项目部在施工前根据施工工艺、施工现场的自然条件对不同施工阶段存在的职业病危害因素进行识别，列出职业病危害因素清单；施工过程中，项目部委托有资质的职业卫生技术服务机构根据职业危害因素的种类、浓度（或强度），接触人数、频度及时间，职业病危害防护措施和发生职业病的危险程度，对不同施工阶段、不同岗位的职业病危害因素进行识别、检测和评价，确定重点职业病危害因素和关键控制点，并且在施工现场醒目位置对本工程存在的职业健康危害因素进行实时公示。

2.职业健康危害预防

项目部应根据施工现场职业病危害的特点，采取以下职业病危害防护措施：

（1）选择不产生或少产生职业病危害的建筑材料、施工设备和施工工艺；配备有效的职业病危害防护设施，使工作场所职业病危害因素的浓度（或强度）符合现行国家标准《工作场所有害因素职业接触限值 第1部分：化学有害因素》GBZ2.1和《工作场所有害因素职业接触限值 第2部分：物理因素》GBZ2.2的要求。职业病防护设施进行经常性的维护、检修，确保其处于正常状态。

（2）配备有效的个人防护用品。作业人员按规定着装，对施工过程中接触有毒、有害物质或具有刺激性气味可被人体吸入的粉尘、纤维，以及进行强噪声、强光作业的施工人员，要求佩戴相应的防护器具（如：护目镜、面罩、耳塞等）。劳动防护用品的配备应符合现行行业标准《建筑施工作业劳动防护用品配备及使用标准》JGJ 184规定。建立、健全个人防护用品的采购、验收、保管、发放、使用、更换、报废等管理制度，并建立发放台账（图8-12）。

（3）制定合理的劳动制度，加强施工过程职业健康管理和教育培训。提醒员工遵守劳动纪律，按照规程操作设备，及时对设备维护检修，完善防噪、防尘设备设施，规范管理，严禁员工带病作业，保证各项流程实现标准化操作，预防职业危害，确保职工安全健康，建立长效稳定的防护机制。

图8-12 建筑工人使用安全带和活动式生命线防坠落系统

（4）可能产生急性健康损害的施工现场设置检测报警装置、警示标识、紧急撤离通道和泄险区域等。

（5）夏季高温季节应合理调整作息时间，避开中午高温时间施工。严格控制劳动者加班，尽可能缩短工作时间，保证劳动者有充足的休息和睡眠时间。

3.职业健康警示标识

项目部应在作业场所入口或作业场所的

显著位置设置警示标识，防止人员因误入或操作不当而对健康产生危害。施工现场的标志一般分为以下四类：

禁止标志牌：红色，表示不准或制止某种行为。

警告标识牌：黄色，使人注意可能发生的危险。

指令标志牌：蓝色，表示必须遵守，用来强制或限制人们的行为。

指示标志牌：绿色，示意地点或方向。

除了以上四种常见标识以外，大兴机场的施工场所对具体的施工人员的穿着、装备等，都做了具体的要求（图8-13）。

图8-13 职业健康警示标识牌示意图

4.职业健康体检

施工单位应定期对从事有毒有害作业人员进行职业健康培训和体检，指导作业人员正确使用职业病防护设备和个人劳动防护用品。根据国家的法律、法规和各项要求，严格遵照执行，定期组织员工进行体检，建立职工职业卫生健康档案，将一些职业禁忌人员及时调离岗位，如果出现疑似职业病，安排患者再次复查，妥善处理确诊病患。[①]生活区设置医务室，专职医生坐诊，出售常用药品，可打针、输液，配备急救用品，满足施工人员日常就医需要。

5.职业健康检查

用人单位在日常的职业病危害监测或者合格者定期检测、现状评价过程中，发现工作场所职业病危害因素不符合国家职业卫生标准和卫生要求时，要立即采取相关治理措施，确保其符合职业卫生环境和条件的要求。仍然达不到国家职业卫生标准和卫生要求的，必须停止存在职业病危害因素的作业。职业病危害因素经治理后，符合国家职业卫生场标准和卫生要求的，方可重新作业。

总之，由于员工的工作环境不同，所在工作场所的危害性也不同，项目部应定期为员工提供体检以及进行职业健康培训，确保员工的施工操作标准，指导作业人员正确使用职业病防护设备及个人劳动防护用品，确保将危险指数降到最低，保障员工的生命财产安全。

① 魏宁. 建筑工程施工现场职业健康安全管理和环境保护刍议［J］. 福建建材, 2019, (1):110-111.

8.2　安全生产标准化管理流程

8.2.1　及时编制安全生产标准化管理手册

全面梳理，编制并下发《北京新机场建设指挥部安全生产管理手册》。在大兴机场建设期间出台了一系列措施、制度、手册，建立健全20项安全生产管理制度与10项重点制度实施细则，形成了制度化的安全管理成果，推出了一套完整的大兴机场安全生产管理体系，确保工程建设安全生产管理标准化与规范化。

样板引路，为编制标准化管理手册提供基础。对于尚没有统一标准或做法的工程部位，先建立样板做法，通过样板引路，推动相关参建单位采用标准化做法，提高管理效能。

“那时候没有扬尘标准化，一种说是电波形，或者2：1梯，或者梯台型，各种说法都不一样。这个标准也是市住房和城乡建设委命名的标准化图集。而且我们当时在冬天特地拿一个项目做标准，对扬尘标准化做样板，组织所有项目经理参观。照这个项目的标准可高不可低，因为人家能做得出来就代表咱们都能干得了，无非花的是大家的时间和摆正我们的工作态度，所以当时管理这些企业得有方式方法。”

编用融合，提高标准化管理手册的针对性和有效性。标准编制单位和使用单位高度契合，避免书面标准和实际做法两张皮的现象。指挥部组织编制了安全管理标准化手册，编制时各主要总包单位参与，以北京市住房和城乡建设委的名义下发，通过地方标准的形式推广。因此其中大部分的管理条例与施工标准都是大兴机场建设时所使用的，提高了标准执行的效果，为行业贡献了可复制、可推广的先进经验。

8.2.2　持续开展施工安全生产标准化考评

依据《施工企业安全生产评价标准》及《北京市建筑施工安全生产标准化考评管理办法》规定，施工企业安全生产条件应按安全生产管理、安全技术管理、设备和设施管理、企业市场行为和施工现场安全管理等5项内容进行考核。在建筑施工活动中，贯彻执行建筑施工安全法律法规和标准规范，建立企业和项目安全生产责任制，制定安全管理制度和操作规程，监控危险性较大分部分项工程，排查治理安全生产隐患，使人、机、物、环始终处于安全状态，形成过程控制、持续改进的安全管理机制，并按标准、办法内容具体实施考核评价。建筑施工企业应当成立安全生产标准化自评机构，每年依据《施工企业安全生产评价标准》《北京市建筑施工安全生产标准化考评管理办法》《建筑工程施工现场安全资料管理规程》等开展企业安全生产标准化自评工作。工程项目成立由施工总承包单位等组成的项目安全生产标准化自评机构，在项目施工过程中每月主要依据《建筑工程施工现场安全资料管理规程》等开展安全生产标准化自评工作。

8.2.3 督促落实施工单位的安全生产责任

安全生产责任制是根据我国的安全生产方针“安全第一，预防为主，综合治理”和安全生产法规建立的各级领导、职能部门、工程技术人员、岗位操作人员在劳动生产过程中对安全生产层层负责的制度。

施工单位项目部应结合工程特点制定以伤亡事故控制、现场安全生产标准化、绿色安全施工等为主要内容的安全生产管理目标；按安全生产管理目标和项目管理人员的安全生产责任制，应进行安全生产责任目标分解。对实行承包的工程项目，承包合同中应有安全生产考核指标。应建立对安全生产责任制和责任目标的考核制度；按考核制度，应对项目管理人员定期进行考核（图8-14）。具体包括以下内容：

（1）工程项目部应建立以项目负责人为第一责任人的各级管理人员安全生产责任制；安全生产责任制应经责任人签字确认。

（2）总承包单位和分包单位应签订并留存安全管理协议书，同时留存分包单位的资质证书、安全生产许可证、项目负责人和专职安全管理人员的安全生产考核合格证书等相关证照的复印件。

（3）建设工程实行总承包的，由总承包单位对施工现场的安全生产负总责。总承包单位依法将建设工程分包给其他单位的，分包合同中应当明确各自的安全生产方面的权利、义

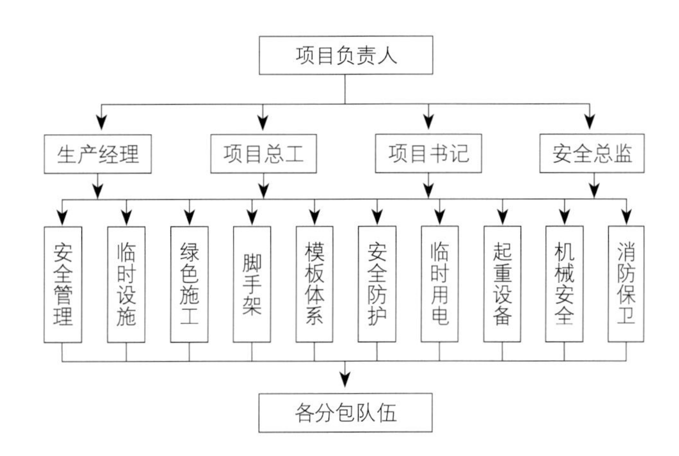

图8-14　施工单位安全生产责任制示意图

务。总承包单位和分包单位对分包工程的安全生产承担连带责任。建设单位直接发包的专业工程，专业承包单位应当接受总承包单位的现场管理，建设单位、专业承包单位和总承包单位应当签订施工现场管理协议，明确各方责任。

（4）因总承包单位违章指挥造成事故的，由总承包单位负责；分包单位或者专业承包单位不服从总承包单位管理造成事故的，由分包单位或者专业承包单位承担主要责任。

8.2.4 运用信息化方式规范管理工人行为

建筑工人安全行为决定了项目安全绩效，但由于现场建筑工人数量众多，监管力量有限，大兴国际机场在监管过程中采用了信息化方式，能够量化建筑工人具体的安全行为，对其行为进行统一管理和重点干预，有力地加强了建筑工人安全行为标准化管理，取得了较好的效果。电子手环的成功应用就是一个较好的例子。

“手环功能比较全面，能进行定位，也能收集工人进出场、生活区消费情况等信息。如果评选安全文明行为之星，也奖励在这个手环里。可以用积分到小卖部换香皂等日常生活用品。积分根据日常安全文明行为检查的结果进行计算和奖励，然后每个月进行一次讲评会。讲评会的时候可以拿积分换一些奖品，同时再做一做安全教育，就是按这种思路去做安全工作。”

8.2.5 通过隐患库动态清零安全管理隐患

由于大兴机场同时施工的单位众多，存在大量的交叉作业，各单位之间的责任界面不易划分，容易导致安全责任划分不清，而建立安全隐患库则有助于解决这一难题。并且通过对安全隐患库中的每一项安全隐患进行动态跟踪和全过程管理，及时清零，积小胜为大胜，有效推动了安全隐患治理的标准化，从而规避了安全隐患带来的显性后果。施工管理人员把安全隐患录入隐患库，对隐患进行初步定级，报监理单位核验，并采取整改措施。指挥部根据有关要求，动态追踪隐患管理情况，通过检查督导进行安全治理，从而通过隐患库动态清零的管理方式，在规定时间内清零安全隐患（表8-1）。

“安全隐患库也推动我们解决一些典型问题。当时最大的问题是有个土山，然后我们就想办法用安全隐患库去推进这个事情。比如说山越来越高，形成制高点，我们可以通过调整安全解决方案里面的制高点进行管控。如果这个点真找不着，你到属地政府来，说是这种制高点高度调配，过来推动这个事情，启动多方面力量解决这个事情。我们又推出蓝天保卫战，从环境整治提升的角度去做，把大的垃圾处理好了，后来问题慢慢解决掉了，相当于把顽瘴痼疾给治好了。其实到现场还有一些我们常说的治安痛点、难点问题，弄到库里边之后，我们不逃避。有个区域协商会，把它提出来。如果问题真的很难解决，起码把隐患问题暴露出来。当时像这种垃圾山的事情我们在解决的过程中无法一次性解决，但起码保证不冒烟，然后一点点把这个问题消化掉。所以大家都做这个事情，录进去就行了，不一定要立即解决。发现隐患我们也不定指标，反正通过这个事把意识提高起来。通过隐患库建设也帮助大家都明确了责任，真正目标是通过这种方式做到对于安全隐患零容忍，大家都抱着这样的心情。所以隐患库的设立，其实我觉得是解决了这样一个问题。”

2018年10月消防安全隐患库　　表8-1

检查日期	归属工程板块	所在项目部	具体检查部位或场所	存在问题隐患
2018年10月2日	飞行区	中国华西企业有限公司	除冰站车库项目	可燃建筑余料未及时清理
2018年10月3日	市政交通配套	中国建筑第八工程局	市政5标高架桥工地	气瓶摆放不够规范
2018年10月11日	其他	中国建筑第二工程局	中建二局新机场东航基地项目管理人员宿舍区	管理人员宿舍区食堂未配备灭火毯
2018年10月11日	航站区	北京城建集团	货运二标工地	员工宿舍有乱拉电线现象

8.3　安全生产标准化管理效果

8.3.1　获评一批安全标准化工地

大兴机场工程获得一批国家级、省部级绿色安全样板工地或示范工地，这些奖项是大兴机场安全生产标准化管理良好效果的直接证明。具体见表8-2。

大兴机场安全标准化工地获奖清单　　表8-2

序号	项目名称	奖项名称	获奖时间
1	旅客航站楼及综合换乘中心（指廊）、安置房项目等工程	2016年度北京市绿色安全样板工地	2017年2月
2	安置房项目等工程	2016年度北京市绿色安全工地	2017年2月
3	北京大兴国际机场	国家AAA级安全文明标准化工地	2017年4月
4	旅客航站楼及综合换乘中心、停车楼及综合服务楼工程、飞行区场道工程、安置房项目等工程	2017年度全国建筑业绿色建造暨绿色施工示范工程	2017年6月

续表

序号	项目名称	奖项名称	获奖时间
5	北京大兴国际机场	大兴区绿色安全样板工地	2017年8月
6	工作区工程（市政交通）道桥及管网、停车楼及综合服务楼等工程	2017年度北京市绿色安全样板工地	2018年2月
7	安置房项目等工程	2017年度北京市绿色安全工地	2018年2月
8	北京大兴国际机场	北京市2018年度施工扬尘治理先进建设单位	2019年1月
9	空防安保培训中心、工作区（市政交通）、临空经济区市政交通配套、西塔台、污水处理厂等工程	2018年度北京市绿色安全工地	2019年2月
10	新机场货运区、配套供油等工程	2018年度北京市绿色安全样板工地	2019年2月

8.3.2 项目安全绩效稳定可持续

通过安全生产标准化管理，能够减少建筑工人安全认知和安全经验不同而造成的对安全生产要求理解的差异，也能够降低由于管理人员或建筑工人流动而导致的安全状态的变化，从而保障项目安全绩效稳定。同时，由于项目安全标准化程度高，对建筑工人安全保障措施完善，也有助于得到大多数建筑工人的认同，增强他们的认同感、安全感和归属感，提高项目的吸引力，减少人员流动，从而保证项目建设的可持续性。

“我们以往把安全工作都挂在嘴上，干完安全之后再一问没了，不是这个道理。实际我们要给很多工人留下这些东西。为什么在我这块培训完了，在我这里施工现场干完的这些工人，最后到别的地方去之后不适应？后来好多工人一开始认为我这里管得严，他们那些伙伴们都说城建组不能去，管得太严了，直接上现场这几道关必须过，现场管理之后满铺脚手板。好多工人最后宣传说网子必须要挂几层，大家光说管得特严。后来这些人出去几天都回来了，说‘不行，在其他工地没法干，一看都害怕。’有些工人在现场就主动跟我说，‘还是你这个好’。”

8.3.3 安全管理过程透明可追溯

大兴机场在安全生产标准化管理过程中，管理手册是透明的，考评结果是透明的，主体责任是透明的，工人行为是透明的，安全隐患是透明的，进而创造了一个全过程的透明管理状态。这种状态一方面能够追溯到各个隐患或事件的责任人、原因、整改措施、整改效果，帮助提高安全监管力度和决策质量，另一方面也有助于各单位、各部门、各相关人员的信息共享，提高了沟通效率，有力推动了平安工程建设。例如，通过隐患库把共性问题暴露出来，通过8000多张消防隐患单，简单地就发现了问题。按照网格化的片区压实责任，如果发现隐患不报的话是要承担责任的，进而通过这种方式减少了安全隐患。

8.3.4　有效提升安全生产的效率

大兴机场在安全生产标准化过程中，从组织体系、单位责任、人员要求、施工规范、消防安全、职业健康等各种安全管理对象都进行了标准化管理，减少了大量的由于标准不统一而导致的推卸责任、相互博弈等问题，从而提高了沟通效率，加快了施工进度。同时，各种管理对象的全面标准化，也保障了建筑工人的人身安全，创造了安全可靠的作业环境，有利于建筑工人提高工作效率，减少后顾之忧，即安全能够有效促进生产。

8.4　本章小结

标准化是面临复杂问题时的一种有效管理方法，能够对复杂系统的复杂度进行降维，找到事情实施的关键点和切入口，进而快速推动系统问题的解决过程。在标准化过程中，重要的是要全面涵盖标准对应的管理对象，不会有空白点；其次要明确标准化的实施流程，使得标准化事项能够得到快速决策和执行；最后要查验标准化的实施效果，避免标准化流于形式，不能得到严格落实。

大兴机场形成了包含过程、空间和结果三个维度的安全生产标准化管理模式。从过程维度来看，大兴机场安全生产标准化的流程包括了及时编制安全生产标准化管理手册，持续开展施工安全生产标准化考评，督促落实施工单位安全生产主体责任，运用信息化方式规范化管理工人行为，通过隐患库动态清零消防安全隐患等管理方法；从空间维度来看，大兴机场安全生产标准化的对象包括了施工单位、施工人员、设备设施、施工材料、消防安全、绿色施工、职业健康等不同管理要素；从结果维度来看，获评一批安全标准化工地，项目安全绩效稳定可持续，安全管理过程透明可追溯，有效提升了安全生产效率。

总而言之，大兴机场安全生产标准化管理模式从过程维度上明确了各项标准化工作的具体流程和步骤，空间维度上做到了全覆盖，结果维度上体现了严格的过程和结果的一致性，形成了管理流程带动管理对象，管理对象提升管理效果的良性动态循环，保障了大兴机场安全管理的标准化、稳定化、透明化和高效化，减少了常见安全事项的决策成本，提升了安全管理效率，是保障重大工程安全生产提质增效的有效安全管理模式。

禁止抛物
No Tossing
请勿倚靠，禁止攀爬
Please Keep Away for Safety
禁止抛物
No Tossing

第9章 六维消防安全监管

"安全重于泰山"，要加强安全生产监管，分区分类加强安全监管执法，强化企业主体责任落实，牢牢守住安全生产底线，切实维护人民群众生命财产安全[①]。消防安全监管是消防监管机构对被监管单位履行消防安全法规制度情况进行监督检查，并依法对违规行为实施处罚的一项行为。在消防安全监管能力建设过程中，仅加大单一分支的投入比例不利于实现监管能力全面提升的整体建设目标。需保持火灾调查、法规建设投入与监督组织、宣传教育、公众监督、人员能力和信息化科技投入的分配均衡[②]。大兴机场面对复杂的消防安全监管内容，建立了六维消防安全监管体系，采取落实责任、网格化管理、全面排查、宣传培训、消防演练等多种措施，有效保证了大兴机场在建设运行期间的消防安全，切实保障了广大参建单位和人员的人身及财产安全。本章主要内容包括六维消防安全监管体系和五大消防安全监管措施两个方面。

---

① 新华社. 习近平对安全生产作出重要指示 [E/OL]. [2020-04-10]. http://www.gov.cn/xinwen/2020-04/10/content_5500935.htm.

② 刘纪达, 董昌其, 冯雨, 赵泽斌. 基于系统动力学的消防安全监管能力建设研究 [J]. 消防科学与技术, 2021, 40 (11): 1682-1686.

9.1 六维消防安全监管体系

六维消防安全监管体系指的是“人、地、物、事、组织、网络”六个维度的公安消防管理体系。六个维度同步开展工作，各个维度之间相辅相成。经过提炼，大兴机场消防安全监管模式如图9-1所示。在该图中，核心部分是六维消防安全监管体系，即人、地、物、事、组织、网络。六维安全监管体系一方面反映了管理对象，其中也凝聚了一定的管理方法，如组织维度对应地建立消防安全组织体系等。在这六个维度的要素中，人是核心要素，其他五个要素的核心目的是通过调动人的主观能动性来确保人的安全，即生命高于一切。五种消防安全监管措施重点对应五种消防安全管理要素，但最终也只有通过人、依靠人、为了人才能发挥根本作用。当然，这些要素和措施之间也存在着互动作用，能够相互提升，从而形成一个完整的消防安全管理系统。通过调动配置各种要素资源，采取多种监管措施，综合治理面临的复杂消防安全情势和疑难问题，进而使得大兴机场在消防安全管理过程中发挥最大的效能。

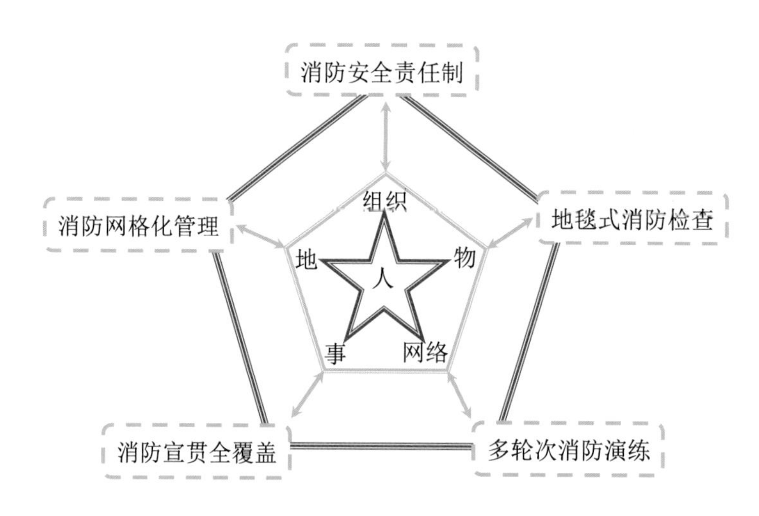

图9-1 大兴机场六维消防安全监管模式

9.1.1 人

人，即抓住现场施工的具体人员和相关管理人员，明确片区消防安全的负责人。大兴机场建设期间积极响应国家《消防安全责任制实施办法》，贯彻落实消防安全责任制，将消防安全问题具体落实在每个人的身上，将消防责任与消防管辖权利捆绑，同时交给消防安全责任人。责权分离会导致负责人说空话不做实事，管辖人员不顾实际情况乱指挥，制订不符合现状的规定；而消防安全负责人有时会乱治理，导致消防隐患没有得到实际的治理，只做表面工作，存在极大的消防安全隐患。而指挥部将二者捆绑统一交予责任人负责，能够最大限度地落实规定，从根源上治理消防安全隐患，避免出现瞎指挥、乱治理的现象。

消防安全责任人对整个项目的消防安全工作全面负责。各项目除主要负责人外还需确定各部门负责人，负责部门内部的防火工作和消防安全管理，逐级落实消防安全管理。项目负责人应当履行以下消防管理职责：组织制定基地消防管理制度、操作规程及应急预案，建立消防管理组织机构。按照国家和行业标准配置相应的消防设施、消防器材，设置消防安全标识，并定期组织检查、检修，确保完好有效。组织建立消防台账并如实填写检查记录，消防设施每年至少进行一次全面检查。组织内部消防检查，及时消除消防隐患，定期组织基地内部进行消防演练（图9-2）。

另外，还需要建立完善的消防管理制度。要建立值班巡逻制度，安排足够的值班人员实行24小时轮流值班；节假日期间施工现场必须安排有关人员值班；值班人员必须坚守岗位，按时值勤，不得迟到、早退，不得搞私人事务，不准打瞌睡和擅离职守；值班人员要勇于履行职责，纠正违章行为，发现情况及时汇报，值班人员要做好交接班登记；专职安全员每天班后必须巡查，发现不安全因素要及时清除和汇报。

图9-2 航站楼消防栓系统测试

9.1.2 地

地，即对现场进行地块划分，明确责任边界和不同地块的责任人。大兴机场工程项目现场划分为火作业区、易燃易爆材料区、生活区，按规定保持防火间距，明确各区防火责任人，保障安全出口、疏散通道、消防车道畅通。对各地块进行消防管理时，有一系列严格的规定：禁止乱动各种消防器材，严禁损坏各种消防设施、标识牌等；施工现场应按规定配备足够的灭火器材并确保完好有效。施工使用电、气焊（喷灯）等明火作业的，动火前要清理现场可燃物，备好灭火器材，专人操作，专人看火；施工后要仔细检查现场有无遗留火种，消除火险隐患，确认无误后方可离开；施工单位要坚持班前、班后检查制度，查出的隐患应及时整改，保证安全；夜间值班人员要加强责任心，及时发现和处理不安全因素。施工现场严禁吸烟，严禁违章用火、用电、用油、用气；严禁使用电炉、电褥子、热水器等电加热器具；油漆、稀料等易燃品要少进、勤进，专人保管负责。及时清理施工现场可燃性垃圾，防止发生火灾；对建筑物内固定消防设施（消火栓、消防喷淋、防排烟、应急照明、紧急广播、火灾自动报警系统）需要进行拆除、改造的，必须经指挥部保卫部同意后方可进行；施工中造成以上消防设施损坏，影响正常使用的应承担赔偿责任。

9.1.3 物

物，对于易燃易爆物品等危险物品进行严格管控，采取物防措施避免安全隐患。督促各施工单位消防检查做到每日有检查、每周有讲评；对易燃可燃危险品要建立存储、运输、使用安全管理制度和台账，危险品出入施工区进行登记备案，氧气瓶、乙炔瓶、丙烷瓶等易燃易爆危险品责任到人；严格落实动火证制度，做到“三不动火”。班组每天班后要及时清理可燃杂物；施工现场每天要有人清扫可燃杂物；可燃杂物可集中堆放，不宜堆放在建筑物内和宿舍附近；施工现场要设专人清理外脚物架上和现场内的可燃杂物，并及时进行清运。航站楼等重点项目部施工单位通过安装闸机和安检设备，杜绝打火机等火种违规进入施工现场；现场292栋工人宿舍，全部安装了烟感报警器；129个工人食堂燃气间，全部安装了防爆灯、防爆开关和排气扇。重点物防管理措施如下：

1.易燃易爆物品管理

（1）易燃易爆物品存放时不准超过三天使用量；

（2）易燃易爆物品必须设专人看管，严格收发、执行登记手续；

（3）易燃易爆物品使用时应做好防火措施；

（4）易燃易爆物品严禁露天存放；

（5）易燃易爆物品仓照明必须使用防火、防爆装置的电气设备；

（6）使用气焊、割作业，必须经施工现场防火责任人批准；

（7）严禁携带火种、BP机（Beeper，被叫用户接收机）、手机等非防爆装置的照明灯具进入易燃易爆物品仓。

2.动火作业及用气管理

（1）焊、割作业必须由有证焊工手持焊工证的本人操作。

（2）临时动火作业必须领取动火作业许可证后方能动火，动火时必须有看火人、水桶、灭火器在场。

（3）动火作业必须做到“八不”“四要”“一清理”。

（4）动火作业后要立即告知防火检查员或值班人员。

（5）氧气瓶、乙炔瓶的管理规定：

1）进行气焊（气割）作业人员必须持有特种作业操作证方可上岗操作；

2）氧气瓶、乙炔瓶的阀表均应齐全有效，紧固牢靠，不许有松动、破损和漏气，氧气瓶及其附件、胶管和开闭阀门的扳手上均不得贴染油脂；

3）氧气瓶应与其他易燃气瓶、油脂和其他易燃物品分开保存，也不得同时运输，氧气瓶应有防震圈和安全栓，不得在强烈的阳光下暴晒，严禁用塔式起重机或其他吊车直接吊运氧气瓶或乙炔气瓶；

4）乙炔胶管、氧气胶管不得错装，乙炔胶管为黑色，氧气胶管为红色；

5）氧气瓶、乙炔瓶储存和使用时距离不得小于5m，氧气瓶、乙炔瓶与明火或炬（焊炬）间距离不得小于10m；

6）使用前应检查气瓶及气瓶附件的完好性，检查连接气路的气密性，并采取避免气体泄漏的措施，严禁使用已老化的橡皮气管，使用完毕后及时归库；

7）冬季使用气瓶，如气瓶的瓶阀、减压器等发生冻结，严禁帮火烘烤或用铁器敲击瓶阀，禁止猛拧减压器的调节螺丝。

3.安全用电管理

（1）施工现场电气安装必须按照现行国家标准《建设工程施工现场供用电安全规范》GB 50194和行业标准《施工现场临时用电安全技术规范》JGJ 46要求执行；

（2）施工现场一切电气设备必须由有上岗证操作的电工进行安装管理，认真做好班前班后检查，及时消除不安全因素，并做好每日检查登记；

（3）电线残旧要及时更换，电气设备和电线不准超过安全负荷；

（4）不准使用铜丝和其他不合规范的金属丝作照明电路保险丝；

（5）照明必须做到一灯一制一保险；

（6）加强碘钨灯、卤化物灯的使用管理；

（7）室内外电线架设应有瓷管或瓷瓶与其他物体隔离，室内电线不得直接设在可燃物，金属物上，要套防火绝缘线管；

（8）电气防火措施：

1）建立电气防火责任制，加强电气防火重点场所的烟火管制，并设立禁止烟火标志；

2）建立电气防火教育制度，经常进行电气防火知识教育宣传，提高各类用电人员的电气防火自觉性；

3）建立防火检查制度，发现问题及时处理；

4）合理配置、稳定、更换各种保护电器，对电路和设备过载、短路故障进行可靠的保护；

5）在电气装置和线路周围不准堆放易燃易爆和强腐蚀介质，不准使用火源；

6）在电气装置相对集中的场所，如变电所、配电房、塔式起重机、施工升降机等地方配置干粉式灭火器，并禁止烟火；

7）加强电气设备相间和相地间的绝缘，防止闪烁；

8）合理设置防雷装置。

9.1.4 事

事，即根据不同的消防事件进行分类处理，找出案件发生的根本原因，从源头上控制该类消防案件的发生。这些消防事件包括危险化学品和易燃易爆品的存放及使用，危险电器使用，现场动火作业等。相关的消防安全管理措施包括如下主要方面：施工现场不允许存放易燃易爆危险化学品和易燃材料，如确实需要使用应当按其性质设置专用库房分类存放，使用后的废弃易燃易爆化学危险物料应当及时处理；禁止使用电炉取暖、做饭、烧水，禁止使用碘钨灯照明；现场施工或维修需要使用明火作业的，应当严格执行动火审批制度并采取相应的消防安全措施。

9.1.5 组织

组织，即建立完善的消防管理组织，这些组织包括首都机场公安分局、新机场公安处、北京市消防局新机场灭火救援分队、指挥部、施工总包单位等。通过完善组织体系，细化组织管理责任，落实消防安全管理任务。

新机场公安处实行消防监管责任区民警制度，将航站楼、飞行区及配套工程各个施工区和8个工人生活小区的消防安全责任落实到具体员工，实现消防安全监管全覆盖，加强日常巡视检查力度，做到航站楼中心现场每天检查一次，其他施工区每周检查两次。同时，首都机场公安分局高度重视新机场消防安全工作，分局消防处与新机场公安处建立了联合检查工作机制，形成了公安处民警日常监管，消防处民警跨场指导，重点场所协同检查的工作模式，最大限度满足大兴机场消防监管需求。

图9-3　新机场灭火救援分队揭牌

北京市消防局2016年12月抽调12名官兵、2台消防车成立了新机场灭火救援分队，并进驻施工现场（图9-3、图9-4）；指挥部同时指导施工单位建立微型消防站30个，组建了相应的志愿消防队，配备了水带、水枪、呼吸器等基本的消防设施设备；并要求场内112辆洒水车加装了水带接口，配备水带、水枪，作为消防救援补充力量。在此基础上，指挥部制订了《消防力量集结方案》，确保一旦发生火情能够第一时间集结出动，及时处置火情。足以体现出从政府到指挥部对大兴机场消防安全的重视。

指挥部与施工总包单位逐一签订了《消防安全责任书》，落实防火安全责任；要求施工单位上报施工组织设计、施工现场消防安全措施和保卫方案，并严格进行审核；坚持定期组织召开消防安全工作会议，总结通报消防管理经验教训，发现问题及时组织整改。

图9-4　新机场灭火救援分队成立仪式

9.1.6 网络

网络，即将互联网技术灵活运用在消防管理问题之上。相较于传统的监控监视，指挥部保卫部则是采取了效率更高的方法。传统的监控监管需要保卫人员全天监视，耗费大量的人力，同时还有很大概率会造成疏漏。大兴机场保卫部在监控监管的前提下，运用互联网和大数据技术建设消防安全隐患库，对整个辖区进行隐患库的设立，对容易发生消防事故的场所进行重点检查。

消防安全隐患库的建立包括多个环节：首先，开发相应的APP并普及给工人；然后，让工人在日常观察中发现消防安全隐患并且上报隐患；最后，APP会立刻反映出隐患的具体位置，以确保检查维护人员第一时间到达现场进行检查，避免酿成更严重的后果。指挥部保卫部樊一利说到，对于消防安全隐患，指挥部秉承着鼓励上报的原则，即各网格消防安全负责人上报安全隐患不会受到处罚，但是如果刻意隐瞒、知情不报，则会加重处罚。这样可以打消消防安全负责人的顾虑，提高上报安全隐患的积极性。消防安全隐患库的云端对所有消防安全负责人开放，每次上报的安全隐患是下次消防检查的重点，查看是否改正。建立安全隐患库不是终点而是起点，消灭消防安全隐患才是最终目的。

9.2 细化落实消防安全责任制

9.2.1 分类推进

根据消防安全重点单位类型和单位性质，有计划、有步骤地实施分类推进，各单位在近年来推进消防安全重点单位标准化管理创建的基础上，严格执行出台的北京市消防安全重点单位标准化管理地方标准，确保全部消防安全重点单位完成建设任务。采取集中培训、现场观摩等多种形式，在辖区消防安全重点单位内广泛宣传标准化管理创建工作，引领单位发挥主观能动性，主动规范和加强单位消防安全标准化管理建设。落实属地监督员与重点单位的“一对一”标准化管理创建责任捆绑，加强业务指导，提供技术服务。坚持重点推进与全面铺开相结合，兼顾辖区各类型重点单位建设进度，确保按照预定计划稳步推进。

除了基本的日常消防安全的检查工作之外，大兴机场落实了消防安全责任制的日常工作要求。

1.加强组织领导

各单位充分认清和加强规范消防安全重点单位消防安全标准化管理的重要意义，强化组织领导和统筹协调，主要领导要亲力挂帅，一线指导；主管领导具体负责，全程跟进；各级领导干部分片包干，分类指导。公安分局制定符合辖区实际的方案计划，细化标准措施，明确主要负责部门和具体负责人员，采取有力措施，持续落实消防安全重点单位标准化管理创建工作。

2.落实责任措施

各单位对照工作标准和任务目标，严格按照工作部署和完成时限要求，落实各项责任和工作措施。各单位通过广泛宣传，引导消防安全重点单位负责人、管理人了解消防安全标准化管理在日常管理中的显著优势，大力推进单位标准化管理创建工作，通过一年时间，消防安全重点单位全部达到消防安全“组织制度规范化、标准管理统一化、重点部位警示化、培训演练经常化、检查巡查常态化、设施器材标识化”的建设目标。

3.坚持督导推进

监管部门深入消防安全重点单位加强督促指导，确保创建任务按时间节点稳步推进。选择成效明显的单位组织集中现场观摩，总结经验、推广典型，同时建立督察机制，确定各项责任措施落实。

4.强化情况报送

各单位通过编发简报、撰写新闻通稿等多种形式，加强对专项行动成效的宣传推广。

9.2.2 细化标准

各单位在推进重点单位标准化管理创建的进程中，结合辖区实际和单位类型，在标准化管理创建总体框架下，结合首都机场地区实际，研究制定民航行业标准化管理创建细则，形成具有指导性的标准化管理文件汇编，最大限度提升单位消防安全管理水平。牢牢把握住当前专项行动和重大安保有利时机，提升单位消防安全管理标准要求，补齐日常管理上的短板，建立完善工作机制，实行常态化的规范管理。利用物联网、云计算、大数据等新兴信息技术，突出“智慧消防”在重点单位标准化管理上的科技支撑，有效提升消防安全重点单位消防科技创安水平。

消防安全责任制明确划分了个人应负责的义务，将消防安全问题细化，更加注重个人责任，并明确规定了各部门之间的日常检查规范，严格从根源上杜绝消防问题的发生。按属地管理“谁主管、谁负责”的原则，逐级落实消防安全责任制和岗位责任制，明确逐级各个岗位消防安全职责。部门的主要负责人为部门消防安全责任人，对本部门的消防工作负全面责任，要严格遵守执行本责任书规定，主动承担起本部门责任区域内防火安全工作，督促制定落实本部门消防责任制度和消防应急预案。各部门要确定消防安全管理人对部门内部进行经常性的防火检查巡查，保障本部门的消防安全工作符合规定，掌握部门的消防安全情况，对保卫部填发的《消防监督检查记录单》中指出的安全隐患，消防安全责任人应积极组织整改，及时处理涉及消防安全的问题，并将整改情况报保卫部备案。定期进行消防培训、演练，组织本部门的人员学习消防法律、法规和消防知识，加强消防安全“四个能力”建设，即“检查消除火灾隐患能力、组织扑救初期火灾能力、组织人员疏散逃生能力、消防宣传教育培训能力”。防火重点部门和部位（高低压变电室、消防中控室、通信机房、计算机房、档案室）的消防安全责任人必须坚持安全检查的制度，并做好巡视巡查记录，发现问题及时解决。对消防安全责任制不落实，存在火灾隐患不按期整改，导致发生火灾事故的部门主要负责人，依据相关法律、法规给予行政处罚，甚至追究法律责任。

明确安全防火制度，防火安全管理工作按照“谁主管，谁负责”的原则，健全和落实层级岗位管理责任制，做到一级抓一级，层层抓落实，形成防火安全管理网络。防火责任人必须认真贯彻执行“预防为主，防消结合”的消防工作方针和消防法规，把防火安全工作纳入日常生产，经营管理的议事日程。要依靠发动群众，本着自救的原则，切实落实各项防火安全管理措施。施工现场要配备消防器材，如消防灭火筒、灭火泡沫车，定期检查换药（标明换药时间、有效使用期）重点消防部位要增设防火器材，并设防火警示牌，严禁烟火。现场设消防水池。经常储备消防用水，以防万一。防火安全工作要定期与不定期相结合进行安全大检查，做好防患整改工作，对职工要进行经常性防火安全和法制教育。

工地范围内（包括作业层）凡需要临时动火作业的，必须经防火负责人审批，由于动火级别不同，有些还要经公安有关部门审批，同意后才能动火。凡经批准动火的，动火前要做到“八不”，动火中要做“四要”，动火后做到“一清理”的施工现场动火规则。

动火前“八不”指：防火、灭火措施不落实不动火；周围的易燃杂物，未清除不动火；附近难以移动的易燃结构，未采取安全措施不动火；凡盛装过油类等易燃液体的容器、管道，未经洗涮干净、排除残存的油质不动火；凡盛装过气体受热膨胀有爆炸危险的容器和管道不动火；凡储存有易燃、易爆物品的房间、仓库和场所，未经排除易燃、易爆危险的不动火；在高空进行焊接或开始焊接作业，下面的可燃物品未清理、未采取保护措施的不动火；未配备相应灭火器材的不动火。

动火中“四要”指：动火前要指定现场安全负责人；现场安全负责人和动火人员必须经常注意动火情况，发现不安全苗头时，要立即停止动火；发生火灾爆炸事故时，要及时扑灭；动火人员要严格执行安全操作规程。

动火后“一清理”指：动火人员和现场责任人要彻底清理动火作业现场后，才能离开。

9.2.3 达标验收

严格对照下发的创建标准和要求的目标任务，在规定时间节点内完成辖区消防安全重点单位标准化管理建设任务。组织对已建成的标准化管理重点进行达标验收，评选标准化管理达标单位，防火委对辖区消防安全重点单位进行考核验收，对消防管理、建筑防护、消防设施、施工现场管理等方面按百分制对重点单位达标验收情况进行打分，对达标验收中发现的问题，将直接反馈至行业主管部门督促限期整改（图9-5）。

图9-5 大兴机场航站楼消防验收

9.2.4 考核奖惩

防火委结合日常掌握、档案查阅、达标验收情况对各单位全年消防安全重点单位标准化管理创建工作进行考核，同时，将各单位标准化管理文件汇编研究制定情况和示范片拍摄情况纳入总体考核范畴，最终考核成绩将在机场范围内排名通报，并纳入年度的消防工作考核范围。对于标准化管理创建成效显著的消防安全重点单位，防火委将在机场全范围通报表彰。对于未在规定时限内完成标准化管理创建的消防安全重点单位，防火委督促未达标的消防安全重点单位限期整改并依法予以行政处罚，并函告消防安全重点单位上级主管部门和行业主管部门。2016—2017年间，公安处共进行消防检查666家次，填写《消防检查记录单》454份，发现问题和隐患96处，行政拘留1名无证违规动火违法人员，对河北建设市政八标、中铁北京工程局等单位消防违法行为高限罚款处罚，对30名个人当场罚款处罚。

9.3 实施消防安全网格化管理

9.3.1 网格划分及整体联动机制

1.网格化管理指导思想

坚持以习近平新时代中国特色社会主义思想为指导，深入学习贯彻习近平总书记在全国公安工作会议上提出的“加快完善立体化、信息化社会治安防控体系，提高对动态环境下社会治安的控制力，把握社会治安工作主动权”重要指示，认真贯彻落实总体国家安全观和以人民为中心的发展思想，以深入实施改革强警和公安大数据战略为动力，推进基层社会治理现代化，全力打造“三个圈、三条线”的点线面相结合的立体化空防安全体系，结合辖区“建设运营一体化”工作实际，以全覆盖、无盲区为原则，推动辖区立体化治安防控体系建设，推行公共区派出所网格化安全管理模式，加强内部安全管控力度，切实履行公安机关安全监管职责，全力确保大兴机场公共区社会环境安全有序。“思想上的松懈是最大的隐患”。认真贯彻落实国务院《消防安全责任制实施办法》，推动各总包单位结合当前季节特点，综合研判火灾形势，不折不扣地落实企业的消防安全主体责任，一把手要亲自抓，始终把消防安全在内的安全生产工作放在首要位置，逐级、逐层明确防控重点，组织落实针对性的防范、管理、看护、宣传、应急措施，确保各项消防安全措施落地见效。

2.网格划分及整体联动

网格化管理模式按照社会职能分工将大兴机场公共区划分为不同的网格单元，结合辖区实际状况和所内工作实际，各组根据本组内各单元不同的特点，量身打造系统的网格安全管理工作体系，建立以各单元安全管理的责任主体单位为主，网格化责任员工专项负责制，构建网格内各单位整体联动工作机制，充分发挥“群防群治”安全管理工作效用，建立健全登记备案制度和基础信息采集制度，实行人员、车辆准入制度和身份信息全采集等措施，进一步加强网格内各单位内部安全管理，提升日常安全管控和打击违法犯罪的水平，提高反恐防暴及应急处突的工作能力。实现辖区日常安全管理职责明确、基础数据清楚、安全预防到位、打击手段有力、宣传教育到位等的工作目标（表9-1）。

消防管片划分表（部分）　　表9-1

姓名	分管单位	建设单位		项目经理	分管领导	联系人	验收交付情况
	南航所有地块	南航扩建指挥部					
		倒班宿舍	北京帕克国际工程咨询有限公司(监理)				已验收未交付
			新兴公司				
		航空食品公司	北京兴电国际工程管理公司（监理）				已验收未交付
			中国建筑一局集团				

9.3.2　网格化管理工作流程

1.建立安全监管组织体系

（1）建立安全工作协调机制

指挥部保卫部依托安全保卫工作委员会，定期召开安全保卫工作会议与群防群治工作会，及时传达上级单位的文件精神和部署要求，通报本场区安全工作情况，会商安全措施，及时协调解决场区内存在的安全隐患问题，共同推进场区安全工作落实。

（2）落实网格化管理责任

根据指挥部保卫部实际工作安排，划定区块，落实到人，统筹负责，协同责任区域内空防、反恐、治安、内保、消防等安全管理职责，负责对违法犯罪行为打击处理、日常监督检查、基础信息摸排登记、督促安全隐患整改落实到位和协助各单位做好安全宣传教育培训工作。定期列席参加网格内各单位部门级安全工作例会和公司级安全工作例会。

（3）订立安全责任书

根据各单位实际情况，进一步明确和细化各单位安全责任区域与安全责任范围，确定各单位区域安全管理主责部门及负责人。指挥部保卫部制定安全工作标准，与安全管理主责单位签订安全责任书，强化落实安全责任。

（4）建立各单位整体联动机制

以安全工作协调机制为核心，以安全责任落实为基础，建立各单位整体联动机制。指挥部保卫部统一协调各单位依据责任划分开展各项安全工作，共同推进内部安全管理水平提升，共同应对应急处突事件，共同确保网格区域内的安全与稳定。

指挥部保卫部通过结合施工现场工程进度，由保卫部管理人员负责，联合民航公安局所属职能单位，定期开展联合检查监督、清理整治、查缉布控工作，以专项行动与常规工作并举的方式对重点网格管理区域开展联合行动，对突出问题严厉打击，共同维护大兴机场公共区社会治安秩序稳定，确保治理能力稳步提升。

2.建立登记备案和基础信息采集制度

网格化安全管理进一步要求全面掌握公共区人、事、地、物、组织等基础信息。指挥部保卫部协调各单位建立公共区登记备案和基础信息采集制度，分类设立档案管理，并进行统一管理。

（1）登记备案制度

网格内所有单位及进场施工单位须持相应的书面材料到指挥部保卫部进行登记备案。经指挥部保卫部备案登记后，方可进入辖区开展相应业务。

1）单位登记备案

网格内各单位（含自聘保安公司等）应如实填写《单位备案表》，并提供公司营业执照、法人身份信息、安全负责人身份信息、应急联系电话、车辆信息及单位员工花名册（含姓名、性别、出生日期、身份证号码、户籍地、现住址、联系电话等信息）等材料进行登记备案。在信息发生变更时，应在五个工作日内向指挥部保卫部申请变更登记。

2）施工登记备案

网格内各单位在进行施工作业时，应提前向指挥部保卫部进行登记备案，并提供第三方施工单位公司营业执照、法人身份信息、负责人身份信息、应急联系方式、施工人员花名册（含姓名、性别、出生日期、身份证号码、户籍地、现住址、联系电话等信息）及相应资质证书等材料，经指挥部保卫部审核登记后方可进入辖区施工。

（2）基础信息采集制度

1）人员信息采集

网格内各单位应组织全体员工进行基础信息采集，将人员信息录入“国门公安”应用中，在其入职前须提前到指挥部保卫部进行基础信息备案，指挥部保卫部对其背景审查无疑后方可进入单位内工作。当员工调离、离职时，各单位应在5个工作日内到指挥部保卫部进行信息更新。

2）车辆信息采集

指挥部保卫部负责对网格内各单位自有车辆及长期经常进出辖区工作车辆的基本信息进行采集。各单位应提供行驶证、车牌号、车型、颜色、车辆照片等基本信息。当车辆信息发生变更时，应在5个工作日内到指挥部保卫部进行变更。

3）服装信息采集

网格内有统一工服的单位，应以图片形式提供其工服样式、颜色、标识等特征基本信息。指挥部保卫部建立专门信息数据库进行管理。

3.细化责任落实

公共区网格化安全管理模式注重强调责任落实，实行责任员工负责制，赋予保卫部管理人员集约化管理职责。依据各单位性质及指挥部保卫部安全监管职责，进一步明确划分和细化单元格内单位安全责任与保卫部管理人员安全监管职责，推动安全责任层层落实，全力做好网格化安全管理工作，确保公共区内部安全。

（1）单位安全责任

各单位作为本单位安全管辖区域与范围的安全管理主体，承担该区域与范围内的日常安全管理责任，应依法做好人防、物防、技防等安全设施建设工作，全力配合指挥部保卫部做好空防、反恐、内保、治安、消防等日常安全管理工作，及时对存在的安全隐患问题进行整改。

（2）责任民警监管职责

网格安全管理保卫部管理人员作为安全主责员工，负有空防、反恐、治安、消防、内保等安全检查与监管职责，全面负责该区域日常安全监管工作。保卫部管理人员应掌握区域内人、事、地、物、组织等基础信息，并分类建档管理；定期开展安全检查工作，排查安全隐患问题，及时协调和督导各单位对存在的安全隐患问题进行整改；督促各单位严格落实各项安全保卫措施；积极做好反恐防暴等应急处突培训与演练工作，全面加强网格化内部安全管理，有效确保单元格内安全与稳定（表9-2）。

消防安全网络化管理信息报送表　　表9-2

日期	网格单位名称	当日带班领导及电话	当日消防管理人及电话	当日消防工作开展情况	存在的安全隐患	网格监管单位	网格民警

备注：1.当日消防工作开展情况包含：定点看护、动态巡逻、视频巡控等管控措施，化解风险隐患，快速处置等突发情况；2.各单位于每日18时之前报送网格化管理信息给予各单位管片民警。

9.3.3 网格化管理工作要求

1.深化认识，大胆创新

各参建单位应深刻认识公共区网格化安全监管对社会治安管控的重要意义、对社会治安秩序维护、单位内部保卫的重要性，积极探索安全管理新举措，推进点线面结合、网上网下结合、人防物防技防结合、打防管控结合的立体化、信息化社会治安防控体系。

2.严格责任落实，加强相互协作

各参建单位应进一步明确自身安全工作职责，细化工作方案，严格落实安全责任。同时，要积极协调沟通，加强相互协作，共同推进网格化安全管理方案的各项措施落实到位，全面提升网格化安全管理水平，确保安全。

3.高标准、严要求，打造一流安全防护体系

各参建单位应把握复杂多变的安全形势，着眼大局，放眼未来。从长远安全管理出发，高标准、严要求建设各项人防、技防、物防设施，打造一流的安全防护体系，确保辖区单位长效安全。

4.加强宣传与培训工作

各参建单位应深刻认识到宣传工作的重要性，积极利用各种媒体进行广泛宣传，争取人民群众的理解和支持。同时，要认真组织和开展内部单位员工培训工作，提高员工的安全意识。

9.3.4 动静结合的工作方法

“动”是指进行动态巡逻，通过巡逻发现消防安全隐患，及时纠正处理。随着工作要求和工作环境的变化，采购第三方安保公司专业化服务，配备巡逻车进行巡检。在巡逻车里装载了消防灭火设备。对现场人员进行了培训，也是按照分区，在各个点布置消防巡逻车，并进行人员管理，明确他们在现场的职责。

“静”是指明确各网格的边界、岗位、点位、责任人，并配置足够的安保力量。现场动火点比较多，指挥部保卫部对现场进行了动态的和静态的管理。静态管理要求固定岗位、固定点位。例如，随着航站楼工程的施工进展，针对航站楼内动火点特别多的特点。及时增加了安保力量，然后结合楼内各施工单位的安保力量进行整合，在楼内按楼层进行分区的网格化，从而进行固定岗位的管理，基本上把楼内所有点位全覆盖。

在动静结合的工作方法下，重点抓住动火作业、成品保护、易燃易爆品管控等重点消防安全隐患，加派人手，加大力度，确保消防安全万无一失。例如，现场动火作业，一个要看动火点，另一个要有看火人。施工人员要动火，必须得有焊工证，三证齐全。还要有看火人，要有总包单位安全人员到现场开具的动火证，然后才能动火作业。当时航站楼内有一些特种车辆要使用柴油。柴油属于易燃易爆物品，管控要更加严格。遇到有类似这样的工程作业点的时候，要加派人手进行看护和管理。穿插在这中间有很多消防培训，包括现场演练。对保安员的审核也比较严格。

9.4 地毯式消防安全检查

指挥部持续加强消防安全隐患排查整改，一方面通过地毯式、拉网式清查排查安全隐患，另一方面通过“回头看”加强安全隐患整改力度，紧盯交叉动火作业点、地下空间、易燃易爆存储使用等火灾高危场所、环节，采取高频检查、滚动排查、重点抽查等方式，加大执法检查力度，倒逼落实责任，全力督促整改隐患，确保火灾形势持续平稳可控，坚决防止发生有影响的火灾特别是群死群伤火灾事故。

9.4.1 驻场单位全面自查

各单位要对本单位消防安全管理情况进行全面梳理，对整体状况重大风险等做到心中有数。对消防基础设施运行状态、灭火工具物料配备等进行全面检查，确保符合标准要求并完好有效；全面排查航站楼、办公楼集体宿舍等人员密集场所安全通道、消防车道的状况，保证标识清晰、通道顺畅、应急照明设施完好；对于使用门禁锁间的消防逃生电磁门，要确保能够及时开启；依照公安部要求，清除窗户上可能阻碍逃生或救援的障碍物；对航站楼内制冷设备、锅炉机组、配电箱盘等电气设施设备进行检查，及时更换老化零部件；清理电气设施设备周边可燃物，并做好防潮、防水、防雷击工作；加强施工现场动火作业监管，严格动火证的审核发放；要对重点区域的用电进行检查，严禁违规使用大功率电器。

9.4.2 重点隐患专项检查

开展电气设施设备安全大检查。重点检查建筑电气设施设备是否达标，运行是否正常，检查是否到位，故障是否排除，维护、保养制度是否落实，专业检测是否规范，有无违规使用电气设备现象等。

开展出租房屋安全大检查。重点检查出租房屋的电器、燃气、炉具、易燃易爆危险品的存放和管理情况；出租方与承租方消防安全协议履行情况；出租方是否存在擅自改变使用性质、违规存放易燃易爆危险物品、违规使用电器产品等情况。

开展办公场所安全大检查。重点检查消防值班、巡视制度是否落实，建筑物消防监控、报警、烟感、喷淋等设施设备是否完好，紧急疏散标识、通道、安全出口、消防车通道是否畅通，消防栓、灭火器、应急照明等消防器材是否符合技术标准。

9.4.3 关键部位拉网清查

1.航站区关键部位

重点做好机场要害部位和重点单位、人员密集场所、易燃易爆单位的消防安全检查和隐患治理，以航站楼、航管楼、塔台、航油库、货运站、变电站、停车场、大型建设工程施工工地等为整治重点，主要检查消防安全责任制建立落实、消防设施运行和维护保养、消防监控室值班值守、日常防火巡查、用火用电管理、消防通道和灭火器材、火警应急预案制定和演练、消防安全责任人和管理人、消防控制室值班操作员培训情况。各机场公安机关对检查发现的火灾隐患要依法责令限期整改；确实难以完成整改的，采取关停、“死盯死守”等断然措施，确保消防安全。强化人员密集场所消防检查。加强“两人一室一站”（消防安全责任人和管理人、消防控制室、微型消防站）建设和监管，落实“户籍化”管理。

2.飞行区关键部位

重点检查巡查飞行区消防设施是否完好有效，密切关注消防水源、消防泵房、供水管网运行情况，全力保障消防车应急取水安全可靠。各机场专职消防队要加强与地方公安消防部队协调联动机制建设，配合推进联勤联训工作；要高度重视灭火救援预案制定，针对机场要害部位和重点单位、人员密集场所、易燃易爆单位，切实开展“六熟悉”和消防实战演练；要加强航空器灭火救援技战术训练，加强值班备勤力量，保持车辆、器材完好有效，时刻做好应对突发事件的准备。

9.5 消防安全宣传及培训全覆盖

9.5.1 建设运行阶段消防安全宣传

在建设阶段，指挥部引导各部门及总包单位牢固树立“消防工作，宣传系于一半”的理念，结合在建工程火灾形势及规律特点，用一线建设者喜闻乐见、通俗易懂的形式加强从业人员消防安全警示教育，提示火灾风险，强化警示教育，宣讲安全用火、用电、用气注意事项，普及消防安全常识和自救逃生技能，营造全民关注参与的浓厚氛围。施工单位普遍坚持对新入场施工人员进行了消防安全教育，同时各施工单位通过标语、宣传栏、班前教育等形式对施工人员进行消防安全教育，不断增强施工人员的消防安全意识。

在运行阶段，完善运行单位消防安全管理制度，狠抓落实。各运行单位加大员工消防安全教育培训，特别是对新员工和出租方人员的教育，通过教育和培训，提高员工的安全意识和扑灭初起火灾的能力（图9–6）。加大宣传力度，利用各种资源，大力宣传消防安全法律法规，在单位内部营造出人人知法、人人守法、人人宣传法的良好氛围，不断提高单位“四个能力”（图9–7）。各运行单位在航站楼、停车场等人员密集场所，通过视频屏幕和广播系统播放防火安全提示、悬挂条幅标语、开设消防宣传展板、发放宣传资料等多种形式，向广大旅客进行防火宣传，积极营造社会面共建消防安全的良好氛围。同时，各运行单位加强对民航从业员工的消防安全教育培训，进一步开展消防应急疏散演练、消防技能比赛等活动，将消防安全知识纳入机场员工录用考核体系，切实提高员工消防安全意识和遵守消防法律法规的自觉性。

图9–6　消防安全培训

图9–7　119消防宣传活动

9.5.2　重点驻场单位消防安全培训

消防安全培训目的是了解消防工作的意义及义务消防队的工作性质。消防安全培训目的包括：了解消防设施、器材的使用；熟知各类消防设施、器材包括灭火器、室内（外）消火栓、水带（枪）、空气呼吸器的使用及检查、维护保养方法；在遇见火灾后能正确使用灭火设备。保卫部狠抓消防安全培训，“请进来，走出去”，抓好总包单位内部消防安全责任人、管理人、消防专兼职人员的专业培训，着力培养消防安全“明白人”。驻场单位项目部全体员工每年进行一次消防知识培训，新上岗和进入新岗位的员工须进行上岗前的消防安全培训。

1.培训目标

通过消防安全大培训活动，推动行业主管部门加强对消防工作的组织领导，保障消防工作与民航发展相适应；培养重点单位消防安全“明白人”，使其掌握组织实施日常消防安全管理工作的内容和方法，更好地履行消防安全管理工作职责。

2.培训范围

驻场消防安全重点单位消防安全责任人、管理人。

3.培训安排

防火委分两批在大兴培训基地举办首都机场地区消防安全培训班。培训内容包括《中华人民共和国消防法》《全民消防宣传纲要》《北京市消防条例》《应急救援预案编制与演练》《安全生产法》等法律法规及火情模拟实操。主要讲解消防安全责任、火灾预防、宣传教育、消防组织、灭火救援、法律责任等内容。每期集中培训时间为1天。

4.培训内容

（1）有关消防法规、消防安全制度和保障消防安全的操作规程；

（2）施工现场的火灾危险性和防火措施；

（3）有关消防设施的性能、灭火器材的使用方法；

（4）报火警、扑救初起火灾以及自救逃生的知识和技能；

（5）组织、引导现场疏散的知识和技能。

5.培训方式

（1）结合本年度消防演练，组织培训；

（2）通过制作墙报、宣传栏、贴图画等方式进行消防安全教育。

6.工作要求

（1）驻场各单位要高度重视此次培训活动，严格按照消防法相关要求，组织本单位消防安全责任人、管理人参加此次培训。

（2）防火委办公室要认真组织研究实施方案，明确责任分工，按照时间节点抓好培训任务落实。要结合实际研究制定培训课程、教材、课件，安排经验丰富的师资力量授课，既要讲解消防法律法规和消防知识，也要让参训人员实地观摩单位消防管理和消防设施检查方法。

9.6 多轮次开展消防安全演练

指挥部坚持指导各施工总包单位组织春季和秋季消防灭火应急演练，提升快速反应能力。督促指导总包单位做好做强微型消防站，配齐配强义务消防队，建立健全应急预案，持续保持高度敏感高度戒备，严格落实值班备勤制度，突出实战训练和实战演练，全面维护保养装备器材，备足灭火抢险物资，确保突发事件中“冲得上、打得赢”，把火灾消灭在初起阶段，防止小火变大火、小火酿大灾。

9.6.1 消防安全演练的要求

消防安全演练的基本要包括以下四个方面：

（1）结合实际，合理定位。紧密结合应急管理工作实际，明确演练目的，根据资源条件确定演练方式和规模。

（2）着眼实战，讲求实效。以提高应急救援指挥人员的指挥协调能力、应急队伍的实战能力为着眼点。重视对演练效果及组织工作的评估、考核，总结、推广好的经验，及时整改存在的问题。

（3）精心组织，确保安全。围绕演练目的，精心策划演练内容，科学设计演练方案，周密组织演练活动，制订并严格遵守有关安全措施，确保演练参与人员及演练装备设施的安全。

（4）统筹规划，厉行节约。统筹规划应急演练活动，适当开展综合性演练，充分利用现有资源，努力提高应急演练效益。

消防安全演练一般分为演练前、演练中、演练后三个部分，每个部分所起到的作用不同，所需要注意的事项也不同。

演习前需要全面检查消防设备和消防器材，确保所有消防设备器材处于良好状态。消防演习最好安排在周末白天进行，以使更多人参加消防演习。应选好演习“火场”，尽量减少演习的影响。演习前要预先通知物业内所有相关人员，要求他们作好演习准备。

消防演习时不应在整个演习期持续断电，一般只是象征性地断电数秒钟，以免长时间停电产生较大影响。消防演习时疏散工作应采取分楼层进行，先疏散着火层人员，再从高到低层疏散其他人员。采用各种形式做好参加演习人员情况的记录，对不理解的人员要耐心解释说服，同时，做好消防知识宣传、讲解及参与演习人员的安全保护工作。

9.6.2 消防安全演练的程序

大兴机场模拟办公楼119房间发生火情疏散逃生灭火救援综合演练的程序有如下几个步骤：

（1）火情报警。报警员模拟拨打119电话，在拨打119电话报警的同时，马上报告应急领导小组，汇报："办公楼119房间发现火情"。

（2）应急响应。应急领导小组组长宣布立即启动消防应急处置预案。应急管理工作办公室迅速召集灭火救援组，利用灭火器、内外消防栓迅速组织灭火。

（3）广播疏散（手持扬声）。广播员告知"办公楼一层"出现火情，播放广播："全体职工请注，现在办公楼一层发生火灾，全体人员立即从安全通道疏散；灭火救援组请立即就位"。

（4）切断电源。通知指挥部物业电工（由专人负责）切断办公楼主控电源。

（5）疏散逃生。一层、二层、三层人员的疏散，每一层均由专人负责。人员疏散完毕后，各部门演练负责点本部门人数。

图9-8 办公楼消防安全演练

（6）侦查火情。安全保卫组使用配备的应急照明工具、防毒面具等装备，从上到下，逐层搜查，侦查火情，查看人员是否全部疏散完毕，是否有伤员，如发现伤员立即组织救援。

（7）灭火结束，整理现场（图9-8）。

9.6.3 消防安全演练的效果

增强安全防火意识的活动，让大家进一步了解掌握火灾的处理流程，以及提升在处理突发事件过程中的协调配合能力。增强人员在火灾中互救、自救意识，明确防火负责人及义务消防队员在火灾中应尽的职责。当发生火灾时，要沉着冷静，迅速组织灭火组、疏散抢救组、保卫警戒组按照预案所分配的职责和任务迅速报告火警，开展扑灭火灾、疏散被火围困人员、抢救伤员和财物等救援工作，妥善处置火灾现场的易燃易爆及其他化学危险物品，落实安全警戒工作，保护好火灾事故现场。扑灭火灾后，各组长向演习指挥部汇报各组参演情况，组织调查火灾原因，查处火灾事故责任，全面落实防火措施，消除火灾隐患，积极恢复施工生产。

普及消防知识，提高民众的消防意识。部分人员的消防安全意识仍较淡薄，对火灾的麻痹和侥幸心理还普遍存在。因此，通过各种媒体和其他形式报道重大火灾或有典型教育意义的火灾，使人们知道火灾的沉痛代价和对个人的威胁，以起到警钟长鸣的作用。

防范消防事故，保障社会安全，减少财产损失。消防事故的发生，一般都会带来重大的人身财产损失，而重大的消防事故蔓延迅速，危害性大，如果不及时消除，都会造成人员的伤亡和家庭的悲剧，给社会带来不利的影响，会影响社会的安定。

增强公民在防火安全方面的社会责任。这方面的教育内容包括不占用消防通道，发现违反防火安全的行为时，要及时劝阻，发现火灾时报警的责任，或在疏散时要及时通知工友，疏散逃生时不要争先恐后等。

加强消防应急管理，增高自救能力，保护人身财产安全。当消防事故发生时，最重要的是能够采取具体的可行措施，进行营救自救，最大限度保护人身财产的安全。

9.7 本章小结

大兴机场建立了六维消防安全监管模式，该六个维度包括消防安全管理的六个要素，即“人、地、物、事、组织、网络”。在这六个要素中，人既是管理对象，也是管理主体，具有双重属性，是消防安全管理的核心。地是通过网格化，明确消防安全的空间界面和管理责任，属于空间维度。物则是借助于各种消防设施和设备，对各种危险物品进行监管，是消防安全管理的重要对象。事则是通过检查、宣传、演练等方法对各种消防风险事件进行预防和处置。组织则是通过建立消防安全组织体系和责任制度推动消防安全工作的开展。网络则是通过网络技术对消防安全隐患进行动态管控。以上六个要素存在紧密的相互影响关系，是消防安全管理的主要内容。

围绕这六个要素，大兴机场在建设过程中采取了五大消防安全监管措施，具体包括：细化落实消防安全责任制，实施消防安全网格化管理，地毯式消防安全检查，消防安全宣传及培训，多轮次开展消防安全演练。在其中的消防安全网格化管理方面，界定了网格界面及整体联动机制，明确了网格化管理的工作流程、工作要求和工作方法。在消防安全检查方面，通过驻场单位全面自查、重点隐患专项检查、关键部位拉网式清查等多种形式开展，确保检查的覆盖面。通过以上五种措施，确保了大兴机场的消防安全，保障了工程建设的顺利推进。

第10章 工程与非工程措施相结合的防汛安全管理

习近平总书记明确指出，要牢固树立灾害风险管理和综合减灾理念，坚持“以防为主、防抗救相结合”，坚持“常态减灾和非常态救灾相统一”，努力实现从注重灾后救助向注重灾前预防转变，从减少灾害损失向减轻灾害风险转变，从应对单一灾种向综合减灾转变。习近平总书记“两个坚持、三个转变”的理念，为做好防汛抗旱防台风减灾工作提供了根本遵循①。大兴机场北邻永兴河，中间有天堂河流经，南邻永定河。而永定河作为国内四大重点防洪江河之一，其汛期雨量大，防洪任务重，防洪除险的重要性堪比长江、黄河以及淮河。永定河防汛工作面临的形势较为严峻，堤防建设、防汛工程翻修、河道综合治理、抢险队伍建设及防汛物资储备等方面仍需进一步提高，需要在巩固现有防洪工程措施条件下，建立并完善科学的非防汛工程措施②。由于周边水系丰富，汛期雨量大，汇水面积大，建设期间的排水管网尚未形成，大兴机场在建设期间的防汛工作面临严峻复杂的挑战。因此，在大兴机场工程建设期间，大力确保防汛安全，对保障广大参建人员和周边居民的生命安全具有重要意义，对大兴机场能否顺利开航投运具有决定性影响。本章介绍大兴机场在建设期间采取的工程和非工程防汛管理措施，从“以防为主、防抗救相结合”的角度剖析大兴机场防汛安全管理的经验做法。

---

① 陈雷. 全力做好防汛抗旱防台风减灾工作，始终把人民群众生命安全放在首位［J］. 人民论坛，2017 (10): 6-9.

② 李蕊，刘玉忠. 永定河大兴段防汛问题与对策分析［J］. 北京水务，2016 (4): 33-38.

10.1 防控结合的全过程汛期管理

大兴机场在建设期间的防汛管理模式如图10-1所示，即以工程和非工程措施为管理对象，通过全过程汛期管理确保大兴机场的防汛安全。

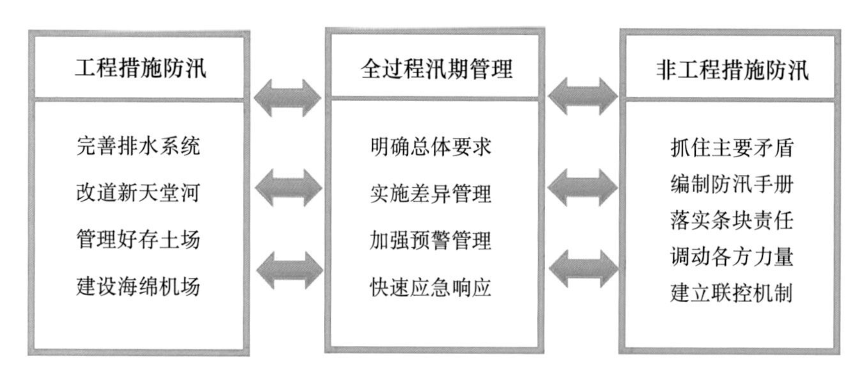

图10-1 大兴机场全过程防汛管理模式

10.1.1 明确汛期总体要求

1.高度重视汛期大兴机场建设工程安全生产工作

据气象数据显示，大兴机场及周边平均年降雨量为585mm，汛期雨量一般约占全年降水量的75%，主汛期集中在7月下旬和8月上旬，不排除局部时段或局部地区将有大雨、暴雨、大暴雨、特大暴雨出现。大兴机场建设一期面积为27km^2，承接客水的飞行区面积约为18km^2。按照平均降雨数据，主汛期降水量约1184万m^3，建设过程中整个机场12个调节水池和景观湖最大容量为300万m^3，如遇极端天气，大兴机场建设工程防汛安全形势极为严峻。

大兴机场所在位置整体地势偏低，大多属于砂质土壤，容易因水土流失造成局部空洞、坍塌，影响地面物安全；铁路、轨道等线性或点状明挖工程工作面没有出基坑，容易因大量雨水造成积水点、危险带，影响塔式起重机、脚手架、基坑护坡、用电安全；处于高处作业的项目，容易因大雨、大风、雷电等恶劣天候，引发高坠、垮塌、雷击等事故；多处临时堆土场、堆积物、临时道路等，容易因大量雨水冲击、浸泡造成滑坡、塌陷等次生灾害。因此，各部门、各单位要高度重视大兴机场建设工程汛期安全生产工作，严格按照安全生产“三个必须”和“党政同责、一岗双责、齐抓共管、失职追责”的要求，加强建设工程汛期安全生产工作的组织领导，在思想认识、工作组织、任务落实上，进一步向防汛保安全上聚焦，严防汛期极端天气引发各类生产安全事故。

2.明确防汛安全责任，细化防汛工作方案和应急预案

为确保大兴机场建设汛期安全生产工作，负有大兴机场建设工程防汛安全工作职责的行业监管部门和属地政府强化对有关建设工程防汛安全工作的综合调度，加强汛期建设工程安全生产工作的监督检查，及时发现和严肃查处安全生产隐患和违法行为；认真督促大兴机场建设有关各方，健全联动指挥体系，完善防汛工作方案和应急预案，储备应急物资器材，组织应急处置演练，提升安全度汛“防、抗、救”的整体能力；组织开展防汛安全教育宣传，普及防汛安全知识，发布防汛信息。指挥部及时完善大兴机场建设工程防汛工作方案并进行动员部署，构建大兴机场建设项目、区域和整体三级防汛应急联动机制；组织专业力量疏浚大兴机场排洪河道、打通大兴机场水系管网，提高大兴机场建设区域防洪和排水的安全保障能力；在确保所属建设工程安全度汛的基础上，组织专项检查工作，督促其他大兴机场建设单位落实防汛安全责任、防汛预案、抢险队伍、储备物资和安全避险措施。其他建设单位要认真落实防汛安全主体责任，主动对接指挥部防汛工作方案，修订和完善辖区防汛工作方案和应急救援预案；要结合建设期以来强降雨情况，针对辖区屡次出现积水而影响安全生产工作的关键部位，采取提前布控，主动组织专业力量排查治理辖区防汛安全隐患；加强安全应急预案演练，提升指挥调度人员、抢险救灾人员防汛安全能力。

3.全面排查治理汛期安全隐患和危险因素，严防各类生产安全事故发生

各部门、各单位要认真分析汛期安全生产工作形势，深入研究雨情、水情、工情、险情、灾情等对安全生产工作的影响，严防坍塌、倾覆、滑坡、雷击、高坠、触电、淹溺、中毒窒息等事故的发生。结合防汛工作组织开展安全生产隐患排查治理工作，全面排查高耸大、明挖工程、深基坑、地下空间、塔式起重机、危险化学品、有限空间作业、临时用电、堆土场度汛安全隐患，建立隐患排查治理台账，确保安全整改责任、措施、资金、时限、预案“五到位”。加强对深基坑、塔吊基础、脚手架及支撑体系的动态监控检测，及时把控重点部位安全状况；加强汛期施工作业安全交底工作，优化施工组织方案和施工工序；加强对从业人员防灾减灾教育，提升紧急避险和自救互救能力，切实保障从业人员生命财产安全。有针对性地做好安全生产应急预案和救援演练，确保预案、人员、物资、器材“四个到位”，最

大限度减少极端天气对大兴机场建设工程安全生产工作的影响。

4.加强汛期安全生产应急值守工作

在主汛期或防汛重点时段，各部门、各单位要安排专门人员负责应急值守，确保通信畅通，遇有情况及时上报。各建设单位要建立汛情安全通报机制，及时收集实时雨情、水情、工情、险情、灾情和防汛安全抢险救灾情况，及时掌握各施工单位应对强降雨各项处置情况，加大强降雨、局部积水、危及安全生产等情况下的处置力度。遇有大雨、暴雨、大暴雨、特大暴雨天气时，项目主要负责人必须在岗带班，不得离岗，发生汛情、险情、灾情时，要靠前指挥、及时处置，确保安全。

5.检查要严格落实人员职责

模块领导负责防汛的总体统筹和指挥，后台人员负责防汛程序的修订、人员培训、物资采购等，班组负责日常检查和问题处置，第三方公司负责防汛设备的日常检查、维护和维修。降雨时，当班班长为防汛指挥员，当班班组负责跑滑区域的巡视和跑道摩擦系数测试及运行相关工作，各班班组负责下穿道和雨水泵房的巡视检查及跑滑道面积水处置。相关服务商负责防汛沙袋的摆放、道面积水处置、铺筑面排水设施的巡视检查和排水沟的维护和维修。动力能源公司负责泵站防汛巡视和保障。

6.日常检查要全面仔细

关于防汛设备，每两周对电源车进行一次实地发电检验，对物资运输车的车况进行一次检查，对移动抽水泵的有效性进行一次检查，做好检查记录。设备检查发现问题应及时联系维保商进行维护修理。每两周对下穿道两端所摆放的沙袋进行检查，确保沙袋的完好性和数量足够。沙袋有破损或缺失的应及时进行更换和补充。应对出入库的防汛设备和物资数量、种类进行详细的台账记录。4月到9月期间，每个月完成一次模块日常自查，检查内容包括防汛设备的有效性、物资管理情况等。如当月有汛前检查，可不再开展日常自查。对每次检查需进行详细记录，明确检查项目，并将自查报告报至运行管理模块。

10.1.2 实施汛期差异管理

汛期是指一年中降水量最大的时期，容易引起洪涝灾害，是防汛工作的关键期。北京的汛期一般是每年6月1日至9月15日。

1.汛期管理重点工作

（1）加强主汛期专项检查工作。指挥部就排水系统贯通状况、隐患问题整改情况、防汛设施物资与防汛方案符合情况等方面进行专项检查，并将检查成果报送质监总站。指挥部加强对汛期重点安全隐患部位的检查，责成相关单位采取必要措施，确保安全平稳度过汛期。质监总站在专项检查的基础上，对其成果进行监督抽查。施工单位制定的防汛方案及应急预案，各责任单位应明确防汛责任人，划区划片指定值班人员，保持信息畅通，发现险情及时上报。

（2）加强组织指导，落实员工职责。把防汛工作放在突出位置，牢固树立防大汛、抗大灾、抢大险的思想，切实增强做好防汛工作的紧迫感和责任感要在思想认识、组织指挥、工作措施、应急预案上抓好抓实。落实以行政首长负责制为核心的各项防汛工作责任制，完善防汛作组织体系，明确重点部位、重点岗位、重点设施设备的管理责任，健全管理机构，严格落实各项防汛措施，切实做到组织到位、人员到位、责任到位、指挥到位。

（3）加强值班制度。完善应急预案，严格落实防汛工作领导带班和24小时值班制度，建立应急工作机制，确保人员到位、通信畅通，认真做好汛情的上传下达和汛情、险情的预警预报工作，保证信息传递及时。同时要进一步完善应急预案，加强重点防备，切实提高防汛应急抢险队伍实战能力，确保华北民航汛期运输生产安全有序。

（4）认真排查除患，确保安全度汛。各单位要立即组织力量对重点地段、重点设施、重点区域进行全面核查，针对近期强降雨过程中暴露出安全隐患的部位，制定切实可行的具体措施，对不能及时治理的隐患要落实监测预警措施，设置警示标志，并安排专人值守、监测。同时，华北民航气象部门要加强不正常天气及时播报，确保各单位能够按照责任分工，早公布、早准备、早实施，做好强降雨天气的应对工作。

2.汛期不同阶段差异化管理

大兴机场的防汛工作主要分为三个阶段，即汛前、汛中和汛后。并将每个阶段的工作制度划分清晰，具体分配每个防汛部门的工作职责，明确划分在不同时期内每个部门的工作职责。这里以夏季汛期为例：

（1）汛前工作（6月1日前）

航站区工程部负责在4月30日前明确航站区外环路以内的防汛工作界面和防区范围，落实各防区的责任单位、责任人和防汛措施。在4月30日前，汇总本部门监理单位、施工单位防汛工作通信录、防汛力量、防汛物资储备表。在6月1日前完成金属屋面、采光顶幕墙天沟安装，虹吸雨水干管、立管以及出户管安装，航站楼周边小市政基本完成，具备可分单元引至飞行区的基础条件，实现有组织排水。在6月1日前要求三家总包单位梳理责任区域的挡水设施，及时修复相关漏洞。航站楼三家总包单位，按照指挥部的统一要求，在6月1日前，确保责任区域内排水路由和排水设施设备可靠、可用，防汛物资准备到位。在6月1日前，督促监理单位、施工单位应当对施工区域进行一次全面排查，对检查发现的隐患逐个制定整改方案，并及时整改落实。

配套工程部负责轨道及铁路工程于5月30日前完成其在景观明渠交叉处工程，并将工作面移交飞行区工程部；市政二标在航站楼前的雨水方沟工程在工作面移交2个月内建设完成；市政四标汛期前完成S10路、支五路、次干一路的雨水管线并连接市政六标雨水管线；市政六标汛期前完成主干三路沿线雨水管线工程、在次干一路沿线的雨水方沟建设在工作面移交2个月内完成；组织检查各施工单位防汛物资、设备和力量储备情况；检查指导各总包单位防汛的演练工作，确保应急预案的针对性和实效性；建立配套区汛期专项值班制度。

飞行区工程部负责在4月20日之前完成本部门的防汛工作方案和应急预案；负责在5月15日之前完成防区内排水网络的贯通（除A段明渠轨道段），在航站楼各指廊间、东北和西北指廊端提供接驳点，具备接纳航站区客水的条件，在5月底之前接收配套工程部A段明渠轨道段的施工场地并保证在汛期时形成排水通路，具备接纳配套区客水的条件；5月25日前组织监理单位、施工单位涉汛工程进行一次全面排查，对检查发现的隐患逐个制定整改方案；5月底前组织接纳航站区、配套区客水的总包单位召开防汛对接会，再次明确客水接纳地点和方式；5月底组织检查各施工、监理单位防汛物资、设备和力量储备情况检查指导各总包单位防汛的演练工作，确保应急预案的针对性和实效性；建立飞行区汛期专项值班制度。

安全质量部负责牵头组织相关工程部门和参建单位，在汛期来临前对施工现场临时用电、排水设施、防雷电装置等进行全面检查。

规划设计部负责协调其他驻场建设单位防汛工作，纳入大兴机场防汛体系，负责在5月初收集汇总其他建设单位防汛工作需求，并协调组织其他建设单位参加大兴机场范围内防汛工作对接会。

（2）汛中工作（6月1日至9月15日）

航站区工程部负责落实航站区汛期24小时值班制度；督促防区各单位落实防汛工作预案；每周进行一次楼内排水、疏水系统设施设备检查，重点检查金属屋面、采光顶幕墙天沟，虹吸雨水干管、立管及出户管等雨水外排设施，保证排水系统通畅，设施设备完好，确保安全。配套工程部负责落实配套区汛期24小时值班制度；督促防区各单位落实防汛工作预案；每周进行一次防区内排水、疏水系统设施设备检查，重点检查与航站区客水接驳处的排水设施，保证排水系统通畅，设施设备完好，确保安全；定期对脚手架、塔式起重机、客货电梯、物料提升机、深基坑等进行全面检查，避免发生汛期次生灾害。

飞行区工程部负责落实飞行区汛期24小时值班制度；每周进行一次防区内排水、疏水系统设施设备检查，重点检查与航站区、配套区客水接驳处的排水设施，保证排水系统通畅，设施设备完好，确保安全；根据防汛抢险救灾物资消耗情况，及时补充物资；定期对脚手架、塔式起重机、客货电梯、物料提升机、深基坑等进行全面检查，避免发生汛期次生灾害；根据水利行政部门等下达的汛情预警通知，组织各总包单位实施防汛应急预案，督促各施工单位做好防大汛准备。安全质量部负责组织相关工程部门和参建单位，每月对施工现场临时用电、排水设施、防雷电装置等进行检查；定期对脚手架、塔式起重机、客货电梯、物料提升机等进行专项检查。

规划设计部在遇汛情预警级别为较重（Ⅲ级）、严重（Ⅱ级）和特别严重（Ⅰ级）时，负责收集其他建设单位实时汛情，及时向防汛领导小组通报。

（3）汛后工作（9月15日之后）

各工程部门负责收集各自防区汛期情况，行政办公室、规划设计部、安全质量部和保卫部负责汇总整理各部门汛期工作总结，并在10月15日之前上报防汛办公室，防汛领导小组及时召开会议，总结经验教训，采取改进措施，完善防汛工作预案。

10.1.3 加强汛期预警管理

汛期的防范管理工作一般从以下几个方面展开：

1.汛情预警分级

预警级别分为一般（Ⅳ级）、较重（Ⅲ级）、严重（Ⅱ级）和特别严重（Ⅰ级），并依次采用蓝色、黄色、橙色、红色加以表示。

蓝色汛情预警（Ⅳ级）：预计区内未来可能出现下列条件之一或实况已达到下列条件之一并可能持续时：1小时降雨量达30mm以上；6小时降雨量达50mm以上。重点城镇部分路段和低洼地带可能产生20cm积水，部分立交桥下积滞水可达30cm。

黄色汛情预警（Ⅲ级）：预计区内未来可能出现下列条件之一或实况已达到下列条件之一并可能持续时：1小时降雨量达50mm以上；6小时降雨量达70mm以上。重点城镇主要道路和低洼地段可能出现20cm以上30cm以下积水，部分立交桥下积水可能达到30cm以上50cm以下。

橙色汛情预警（Ⅱ级）：预计区内未来可能出现下列条件之一或实况已达到下列条件之一并可能持续时：1小时降雨量达70mm以上；6小时降雨量达100mm以上。重点城镇主要道路和低洼地段可能出现30cm以上50cm以下积水，部分立交桥下积水可能达到50cm以上100cm以下。

红色汛情预警（Ⅰ级）：预计区内未来可能出现下列条件之一或实况已达到下列条件之一并可能持续时：1小时降雨量达100mm以上；6小时降雨量达150mm以上。重点城镇主要道路和低洼地段可能出现50cm以上，部分立交桥下积水深度可达100cm以上（表10-1）。

暴雨预警等级　　表10-1

预警等级	汛情图标	1小时降水量（mm）	6小时降水量（mm）	施工现场
暴雨蓝色预警		30	50	低洼地段出现积水，排水系统运行正常
暴雨黄色预警（较重汛情）		50	70	现场局部出现积水，排水系统运行正常
暴雨橙色预警（严重汛情）		70	100	现场局部出现积水，排水系统基本满负荷运转，渗水坑水量在警戒线以下
暴雨红色预警（特别较重汛情）		100	150	现场大面积出现积水，排水系统基本满负荷运转，渗水坑超过警戒水位。泡槽或基坑坍塌的可能性增大

2.信息接收

防汛办公室负责接收北京市、大兴区和廊坊市防汛部门的重要天气预报及防汛应急响应和结束信息，并及时传达至指挥部防汛领导小组及其他工程部门，各工程部门负责将重要天气预报及防汛应急响应和结束信息传达至本部门所辖的监理单位和施工单位。

3.汛情应急响应

蓝色汛情应急响应（Ⅳ级）：各工程部门项目负责人应当到现场指挥防汛工作各监理单位、施工单位领导带班、人员全部到岗，确保通信畅通。在发生暴雨期间，监理和施工单位应当安排人员24小时值班，对排水疏水系统和各泵坑进行巡视排查，及时疏通排水沟道、管道和泵坑积水，确保排水系统畅通。每2小时将汛情信息上报各工程部门值班人员，值班人员应当通报本部门工程项目负责人。

黄色汛情应急响应（Ⅲ级）：在蓝色汛情应急响应的基础上，指挥部各工程部门领导带班，防汛人员全员上岗。监理单位、施工单位做好抢险现场物资、通信、供电、供水、供气、医疗防疫、运输等后勤保障，物资运抵抢险点。监理单位、施工单位重点防汛部位责任人和相关人员加强巡查，加强对重点防汛部位的抢险救护，发现问题及时组织处置并报告。各工程部门应当安排值班人员对排水、疏水设施进行检查，如发现排水、疏水设施不畅通，立即安排施工单位修复并做好事故处理，并尽快恢复正常运行。根据情况，提前将主要抢险力量调集到重点防汛部位，同时要派出人员到各重点防汛部位值守，随时掌握情况，并上报各工程部门值班人员，值班人员应当通报本部门工程项目负责人和部门领导。

橙色汛情应急响应（Ⅱ级）：在黄色汛情应急响应的基础上，防汛领导小组成员、各工程部门人员全部上岗到位，各监理单位、施工单位人员全部在现场待命。监理单位、施工单位重点防汛部位责任人和相关人员加强巡查，加强对重点防汛部位的抢险救护，发现问题及时组织处置并报告。重点防汛部位已经或可能发生重大险情时，监理单位、施工单位立即调动所属抢险队伍和物资进行抢险，并上报各工程部门值班人员，值班人员应当通报本部门工程项目负责人和部门领导，各工程部门领导应当报告防汛领导小组。现场局部出现积水，排水系统基本满负荷运转，渗水坑水量在警戒线以下时，防汛领导小组成员立即启动应急机制，检查并疏通现场排水设施，对可能出现积水、渗水、坍塌的部位派专人进行监控，有危险迹象立即组织人力、机械、材料进行疏通、强排和封堵。

红色汛情应急响应（Ⅰ级）：在橙色汛情应急响应的基础上，指挥部全体人员上岗到位，各监理单位、施工单位人员全部在一线待命，将全部的抢险力量放置在重点防汛部位上，要确保通信畅通，确保重点防汛部位安全。指挥部防汛领导小组同时派出巡查组，随时掌握情况，相关物资储备单位要保证物资随时调出。组织各方面力量投入防汛抗灾工作，现场大面积出现积水，排水系统基本满负荷运转，渗水坑超过警戒水位。泡槽或基坑坍塌的可能性增大时，防汛领导小组立即启动应急机制，检查并疏通现场排水设施，提前对可能出现积水、渗水、坍塌的部位派专人进行疏通、强排和封堵，并实时监控险情，出现险情隐患或者紧急险情立即组织人员抢险，把损失降至最低。

“2017年7月21日，我记得那天下了整整一天。我们主要领导就在一线看着这雨就不停。排雨排水也好，当时提前肯定有方案。整个航站楼是5个指廊，绕航站楼一周大概将近10km修了一条临时硬化路，以这条临时路作为堤坝，相当于是拦水用的。然后当时想把堤坝下边埋一些管子，把水排到槽里边，然后通过管子自然就排出来了。实际上通过我们后来的经验，说你最好别埋管，埋管它还是往下。就直接强排，只要越过你的坝就行了。坝是高的，越过去，你只要排得出来，就不产生回灌的问题了。结果当时因为有几处底下埋的管子，就回灌回去了，因为外边的水位高了。就那一天有些项目确实受了很多损失。防汛当然肯定不是说所有的建筑物防汛，这都有自己的方案，但是你要考虑哪个是重点，有主有次。另外要形成一个系统，站在指挥部整体的角度来说，我得知道我保谁。飞行区当时就受了很多损失，有些坑等雨季过去了再重新做出来，虽然过程比较曲折，最终飞行区也按期完工了。”

4.信息报送

一旦发生人员伤亡及重大安全隐患，施工单位立即实施抢救，并第一时间向监理单位和指挥部报告。任何单位不得迟报、漏报、谎报和瞒报防汛突发事件信息。

5.对外信息发布

大兴机场防汛突发事件的信息发布和新闻报道工作，应遵循《北京新机场项目新闻宣传工作规则》。在防汛领导小组的指导下，由党群工作部总体协调，未经许可，各工程部门、监理单位、施工单位和个人一律不得以任何形式（包括但不限于报刊、电视台、广播、网络及微信、微博等自媒体）对外发布任何与防汛有关的文字、图片、音频、视频等各类信息。

6.应急响应结束

防汛办公室负责接收应急响应结束信息，并报告指挥部防汛领导小组和各工程部门，各工程部门负责将信息通报监理单位，监理单位负责通知施工单位。

7.总结评估

防汛工作完成后，防汛领导小组、防汛办公室、监理单位和施工单位应当视情及时召开会议，总结经验教训，采取改进措施，完善防汛工作预案。根据防汛抢险救灾物资消耗情况，指挥部、监理单位和施工单位应当及时补充物资。

10.1.4 确保汛情应急响应

1.应急启动

适用范围：按照暴雨预警等级划分原则，应急预案适用于汛情预警级别为黄色预警（较重级）、橙色预警（严重级）和红色预警（特别严重级）时，做出的应急准备和反应。

信息接收：防汛应急工作组负责接收北京市、大兴区和廊坊市气象部门的重要天气预报及防汛应急响应和结束信息，并及时传达至指挥部应急领导小组，防汛应急工作组负责将重要天气预报及防汛应急响应和结束信息传达至所辖的监理单位和施工单位。

2.各部门职责

规划设计部：负责收集汇总其他建设单位防汛抢险工作情况，及时向指挥部应急领导小组和防汛应急工作组通报其他建设单位的汛情。

安全质量部：负责协助指挥部应急领导小组做好防汛应急工作。

保卫部：负责大兴机场防汛抢险期间的治安保卫工作，打击各种破坏活动，维护防汛设施设备安全

党群工作部：负责大兴机场防汛的新闻宣传导向和防汛动态报道，并负责舆情监测与控制。

各工程部门：发生黄色预警时，各工程部门应当安排值班人员对排水、疏水设施进行检查，如发现排水、疏水设施不畅通，立即安排施工单位修复并做好事故处理；发生橙色预警时，防汛应急工作组立即启动应急机制，检查并疏通现场排水设施，对可能出现积水、渗水、坍塌的部位派专人进行监控，有危险迹象立即组织人力、机械、材料进行疏通、强排和封堵。视汛情程度向指挥部应急领导小组报告；发生红色预警时，应急领导小组立即启动应急机制，检查并疏通现场排水设施，提前对可能出现积水、渗水、坍塌的部位派专人进行疏通、强排和封堵，并实时监控险情，出现险情隐患或者紧急险情立即组织人员抢险，把损失降至最低。视汛情程度向总指挥和投运指挥部报告。

10.2 全面加强工程措施防汛力度

10.2.1 完善排水系统

1.排水系统基本要求

机场排水系统的构建时的基本要求如下：

（1）机场防洪由场外水系堤坝及其他设施保证，部分场外排水设施需进行改造，场内无需垫高地势或设防洪沟。

（2）在机场东南侧设一处出口，场内雨水接至永兴河，外排流量限制为30m^3/s，北侧设一处备用出口，待机排放。

（3）场内排水设施需保证机场在50年一遇降雨条件下的排涝安全。

（4）场内设多个汇水分区，各分区由贯穿式带状排水明渠串接，全场采用二级提升系统。

（5）采取措施削减径流污染、提高雨水利用率，体现“海绵机场”的设计理念。

（6）排水设施需承接场内盈余再生水，并尽量与景观融合，同时应考虑避免招鸟的措施。

（7）从材料、能源等多方面充分体现环保绿色的设计要求。

2.二级排水系统整体架构

根据外部、内部影响因素分析，大兴机场雨水排水采用二级排水系统，设置一级调蓄水池及泵站、二级泵站及排水明渠。机场各区域雨水经雨水管（排水沟）收集后排至各区域内部的一级调蓄水池，经一级调蓄水池蓄水削峰后由一级泵站提升或自流进入排水明渠。雨水经由排水明渠二次调蓄并转输至明渠末端后由二级泵站提升或自流排至场外永兴河。

二级排水系统由雨水管网（排水沟）、一级调节水池及泵站、二级调节水池及泵站和排水明渠组成（图10-2）。机场各区域雨水经雨水管道（排水沟）收集后排至相应的一级调节池，经一级调节池蓄水削峰后由一级泵站提升或自流进入排水明渠。雨水经由排水明渠及景观水池组成的调蓄系统再次蓄水削峰后由二级泵站提升或自流排至永兴河。本期场区内共修建六座一级雨水泵站和两座二级雨水泵站，调节总容积约280.3万m^3。飞行区排水沟总长约147.98km，在建排水沟6.12km，仅剩余卫星厅共构段、公务机坪等部位排水工程未完工。飞行区排水工程除收集飞行区自身的雨水外，还通过楼前雨水管网收集主航站楼五指廊、维修机库、货运机库和西塔台等建筑的雨水。

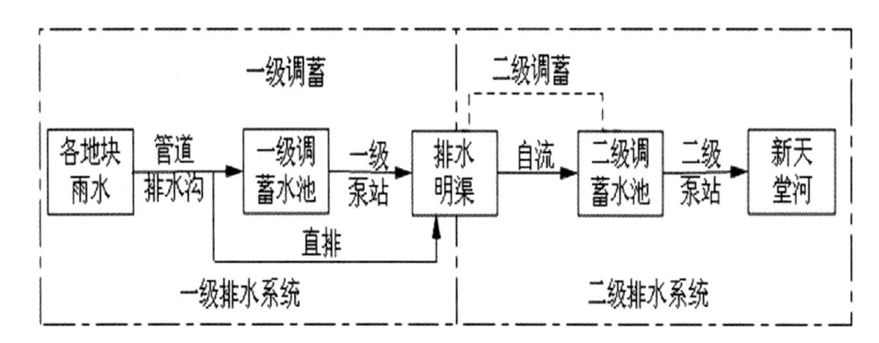

图10-2 大兴机场二级排水系统

3.汇水分区划分及排水明渠布置

根据全场雨水排水系统设置原则，经过分析比较，本期在大兴机场用地范围内依据中间低南北高、西高东低的地势特点，将机场用地分为南北两大区域，南部区域主要是飞行区，划分为一个分区，北部区域按照功能区划、主干路网划分为6个分区，全场共设有7个排水分区，分别为N1～N6及S1分区。同时，以西跑道北侧为起点设置排水明渠，明渠沿主干道路向东延伸至侧向跑道西部、现状磁大路附近即向南转弯，并沿本期红线向南至现状新天堂河河道，通过现状新天堂河河道延伸至改道后的永兴河。

各分区雨水经各自的调蓄水池对雨水进行蓄水削峰后自流或强排至排水明渠，经排水明渠、现状新天堂河河道最终排至永兴河（N6分区由于距离明渠较近，采取就近排放的方式，不需设提升泵站）。在进行与明渠有关的土地利用规划时，为充分利用近水的优越性，在将明渠升级为生态景观水系的同时，还考虑在排水明渠转弯处的一块楔形用地上将明渠扩展为景观湖，周边设置公园，为旅客、工作人员和周边群众提供一个开放的公共空间，在展示机场文明风貌、改善区域微环境的同时还可提升周边用地的商业价值（图10-3、图10-4）。

4.各级泵站建设

大兴机场排水沟、雨水管道、明渠和各级调蓄水池已基本建成，泵站按时启用是洪水能否及时外排的关键，飞行区工程部应加大对各级泵站建设进度的管控，在规定的时间内投入使用，各级泵站投入使用时间表如图10-5及表10-2所示。

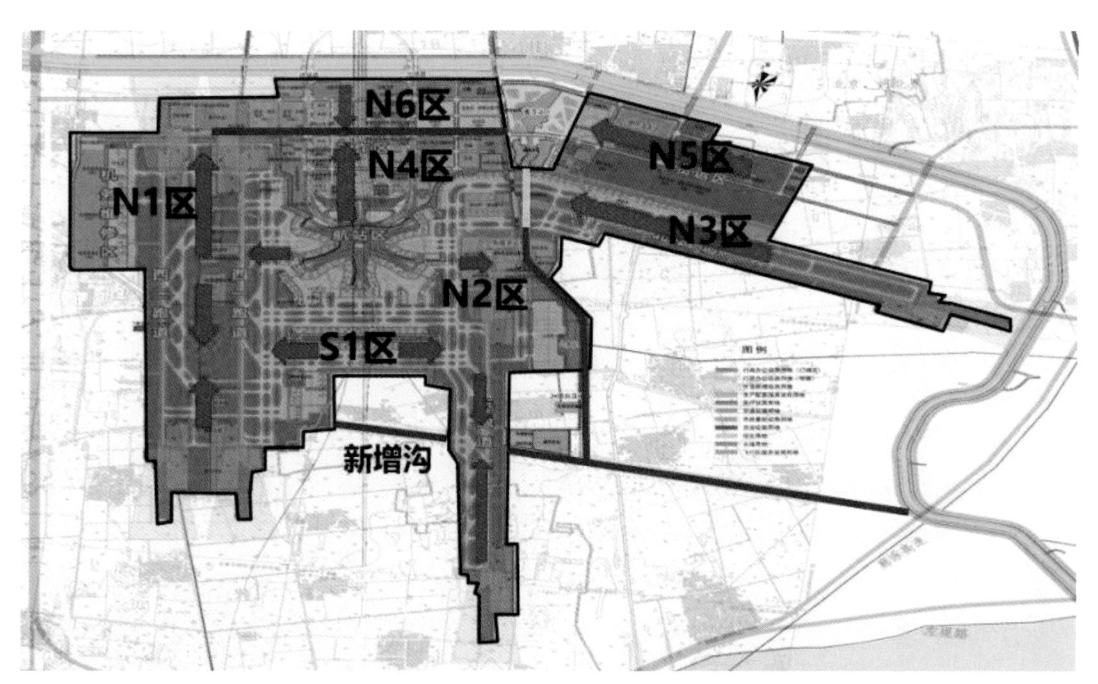

图10-3　大兴机场全场雨水排水方向及排水系统

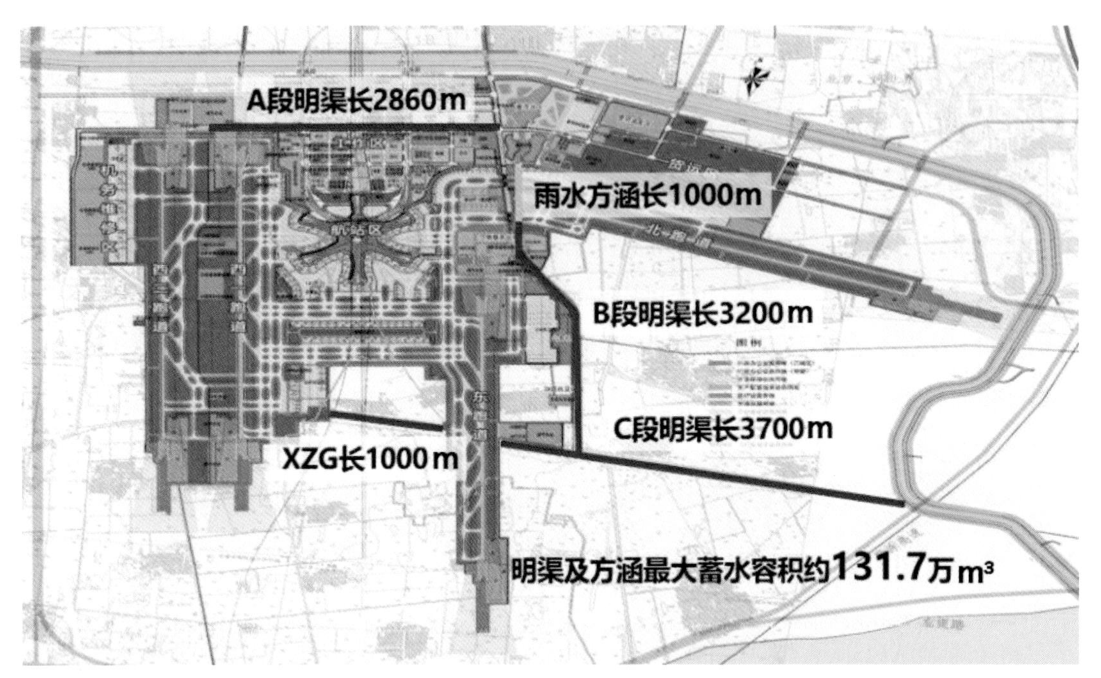

图10-4 机场全场雨水排水工程（排水明渠）

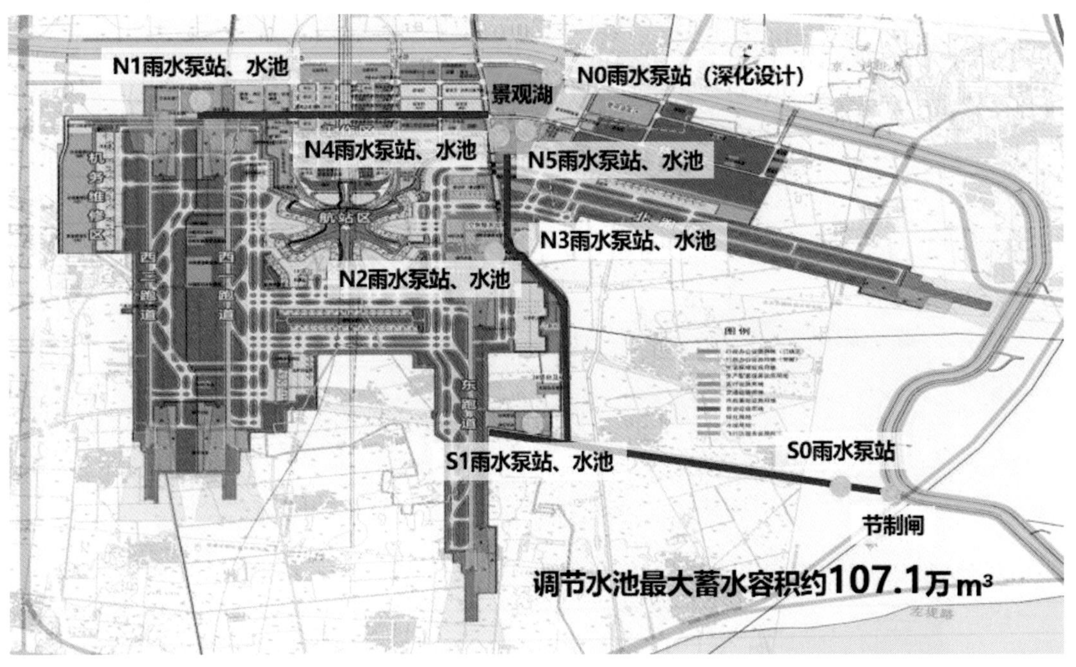

图10-5 机场全场雨水排水工程（雨水泵站、水池）

各级泵站投入使用时间表　　表10-2

泵站名称	行政区界	排水下游	设计排水能力（m^3/s）	水泵安装数量（台）	调蓄水池容积（m^3）
N1雨水泵站	北京市	A段明渠	10.8	4	27万
N2雨水泵站	北京市	B段明渠	6	4	13.35万
N3雨水泵站	北京市	B段明渠	6	4	11.8万
N4雨水泵站	北京市	B段明渠	6	4	8.5万
N5雨水泵站	北京市	B段明渠	9	5	15.5万
S1雨水泵站	河北省	C段明渠	18	5	23.6万
S0雨水泵站	河北省	永兴河	30	8	80.1万

5.地下人防工程

地下人防工程于2018年9月开工，开工时间较晚，工程体量巨大，且工程全部为地下工程。入汛后，航站区工程部应加快地下人防工程施工进度，在6月15日左右结构工程施工到正负零，还需做好以下几点工作：

（1）汛期做好挡水坎防止客水涌入人防工程内部；

（2）研究好周边情况，做好地下人防工程内部雨水外排方案；

（3）做好地下人防工程与邻近航站楼、综合交通中心等附近建筑间的挡水坎，以防客水涌入其中。

6.雨水管网未形成部位的措施

配套工程部应积极协调工作面，组织力量贯通受阻雨水管网，尽快形成网络，部分受交叉施工影像不具备条件的地块应制定应急措施。

（1）支一路中部的未完成管线在5月30日前后完成贯通，使支一路雨水实现东西贯通，承接航站楼及交通换乘中心的雨水。

（2）主干二路S3、S4雨水管线仍未贯通，在相关区域选择低洼地带做集水坑，汛期降雨后抽排至主干二路雨水井（S3路对应主干二路47号雨水井、S4路对应主干二路43号雨水井）。

（3）K4周边区域雨水管线尚未贯通，在周边绿化带挖集水坑，汛期降雨后利用集水坑抽排至主干三路西侧雨水管线。

（4）航站楼城建和建工临建区域通过强排进入临近的56-1号、56-2号、73号、74-6号雨水方沟。

10.2.2　改道新天堂河

机场场址所在区域属海河流域永定河水系，场址南临北京西部重要的防洪排水河道——永定河，同时场址建设占压大兴排涝河道——新天堂河。永定河流经北京市门头沟区、石景山区、丰台区、大兴区和房山区5区，境内河道总长约170km，是北京西部主要泄洪河道，同时也是对北京市产生防洪威胁最大的河流，防洪标准为100年一遇；永定河泛区总面积约522km^2，设计滞蓄水量约4亿m^{3}永定河泛区内的南北小埝、南前卫埝、南北围埝及龙河左右堤等堤埝将泛区分为大小不等的9部分，形成了分区滞洪的格局。机场所在区域位于永定河滞洪区一分区西北部，当永定河泛区行洪时，洪水通过寺垡辛庄口门向上漫溢至泛区一分区。在机场近期规模情况下，建设防洪堤后，将占用永定河泛区面积约28.62km^2，占泛区整个面积5.48%。

新天堂河是永定河以东、京开公路西侧一条主要城市排水河道，河道现状全长37km，天堂河是一条跨北京和河北省市界的排水河道，天堂河流域总面积326km^2，其中北京境内314km^2、河北境内12km^2。根据省市协议，新天堂河京、冀协议出口流量为120m^3/s。新天堂河流经大兴机场场址段规划防洪标准仅为20年一遇。因此当流域内发生100年一遇洪水时，河道会发生漫溢，流域内涝水将会在下游地势低洼地区汇集，可能对机场产生淹没影响。

1.确定机场排水出路

通过机场周边水系分布及场内地势情况可知，机场排水可以考虑向南直接排入永定河，或者向东排入新天堂河。由于永定河历史上水土流失严重，河水浑浊，泥沙淤积，日久形成地上河，其河床地势较机场地势高，机场排水无法通过重力流的形式直接排至永定河，只能采用强排的方式才能将雨水入河；同时由于永定河左堤（机场侧堤防）是保证北京城区不受洪水淹没的重要堤防，在堤坝上开口需要非常谨慎；而新天堂河为永定河的支流，机场排水对其影响较小，开口风险也较小，且河底标高在一定情况下可以满足自排需求，因此综合考虑节能、排水安全性等方面的因素，确定将新天堂河作为机场的排水出口，机场排水进入新天堂河后，经新天堂河下游更生闸最终排至永定河。

2.机场外部排水系统与内部排水系统建设的相互影响分析

（1）永定河方面，主要的影响是泛区与机场之间相互的影响关系。机场建设将占压永定河泛区一分区，但是由于大兴机场占用泛区的面积较小，且泛区采用自下而上的使用原则，大兴机场占用的一分区为最后使用的分区，根据相关分析，当永定河来水超过2 000m^3/s时，被占用区域就将启用。按照相关分析结果，机场占用泛区影响水深较小，对永定河防洪影响程度不大，可以适当调整调度方案或采用工程措施，利用泛区其他区域承接被占用区域水量。另一方面，由于场址建设将破坏新北堤，且场址位于地势低洼区域，因此永定河洪水将由于堤防的破坏而进入场址漫溢，应对的措施主要有垫高场内地势、迁建新北堤或封堵寺垡辛庄口门，经综合考虑，水利部门最终通过封堵寺垡辛庄口门彻底取消一分区的方法解决泛区对机场建设的影响。

（2）新天堂河方面，主要的影响包括对河道的占压以及新增雨水流量的汇入。由于新天堂河自西向东横穿大兴机场用地，大兴机场建设将占压现状新天堂河部分河道，阻断新天堂河排水通道，因此需要对其进行改道。结合区域规划、机场场址位置及地形地势，本着“少占地、易施工、水流畅”的原则，提出天堂河改线段线路方案。根据水利部门的分析，最终采用的改道方案是新河道在京九铁路桥上游与孙各庄闸下游河道衔接，绕场址北侧、东侧红线东行，在廊涿高速公路桥上游与现状河道衔接，改道后的新天堂河命名为永兴河。永兴河一般堤防按20年一遇洪水设防，为4级堤防，同时，为保证机场防洪安全，右岸（机场侧）堤防按100年一遇洪水设防，为1级堤防。

根据省市协议，永兴河京、冀分界处的协议过界流量为120m^3/s。由于现分界处河道流量已达120m^3/s，在永兴河北京段无法再接纳大兴机场的雨水，因此，大兴机场雨水出口只能设于永兴河的河北段。经综合考虑，机场排水出口位置定于现状新天堂河及永兴河交汇点处，机场排水通过现状新天堂河老河道，排至永兴河。该位置位于永兴河下游，对河道影响亦较小。经洪水影响评价分析确定，当新天堂河和永定河排水流量达到设计标准时，大兴机场允许外排流量为30m^3/s。同时，为保证机场排水安全，在机场北部永兴河北京段设一处备用出口，当永兴河排水流量未达120m^3/s时，可按照水利部门调度要求待机排放。

3.现状新天堂河及永兴河对于大兴机场的影响

（1）在防洪方面，新机场主要受到来自其西北侧洪涝的影响，改道后的永兴河可挡住北侧的客水，西侧有京九铁路高路基作为天然堤坝，可抵御部分客水。

（2）对于场内地势标高方面，由于经过土方平衡和投资的分析，场内防洪主要通过在场址红线外与道路结合设置堤防的方式进行防洪设计，因此永兴河对场内地势标高基本没有影响。

（3）排水出口位置方面，由于机场常排出口位置仅有一处，且允许外排流量较小，仅为30m^3/s（估算全场流量约400m^3/s），所以机场需要设置大量的调蓄设施保证机场排涝安全。

经过以上分析，在现有条件下，机场的建设将使新天堂河改道，但改道方案基本不受场内排水的影响，同时，改道后的新天堂河即永兴河通过提高右岸堤防设防标准的方式，也不会影响大兴机场的防洪安全。由于机场建设新增部分下泄流量，所以需要对部分场外河道进行扩容，同时场内也需要设置调蓄设施以尽量减小对外部河道的影响。

10.2.3 管理好存土场

大兴机场在每年的汛期来临之前都要对场内堆土场进行检查与维护，以确保堆土场能够在防汛工作中发挥作用。工作目的是认真落实“安全第一，预防为主”的安全生产方针，提高大兴机场存土场应对持续暴雨洪水的安全性和应急处理能力，防止发生次生灾害，确保存土场整体安全度汛。

1.明确存土场防汛管理责任主体

建设期间，大兴机场红线范围内有各类存土场40个（图10-6）。防汛期主汛期间，大兴机场及周边将有持续强降雨过程，不排除局部时段或地区有大暴雨、特大暴雨出现。大兴机场所处位置整体地势偏低，存土场土质大多属于砂质土壤，容易因水土流失造成局部空洞、坍塌，影响周边地面物安全。通过明确各存土场管理责任，能有效确定防汛管理责任主体，进而推进存土场防汛工作的开展。

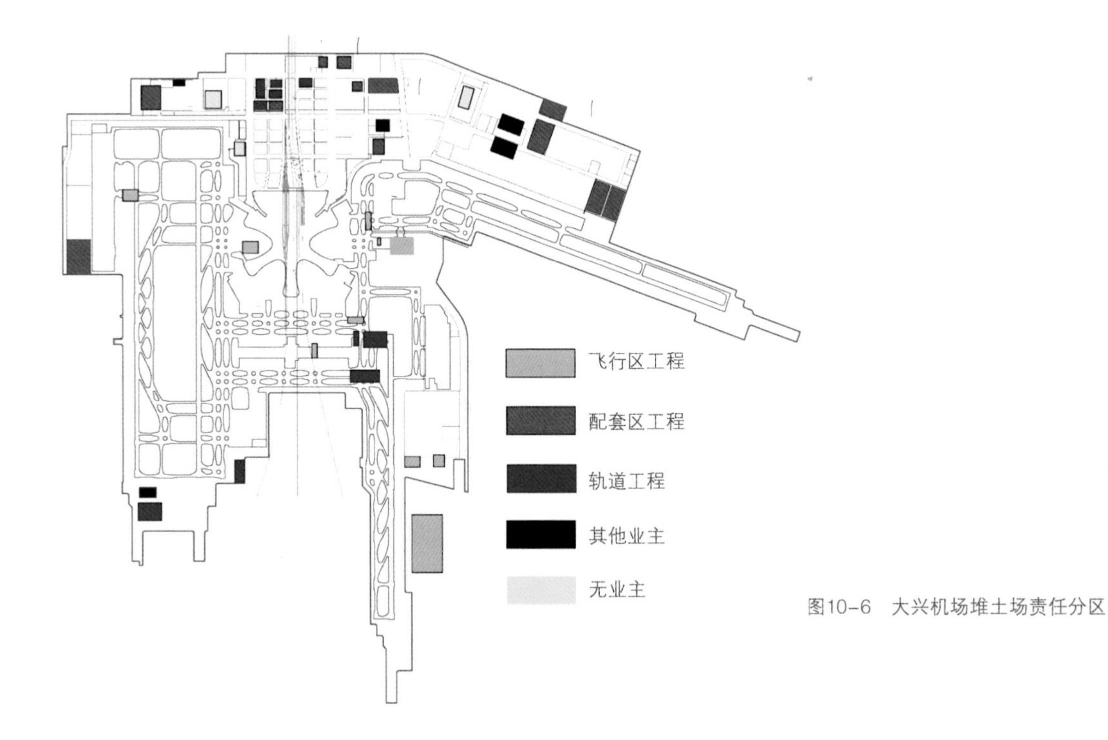

图10-6 大兴机场堆土场责任分区

2.压实存土场安全度汛工作责任

按照“守土有责、守土尽责”的原则压实主体责任。使用管理单位明确的存土场，自负安全度汛主体责任；位于驻场单位红线范围内的存土场，由驻场单位承担安全度汛主体责任；使用管理单位存在异议的存土场，按照属地原则由所属工程部门确定安全度汛主体责任单位。各工程部门核实确定各存土场责任单位及联系方式，并报备安委会办公室、防汛办公室备案管理。

主体责任单位负责存土场度汛期间物资、设备、人员、保障措施。主体责任单位负责在汛期期间的存土场安全防护工作和监控，确保护坡工程、排水沟、截水沟设置等防护措施落实到位，按时完成抢修任务。主体责任单位加强对存土场度汛期间的安全监控。发生严重汛情时，应当派专人进行监控，有危险迹象立即向工程部门通报，说明风险地点、严重程度，保证信息传递及时准确；立即采取设置警示标识、封路绕行等措施防止次生灾害发生。

工程部门加大对各存土场的巡查检查力度。发生较重汛情时，各工程部门应当安排值班人员对存土场排水、截水设施进行检查，如发现排水、截水设施不畅通，立即安排主体责任单位修复并做好事故处理；发生严重汛情和特别严重汛情，按照指挥部应急机制执行相应措施。对于存在安全隐患的存土场，一律暂停接纳存土，并责令其限期整改，限期内整改不到位的对责任单位通报批评。

3.加强存土场防汛安全专项检查

存土场检查工作由指挥部安委会安全生产办公室、防汛工作办公室联合安全质量部，各工程部门具体实施。飞行区工程部、航站区工程部、配套区工程部根据《北京市安全生产监督管理局关于做好2018汛期新机场建设工程安全生产工作的函》，制定所辖工程范围内检查实施计划，需对检查结果进行总结并形成报告，将报告及检查表报安委会办公室、防汛办公室，抄送安全质量部。安委会办公室、防汛办公室及安全质量部对检查过程进行督查。报告内容包括存土场防汛排水方案及预案，目前排水系统贯通现状，隐患问题整改情况，防汛设施物资与防汛方案符合情况，现场检查情况总结等方面内容。

检查重点包括：检查各存土场截、排水沟通畅，排水设施齐全，排水系统贯通情况，汛期应急措施等；检查各存土场信息公示标牌、围挡、出入口道路硬化、苫盖等规范堆填措施落实情况，规范堆填，边坡坡比和稳定性，避免堆土点滑坡等现象的发生；检查各存土场边坡沉降、滑塌等汛期易产生次生灾害的设施及区域的防护情况；检查各存土场责任单位防汛人员到位、防汛物资储备的情况（表10-3）。

土方进出场审批表 表10-3

项目名称			
项目经理			
进/出场时间		土方量	
运输车队			
土方构成说明 （施工单位意见）	土方构成负责人： 项目经理： 盖章项目		
监理单位意见	签字： 盖章项目		
相关合同对土方消纳约定条件符合情况	工程部项目负责人： 日期：		
工程部门审核意见	签字： 日期：		
安全质量部审核意见	签字： 日期：		
指挥部领导签批	签字： 日期：		

10.2.4 建设海绵机场

大兴机场按照海绵机场理论进行了整体设计，保障了整个机场的调蓄能力，既保证了机场防汛安全，又实现了生态友好的效果。

1.大兴机场建设海绵机场的必要性

（1）具备海绵机场的规模效应

机场建设体量巨大，建设海绵机场具有规模效应。海绵机场需要有一定的规模，必须得够一定的面积才能实现海绵的特点和效果。因为大兴机场是一次性规划最大的，基本上全国也没有一次性建成这么多跑道、这么多设施，所以适合建设海绵机场。

（2）能够满足防汛安全需要

大兴机场汇水面积大，建成海绵机场可以减少对周边区域的排水量和排水压力，保证周边区域及机场区域的汛期安全。防汛是飞行区一项比较大的工作，包括一些堆土场、排水区，整个区域都有规划和设计。海绵机场包括雨水蓄滞，利用存储下渗，都有防汛功能。在飞行区里有7个大的调节水池、几十公里的排水沟，如果按照正常蓄水量、不往外排一滴水的情况下，能存储200多万立方水，24小时雨量不突破100mm就不会有积水，整个机场的蓄水能力非常强。

（3）能够提升生态效益

“海绵机场”旨在构建“源头滞蓄减排+过程绿色控制管理+末端生态调蓄入渗”的全体系化绿色雨水管理系统，通过源头削减、过程控制和末端调蓄，构建水生态、水环境、水安全、水资源四方面的海绵体系，最终达到有效降低外排径流量、控制点源和面源污染效果。① 大兴机场建有下沉式绿地、公园、景观湖等基础设施，既满足了防洪防涝需求，又创造了良好的生态环境，提高了水资源利用效率，提升了生态效益。其中的景观湖占地38万m^2，湖体面积约10万m^2，最大蓄水能力为50万m^3（图10-7）。

图10-7 大兴机场全场雨水排水工程（景观湖）

2.海绵机场建设影响因素分析

（1）机场内部影响因素分析

如果说机场外部排水条件的确定是体系构建的先决条件，那么针对雨水排水的需求对内部地势、总平面规划、绿色环保等方面进行适应性分析并提出设计需求就是机场排水体系构建的基础。

（2）机场地势对雨水系统的影响

机场所在区域地势较平缓，场址跨度较大，因此，雨水系统坡降相应较大，管渠埋深较深，为减小管渠建设投资，需要在管渠适当位置设置雨水提升泵站，将雨水提升后继续排放。根据估算，全场雨水最远流行距离约为13km，按照管渠平均坡度0.001计算，坡降约为13m，如再加上管顶平接的因素，管渠终点管底标高约降低15m。为减小管道埋深，降低管道深基坑施工难度，可考虑在场内设2级到3级提升泵站。同时，考虑泵站设置过多会导致不节能、运行维护工作量大以及排水安全性降低等方面的因素，最终确定设置2级提升泵站，即在雨水管渠中段及末端分设提升泵站，将前段雨水提升后排放。

① 彭晶，唐媛，毛浩然，赵赛男. 低影响开发海绵机场SWMM模型分析［J］. 海河水利，2021，(12):80-82+96.

（3）机场平面布局对雨水系统的影响

大兴机场本期占地面积约27km^2，远期占地面积约70km^2。针对机场雨水汇水面积大的这个特点，势必需要对全场汇水区域进行分区规划。通常情况下，分区的方法主要包括：按空陆侧分区、按地势分区、按功能区分区、按主干路网分区等。同时，由于大兴机场仅设有一处排水出口，针对这个限制条件，为承接排出各分区的雨水，势必需要设置可以串接所有分区、将雨水转输至排水出口的带状排水设施。由于汇水量很大，此排水设施通常采用明渠的形式进行设置，明渠的设置位置一般位于各分区的交界处。

（4）机场绿色环保要求对雨水系统的影响

北京是水资源严重短缺的城市，为合理利用水资源，把大兴机场建成"绿色机场"是工程的目标之一。雨水系统方面，则力求体现"海绵机场"的设计理念。"海绵机场"即针对机场建设的特点，在保证机场排涝安全的原则下，通过渗、滞、蓄、净、用、排等多种技术手段，实现有利于提高机场防涝能力、降低开发影响、削减径流污染、提高雨水资源化利用率、改善区域微气候微环境的建设目标。

（5）机场智慧化管理要求对雨水系统的影响

机场占地面积较大，场内设有大量的水暖电气油等专业的室外管道及其他设施，平时对这些设施的维护工作量巨大，随着信息技术水平的提高，远程管理、自动监控等技术手段已日趋成熟，因此，本次建设要求实现公用设施的智慧化管理。雨水系统作为重要的组成部分也需要体现智慧化管理的理念。

（6）机场盈余再生水消纳需求对雨水系统的影响

大兴机场场内设有污水处理厂，将产生的污水全部按照再生水标准进行处理回用，实现污水"零外排"。根据水量平衡，处理后的再生水用于浇洒、绿化以及冲厕等用途后仍有盈余，如何消纳盈余的再生水，是机场建设需要考虑的问题。另一方面，由于北京雨季主要集中在6月至9月，其他时间降雨量非常小，对于贯穿场内、承接转输各分区的排水明渠而言，在非雨季期间，明渠底部裸露，在一定程度上会表现出突兀、不够自然的效果。一边是可稳定提供的盈余再生水，一边是因气候原因造成设施使用效率低下，综合二者的特点，考虑将盈余再生水引入明渠，将明渠升级为集蓄存、净化、景观、入渗、排水等多功能于一体的"生态景观水系"。平时，污水处理厂盈余再生水排入景观水系，补充水系因蒸发、入渗减少的景观蓄水量。降雨时，可提前将水系内的蓄水排出，为排涝提前做好准备。生态景观水系既可解决场内盈余再生水的出处问题，又能为机场提供一种自然的亲水活动场所，使水的视觉和实用功能得到充分利用。同时由于机场运行的特殊性，还要考虑采取措施避免生态环境在招鸟方面对机场的影响。

3.“海绵机场”技术措施

（1）场内采取多种措施减小雨水外排径流，最大限度回补地下水，主要措施包括：场内排水管、渠、池等设施最大限度考虑透水入渗措施，人行道、非机动车通行的硬质地面、广场等采用透水地面，小区内设下凹绿地等。

（2）场内各区域共设有约250万m^3的调蓄设施，充分滞蓄场内雨水，减小外部水系排水压力，保障机场排涝安全。

（3）在机场空侧土面区植草，部分土面区设置有下凹绿地，可截留跑道上初期雨水中的污染物，同时滞蓄雨水。

（4）在雨水调蓄设施内植草，可进一步截留污染物，同时蓄存并下渗收集的雨水。

（5）在维修机坪区域设有油水分离设施，含油雨水经隔油装置处理后方可排至场内排水系统，减小初期含油雨水对于场外水体的污染。

（6）建筑物屋顶使用环保型材料，不得有有毒、有害物质析出。屋面雨水以集中入渗为主，收集回用为辅。雨水通过建筑周边的透水铺装及绿地入渗；回用方式为将初期弃流后，中、后期雨水储存于地埋式储水模块或水池，用于补充水系水源或用于绿地灌溉。

4.生态景观水系设置

将排水明渠设置为融合汇水、传输、净化、入渗、调蓄外排等多功能于一体的生态景观水系，其边岸、边坡、表潜湿地区、水系底面、水表面等各有其生态功能，可形成较大规模的功能生态区。生态功能的实现首先是对排入的各类来水以组合生态方式进行处理直至形成优质水体；其次，水系的生态构成本身亦可有效提升周围的环境品质。生态区的构成主要包括：生态边岸——对来水绿化截污；生态护坡——绿化、固土、截污、生态净化；潜流湿地区——可进行再生水的深度处理；表流湿地区——可进行再生水的深度处理和水系水质维护；潜水生态区——主要进行水系水质的维护与改良。平时通过场内盈余再生水补水及景观湖末端的溢流堰控制、保证水系内蓄存有一定规模的水量，同时为保证水系内水体质量，还设有太阳能光伏提水及风能提水循环系统，实现循环净化的效果。

5.雨水管理平台设置

为实现场内雨水系统智慧管理的目的，场内设置雨水管理中心，主要功能包括机场泵站、闸门监控、水文水质监测、视频监视等。在飞行区内设有多处雨量计，可即时收集雨水信息并上传至雨水管理中心；在景观水系内设有水位、水质监控设备，可将水位、水质情况上传至雨水管理中心；在各雨水泵站设有远程监控系统，可将泵站内液位、水泵工作状态等信息反馈至雨水管理中心，同时可在雨水管理中心内远程控制水泵启停。自动监控系统具备开放性、高可靠性、高兼容性和可扩展性特点。机场水系的统一管理及自动化建设，能够有效提高水资源利用率，降低运行人员的工作强度，同时也提高了机场水系防汛减灾的综合能力，为机场水系的安全运行、合理调度提供强大的后备保障。

10.3　抓实抓好非工程措施防汛管理

10.3.1　抓住防汛的主要矛盾

抓住防汛的主要矛盾，找出工程的关键部位，通过牺牲一小部分的泵站、调蓄水池，确保航站楼主体工程的安全。这其实也是必然的过程，因为航站楼建设体量最大，是关键工程，直接决定了整个工期的长度。当时跑道打机坪的时候最大的压力就是航站楼，它单体面积太大，基坑太深，很多情况下就是保航站楼。当时为了保航站楼，飞行区工程做了很多牺牲，宁肯被淹也得保证航站楼，因为航站楼的工期是关键工期，当时防汛是把保证航站楼作为重点。由此可见，这种自我牺牲的风格和大局意识也是防汛工作能够整体协同推进的文化内核，很好地支撑了防汛工作的快速协调推动。

“飞行区建设的时候，最难的是在防汛体系还没建成的情况下，施工期间防汛所有的水都要排出来。只要一开工，所有的水都往里面汇，因为挖河道，肯定是最低点。好多都是痛苦，但是我觉得做的事情是对的。先做一部分调蓄水池，在航站楼边上有一个水池大概15万m^3，第一年要保航站楼，因为航站楼最先干，先把这个水池挖出来。结果挖完了，第一年防汛它就淹了。淹完了以后第二年我得继续干，水池还没完，就继续做泵站，就在这个水池边上。第二年又要防汛，航站楼的水还得来，然后把泵站也淹了。等防汛结束把水抽出来，继续做泵站。第三年泵站起来了，水就直接排出去了。包括当年机场的防汛没通，我得求人家村里，给我们挖一条小河通出去。冒着雨还在那一直在挖一条沟，确保机场能把水排到天堂河里头。第一年印象深刻，回来以后全部的路都看不见了，还是挺危险的。”

10.3.2　编制口袋式防汛手册

手册化管理是精细化管理的重要组成部分，是防汛诸多环节中极为重要的一环，是整个防汛工作展开的基石。防汛工作牵涉部门、单位和人员多，是一项联动性、分工性、责任性、措施性都很具体的工作，需要把防汛工作相关政策法规、责任体系、工作措施、防汛常识等，分门别类进行系统梳理汇编成册，确保防汛工作规范化、流程化，作为各级领导和防汛工作人员应知应会、易带易查、通俗易懂的口袋书。指挥部安全质量部邓文谈道："每年一到6月份就先制订新的防汛手册，建立防汛组织结构。"防汛手册有如下作用：

一是利于系统掌握。防汛工作手册应从法律法规、上级精神、基本常识等应知应会知识，到指挥体系、组织程序、避难场所、物资储备、队伍建设、重点隐患、责任区分、应急预案等进行全面系统的规范。

二是利于全面普及。防汛工作是一项综合性工作，涉及多个部门、多个单位、多种力量、各类人员及广大居民群众，需要全员进行普及、教育和引导，梳理印制成手册，有针对性地发放到各部门、各单位工作人员，利于防汛系统各类人员特别是每年新调整到防汛战线人员学习，大大提高了工作效能。

三是利于明确责任。防汛工作的重中之重，是查出存在隐患、建立隐患台账、制定整改措施、明确具体责任、督导落实情况，做到防患于未然。明确各类重点隐患的数量、分布情况、责任单位、责任人、应急措施等，进一步明确责任，使每个隐患都有人盯、有人管、有人改。

四是利于精准管理。防汛工作贵在精准施策、难在精准落实。实行防汛工作手册化管理，将防汛组织指挥明确到每位领导、实际工作细化到每个岗位、整改措施明确到隐患点位、避难场所明确到具体位置、防汛物资明确到一件一物、防汛队伍明确到建设单位、防汛预案明确到实际行动，确保防汛工作横向到边、纵向到底，线对线、点对点地抓好落实。

五是利于督导落实。一册在手，责任明确、措施具体、要求明了。作为责任人，任务感、紧迫感、责任感会更加增强。作为领导或上级部门，谁的责任在哪里、谁工作落实了，便于对标对表询问、检查，起到很好的督促作用，推动工作落实。

10.3.3　落实条块化防汛责任

防汛手册明确各方责任，条理清晰。防汛领导小组的防汛责任包括：在指挥部安全委员会领导下，负责确定指挥部各部门防汛工作职责、工作界面和防区范围；入汛前审定指挥部年度防汛工作方案和应急预案；研究解决防汛工作中重大问题；检查、指导和督促落实各项防汛工作；负责落实国家和上级有关防汛工作法规、指示精神；统筹与大兴机场相关的防汛协调工作。

防汛办公室（安全质量部）的防汛责任包括：负责办理防汛领导小组的日常工作；入汛前，部署在建工程项目防汛方案编制工作；组织编制指挥部年度防汛工作方案和应急预案（形成防汛工作手册），报防汛领导小组审定；根据防汛领导小组的总体部署，协调、检查和督促落实各项防汛工作；调度指挥部各部门、监理单位和施工单位（以下简称“参建单位”）参加防汛抢险；研究和协调解决、处理防汛工作中存在的问题，拟订年度防汛工作计划等重要文件。

航站区工程部（现工程一部）、飞行区工程部（现工程二部）的防汛责任包括：负责明确责任区内防汛工作界面和防区范围，落实各防区的责任单位、责任人和防汛措施；入汛前完成制定责任区年度防汛工作方案和应急方案，督促各参建单位制定防汛方案，以及极端天气情况下的应急预案，并做好物资、设备、人员准备；组织各参建单位应急响应时参加防汛抢险；研究解决、处理本责任区范围内的防汛工作中存在的问题；执行领导小组和防汛办公室部署的防汛工作，检查落实所负责项目参建单位在300亩临时生活设施基地的防汛工作。

行政办公室的防汛责任包括：负责指挥部防汛劳保用品（含防汛手册）的年度预算编制、采购、发放工作；负责极端天气下防汛抢险人员的后勤保障工作；负责极端天气下防汛应急接待工作。

党群工作部的防汛责任包括：负责指挥部重要防汛工作对外宣传报道和舆情监测，开展新闻危机处置。

保卫部的防汛责任包括：负责指挥部所属在建工程项目防汛抢险期间的治安保卫工作，打击和查处各种破坏活动，维护防汛设施设备安全。

10.3.4 统一调度各参建力量

防汛期间，指挥部通过防汛工作领导小组对各部门进行统一协调，确定排水优先级、排水顺序和排水地点，通过统一调度，确保汛期安全总体可控。

“防汛是全场有组织地排水，绝对不是各扫门前雪。2017年暴雨的时候，总包单位所有能调动的设备全部上，因为瞬间降雨量非常大。当时很明确，北京城建就往北边排，一个是往指廊排，然后北京建工接续北京城建排的水。有三个出水点分别往三个地方排，三个地方再往飞行区排。飞行区一部分是先蓄着，一部分把做了的一些工程先推出一条沟连到调蓄水池，然后往外排。因为全场汇水面很大，还有一部分调蓄能力，大概是这么一个过程。所以如果说能体现整体，第一是防汛都是整体计划，因为在夏天的时候，整个排水位置是在变化的。防汛工作领导小组每年都会做防汛计划，是全场一起做的。大家一起把排水计划做完，都有路由，都能走通，各部门之间要协作。对飞行区来说，就是牺牲了自己的工程进度来保航站区。”

除此之外，指挥部积极调动各个施工单位的力量，积极取得良好整体防汛效果。在建设阶段，大兴机场防汛工作在很长一段时间都处于艰苦卓绝的状态。2017年7月21日下暴雨时，机场是退耕拆迁的，周边没有可用的市政给排水管网，就没地方排。所以一直到2019年底，整个管网形成后情况才逐步好转。之前这个防汛工作都是比较艰难的，在指挥部的统一协调和部署下，各家参建单位做好相应的防洪工作，通过挖蓄水池和有组织地排水等方式，付出了较大的努力和代价，安全度过了汛期。

10.3.5 建立联控及预警机制

指挥部与属地政府之间建立联合内控机制，建立数据共享平台，及时发布预警信息，落实相关责任和方案，确保防汛效果。指挥部通过建立联合内控机制，与大兴机场属地政府在一个平台上处置防汛事宜。防汛的预警机制则通过数据共享进行联合汛期风险控制。大兴机场、廊坊市，还有大兴区的一些气象部门，如果有天气预警信息，比如暴雨蓝色、橙色或红色预警，指挥部会提前做好准备，按照防汛等级相应工作，要求4个到位：管理人员到位，防御措施到位，保障机制到位和救援队伍到位。同时，指挥部督导相应的施工单位落实各自的防汛工作方案，在容易发生内涝的地方设置沙袋和围挡，做好防水泵等防汛准备工作。

10.4 海绵机场防汛管理案例分析

10.4.1 防洪防涝规划目标

大兴机场海绵机场规划目标包括6个方面：安全第一，达到防涝的目标；实现年径流总量的控制目标；实现年径流污染物的控制目标；考虑大兴机场的水资源，实现可持续发展的目标；提高环境承载力；引领中国绿色机场建设，打造海绵机场的示范工程。

具体来说，从总量目标、水质目标到资源利用目标，年径流总量控制率为85%；新机场防洪标准为100年一遇，航站楼按照200年一遇标准设防；雨水管区的重现期是5～10年；内涝防治标准是50年一遇；绿地率30%，水域率1%~2%，实现水安全、水环境、水资源和水生态协调发展的总目标。

10.4.2 雨水智能管理系统

大兴机场的雨水系统为统一管理的雨水智能管理体系，从指挥决策、统一调整、系统仿真、实时监控、设备仪表5个方面对系统进行管理。根据地势条件分析技术方案，针对机场地势总体偏低的情况，选择土方平衡方案。北京大兴区年平均降雨量546.2mm，全年平均降雨量的80%集中在6~9月，年平均蒸发量为2 000mm，机场场地以粉土、黏性土和砂土为主，有良好的渗透条件，具备建设海绵机场的条件。

为了保证机场区域的完整使用，原天堂河改道，重新命名为永兴河，防洪标准为100年一遇。机场雨水调蓄系统采用的是调蓄加强排，在机场设计一条内部明渠，蓄水空间超过200万m^3。按照50年设计标准和100年设计标准对机场27km^2的区域分别建立模型进行模拟，并相互校核，根据模拟情况调整管渠和雨水管道，采取工程措施完善排水体系。对建设指标进行详细分解，把机场每个区域的控制率、蓄水池的容积等全部纳入模拟计算，设计不同区域的调蓄池容量。

10.4.3 雨水管理技术措施

利用城市道路红线内的绿化隔离带消纳自身的雨水径流；通过弃流阀收集立交桥高架桥的雨水；飞行区内，雨水经卵石沟渠过滤后溢流至下沉绿地，铺装满足轻载荷要求，采用透水设施；航站楼内建设雨水调蓄池，雨水有组织地汇流至调蓄池，然后进行收集并回灌利用；机场至永兴河之间的景观湖对中小雨量渗蓄，大雨量调峰。

总之，根据大兴机场现状地势低洼的特点，基于海绵城市理念，综合考虑雨水利用，构建模型，建设雨水控制中心，达到智慧管理的目的。①

10.5 本章小结

大兴机场周边有永兴河、天堂河、永定河等丰富的水系，同时项目本身占地面积较大，汇水面积大，因此在汛期来临时面临较大的防汛压力和较重的防洪任务。大兴机场在建设过程中，形成了防控结合的全过程防汛管理模式。

---

① 张韵. 海绵机场——北京新机场设计［J］. 中国防汛抗旱, 2018, 28(2):26.

在该模式中，核心要素是从时间维度加强全过程汛期管理，具体管理措施包括：明确汛期总体要求，实施汛期差异化管理，加强汛期预警管理，快速进行汛情应急响应。同时，在空间维度，全面加强工程措施防汛管理力度，开展了一系列具体工程，包括：完善排水系统，建立完善的二级排水体系；改道新天堂河，有机融合机场内部排水系统与外部排水系统；管理好存土场，压实存土场安全度汛工作责任；因地制宜建设海绵机场，建立“源头滞蓄减排+过程绿色控制管理+末端生态调蓄入渗”的全体系化绿色雨水管理系统，提高生态效益。在管理维度，抓实抓好非工程措施防汛管理，形成了一系列特色防汛管理做法，具体包括：抓住防汛的主要矛盾，确保关键工程的防汛安全；编制口袋式防汛手册，普及防汛知识；落实条块化防汛责任，明确各部门防汛任务；统一调度各参建单位力量，形成防汛管理合力；建立联控及预警机制，发现汛期快速响应。

总而言之，大兴机场的全过程防汛管理模式经受住了多个汛期的严峻考验，验证了该模式的总体效果，确保了工程建设和运营期间的防汛安全。从实际效果来看，这种防控结合的防汛管理模式，既保证了广大参建人员和周边百姓在汛期的生命财产安全，又通过河道改造、海绵机场建设等措施提升了生态价值，保障了大兴机场的绿色可持续运营，对项目本身和周边区域均具有较强的社会效益和生态效益。

第11章 以人为本的安全保卫管理

大兴机场在建设期间面临大量的安全保卫工作任务，具体包括：参建单位和人员数量众多，流动人员管理难度大；周边治安形势复杂，流动摊贩屡禁不止，成品保护及食品卫生管理难度大；施工现场氧气瓶、燃油等易制爆危险化学品众多，管控难度大；加油车、大型运输车辆、施工车辆、通勤车辆等车辆种类众多，交通安全隐患大；建筑工人数量多，分包单位多，员工欠薪事件频发，农民工欠薪综合治理难度大；“心连心”慰问演出等重大活动多，高级领导和贵宾参观到访数量多，重大活动安全保障和要人保护压力大。面临以上六大安全保卫难题，指挥部群策群力，综合施策，多方联动，精准治理，取得了良好的安全保卫管理成效。其中既有组织、制度、技术等方面的措施，也有协同、集成、管控等要素的支撑，更有人民至上理念的深刻践行。例如，在处理群体讨薪事件时，指挥部从上到下高度重视，从制度要求、加快支付、调解协商、一卡支付等多个方面保证建筑工人的劳动权益，真正体现了“人民城市人民建，人民城市为人民”的人民城市思想。本章从安保责任落实、关键环节管控、交通安全管理和重大活动保障四个方面呈现大兴机场在建设期间的安全保卫管理实践与经验。

11.1 落实各单位及人员安保责任

人是管理的主体，又是管理的对象，也是管理的目的。落实人员责任是开展安全保卫管理的起点，进而通过责任落实，推动关键环节和重点活动的安保工作。大兴机场以人为本的安全保卫管理模式如图11-1所示。

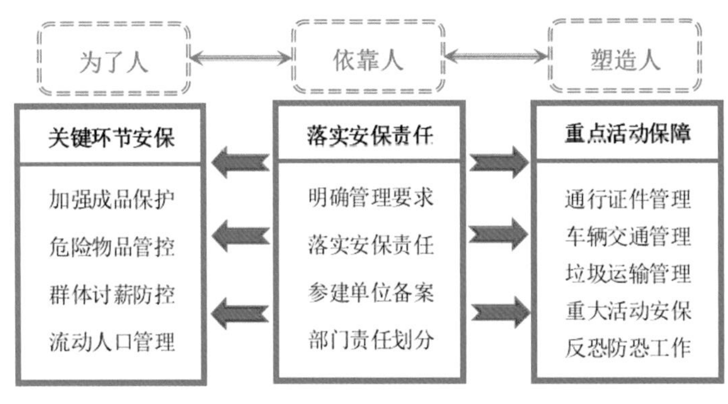

图11-1 大兴机场以人为本的安全保卫管理模式

11.1.1 明确保安人员管理要求

保安人员在公司中代表公司形象的一面旗帜，门卫保安的形象直接影响到来访人员对公司印象的好坏。原则上门卫和保安是企业安全保卫的直接责任人，对本区域的安全负责，要自觉遵守国家有关安全生产的法律、法规，坚持“安全第一、预防为主、综合治理”的方针。

保安的日常工作主要包括公司所有员工出入管理和施工现场安全卫生等监督管理，保障公司财产及员工的人身安全；维护公司各项规章制度；保障施工现场和宿舍正常秩序。因工作失职，给公司造成损失者应追究当班保安员责任。

施工人员出入施工现场，应佩戴胸牌，对于无胸牌人员，保安可以拒绝进入。如确实该施工人员忘带胸牌，保安应记下其姓名并上报行政办后可以让其入内。施工人员上班时间外出时，需按规定填写施工人员上班外出证明单，保安监督外出时间，并在施工人员返回施工现场时签入回来时间。有外来人员及车辆来访时，保安人员应先询问其是否有联络人。如有，电话确认后，按联络人员要求予以接待并登记；否则一律请示行政部决定。携带易燃易爆及危险品的人员及车辆、不明身份、衣冠不整的人员和拒绝登记的人员、推销产品的人员及车辆以及来访人员报不清受访部门及受访人者都一律不准进入施工现场。节假日加（值）班人员或因事需要进入办公室及仓库者，需进行登记后进入。物资出场时，必须出示物资出门证明，出门证明应有该部门主管出具，并由相关人员签名，凭出门证明单查验无误后放行。公司员工携带行李、包裹、提箱、大件物品者，应凭行政部开立放行单放行。携带一般随身用品，由保安人员查验后放行。

除办公区外，保安人员有义务进行安全卫生监督管理，负责对公司监控的查看，并对监控系统进行定期检查和维护保养。保安应安排巡逻路线，定时或不定时进行施工现场巡逻，深夜当班的人员还必须不定时对施工区各要点及宿舍进行巡查，处理及排除一切安全隐患并做好相关记录。如有下列情况，保安应及时处理，并报告上级部门：①打架斗殴者；②食堂或宿舍区违规用火或用电者；③员工聚众赌博；④擅自处理、搬移、损坏公共财物者；⑤严重影响公司形象、违反公司管理制度的其他行为。保安要对新来员工身份的真实性进行跟踪调查、核实，负责施工区内及周边的巡查，及时清除施工厂区周边的易燃易爆物品，及时消除事故隐患。

突发事件的处理方法如下：①遇打劫、偷盗等危害厂区安全的行为，值班保安应迅速与保安队长及其他保安联络并立即打电话报警。处理完事件后应将事情经过详细记录在保安交接班记录本上，严重事件应保护好现场。②员工间发生纠纷或有不轨行为，保安人员应及时劝阻并制止事态的发展。本项目部员工与外面人员发生争吵、斗殴等行为，应协助调解并及时报告上级处理。③员工发生急病或工伤应立即通知保安队长或行政部负责人，以便安排厂车及时送往医院治疗。

门卫检查时应注意如下事项：①不可触及人身。②主要检查有无公司产品，工作器具等公司财物为主。③检查时态度要谦和有礼，避免引起被检查人的误会与反感，必要时婉言说明并请其谅解。④严禁公报私仇，故意刁难。

保安人员工作守则如下：

（1）人正直，作风正派，以身作则，处事公正，对工作有高度的责任感，不玩忽职守。

（2）必须按照有关规定经过专门的安全培训，自觉参加和接受有关部门及本企业组织的各种安全教育和培训，掌握本职工作所需要的安全知识，增强事故预防和应急处理能力。

（3）对来访客人热情、有礼、耐心询问，维护公司良好形象。

（4）值勤中不得出现擅离职守或酗酒、闲聊、睡觉等失职情况。

（5）值班时要穿保安服并整洁，严禁穿短裤、拖鞋上班，时刻保持良好的精神状态，展现出公司良好的形象。

（6）自觉遵守本项目部各项安全生产规章制度、劳动纪律和管理制度。

（7）应熟记场内各处之水、电、燃料、开关、门锁及消防器材的地点，以免临急慌乱，对重要的电灯、门窗等有缺损时，应及时上报主管部门处理。

（8）服从上级命令，切实执行任务，不得偏袒徇私、推卸责任，损害公司利益。

（9）认真履行值班登记制度，值班中发生和处理的各种情况在登记簿上进行详细登记，交接班时移交清楚，责任明确。

11.1.2 落实参建单位安保责任

建设工程各单位安全保卫工作按照“逐级管理、各负其责、责任到人”的原则，与指挥部签订《北京新机场建设工程治安保卫责任书》和《北京新机场建设工程消防安全责任书》，承担本单位内部安全管理工作。建设工程各单位施工现场的安全由各单位全面负责。实行总承包和分包的由总承包单位对施工现场的安全实行统一管理，分包单位负责分包范围内施工现场的安全，并接受总承包单位的监督管理。

建设工程各单位主要负责人是本单位安全保卫工作第一责任人，全面负责本单位的安全保卫工作，履行下列安全保卫职责：

（1）贯彻落实国家法律、法规和规章，建立、健全本单位安全责任制、安全管理制度和安全教育培训制度等；

（2）批准单位年度安全保卫工作计划、年度经费预算，定期组织召开安全保卫工作会议；

（3）保证本单位的安全管理制度、措施有效实施；

（4）督促开展安全检查和重大安全隐患整改，及时处理涉及安全的重大问题，消除各类安全隐患；

（5）法律法规规定的其他安全保卫工作职责。

建设工程各单位分管安全保卫工作的领导是单位的安保工作负责人，对本单位的安保工作负直接领导责任，履行下列安全保卫职责：

（1）依照国家有关政策、法律法规和相关条例，按照指挥部制定的相关规章制度，结合单位实际，组织制定安全管理制度，督促、指导、落实安全责任制和安保工作措施；

（2）组织制定单位年度安全保卫工作计划，审核安全保卫工作年度经费预算；

（3）组织做好防火、防盗、防暴、防交通事故、防泄密、防治安灾害事故的“六防”工作，制定落实应急处突方案、预案；

（4）及时传达、落实上级部署的安全保卫工作任务，加强对本单位员工的安全防范教育培训和管理；

（5）加强日常安全检查，堵塞漏洞，发现隐患及时督促整改，并记录备案；

（6）单位内部发生刑事、治安、交通等案（事）件时应立即报告、保护现场、协助调查；发生火情应立即报警，并迅速组织扑救和人员疏散，配合消防部门调查火灾原因和对责任人进行处理；

（7）建立本单位的值班制度，明确值班人员的责任；保护好本单位的公共财物，保障信息安全；

（8）协助主要责任人做好其他安全保卫工作。

建设工程各单位必须设立或明确负责日常安全保卫工作的机构，并指定专人为本单位安全保卫联络员具体负责本单位各项安全管理和安全防范工作安全。保卫联络员的主要职责是：参与制定本单位安全管理制度；负责上传下达各项安保工作要求，督促落实各项安全管理制度；深入施工现场，查处、纠正违章作业行为，每周至少组织开展一次安全检查，对检查中发现的安全隐患和问题，负责安排整改，并督促整改完成情况；负责组织安全生产宣传、教育、培训、演练等工作，协助开展新进员工和特种作业人员的安全技术教育培训；对特种作业进行监督管理，确保特种作业人员持证上岗；建立单位安全管理台账，每周对台账进行检查，确保各项安全管理措施落实到位；按照工作要求上报有关信息数据；协助和配合公安机关调查处理各类案（事）件和安全事故；完成领导交办的其他安全保卫工作职责。

作为国际民航机场，机场的内部安全保卫十分重要。机场的内部安全保卫应满足以下六个要求：

（1）无刑事案件发案，无部门内部人员违法犯罪；

（2）部门内部不发生重特大治安灾害事故，不发生影响稳定的治安事件；

（3）部门内部人员治安防范宣传教育率达到百分之百；

（4）部门内部确保消防、交通等安全管理制度要求；

（5）部门内部重要部位安全防范符合有关规定要求；

（6）部门内部安全技术防范设施符合有关规定要求。

部门内部安全保卫工作责任部门及部门主要负责人应按照《企业事业单位内部治安保卫条例》和《北京新机场建设安全管理规定》的相关内容，做好本部门治安保卫工作，建立和逐级落实治安保卫责任制，落实部门各项治安防范措施，承担相关公共安全防范职责，加强部门人员日常安全教育和培训，将安全保卫工作与部门的日常工作任务同部署、同检查、同总结、同考核、同奖惩。

11.1.3　施工单位进场登记备案

施工单位进场施工，需规范填报系列材料。通过填报相关材料，保卫部能够全面掌握进场施工的单位及人员的相关信息，以便做好前期排查，及时防范和处置有关潜在风险。填表材料的类型主要包括下列类别：

（1）施工单位基本情况登记表。

（2）施工单位相关文件统计表。

（3）保卫机构登记表。

（4）规章制度登记表（表11-1）。

保卫规章制度登记表 表11-1

规章制度名称	制定部门	制定或修订日期	类别

备注：此表所列项目，有则必填；类别分为内部安全制度、门卫制度、人员政审制度、消防制度、技防制度、其他制度。

（5）主要建筑登记表。

（6）单位内部仓库料场情况登记表。

（7）消防组织设备登记表。

（8）危险物品情况登记表（表11-2）。

危险物品情况登记表 表11-2

项目		内容
类别		
小类		
数量		
单位		
存放地点		
用途		
安保负责人	姓名	
	职务	
	联系电话	
使用范围		
日常使用数量		

备注：有则必填；类别包括枪（手枪、步枪、猎枪、其他）、弹（手枪子弹[发]、步枪子弹[发]、其他子弹[发]）、易燃易爆（雷管[支]、炸药[吨]、导火索[米]、其他）、剧毒（品种、数量[公斤]）、放射源（品种、数量[个]）。

（9）贵重物品情况登记表。

（10）重点防范部位登记表。

（11）要害登记表。

（12）技术防范设备登记表。

（13）单位内部治安案件登记表。

（14）单位内部刑事案件登记表。

（15）重大事故登记表。

（16）不安定事端登记表。

（17）重点人口登记表。

（18）精神病人登记表。

（19）重要人物登记表。

（20）外籍人员情况登记表。

（21）单位内部集体宿舍登记表（表11-3）。

集体宿舍登记表 表11-3

项目		内容
集体宿舍名称		
房间数		
宿舍面积		
地址		
住宿人数		
负责人	姓名	
	联系电话	
保卫负责人	姓名	
	联系电话	
属地公安机关		

（22）建设区域内出租房屋情况登记表。

11.2 重点加强关键环节安保管理

11.2.1 切实加强成品保护管理

为加强工程成品保护，确保工程质量，各参建单位要求如下：

（1）加强安全教育，提高人员意识。各参建单位加强本单位人员安全教育，提高员工意识，切实将通告内容传达到基层劳务人员，确保本单位人员、车辆在未经许可下不擅自进入道面区域。凡擅自进入者造成工程成品损坏，追究其相应责任；造成自身安全及财产损失，后果自负。

（2）做好成品保护，树立明显标志。各场道单位务必做好道面安全防护设施，定期巡逻检查，确保防护设施完好有效，消除车辆驶入隐患；在明显位置张贴禁止进入通告，设置禁止驶入标志及道路诱导标牌。

（3）做好文档记录，留存图像取证。各参建单位做好安全教育资料；各场道单位对安全防护工作做好文字图像记录，报监理单位，监理单位汇总后报指挥部工程部及安全质量部。

11.2.2 易制爆危险化学品管理

易制爆危险化学品治安管理按照《易制爆危险化学品治安管理办法》（公安部令第154号）的规定执行，应当坚持安全第一、预防为主、依法治理、系统治理的原则，强化和落实从业单位的主体责任。易制爆危险化学品从业单位的主要负责人是治安管理第一责任人，对本单位易制爆危险化学品治安管理工作全面负责。易制爆危险化学品从业单位应当建立易制爆危险化学品信息系统，并实现与公安机关的信息系统互联互通。公安机关和易制爆危险化学品从业单位应当对易制爆危险化学品实行电子追踪标识管理，监控记录易制爆危险化学品流向、流量。

根据本地区工作实际，定期组织易制爆危险化学品从业单位监督检查；在重大节日、重大活动前或者期间组织监督抽查。监督检查应当记录在案，归档管理。监督检查记录包括：①执行监督检查任务的人员姓名、单位、职务、警号；②监督检查的时间、地点、单位名称、检查事项；③发现的隐患问题及处理结果。

11.2.3 群体讨薪事件综合防控

1.高度重视，切实履行职责

工程建设阶段红线内讨薪事件时有发生，存在酿成群体性事件的风险，严重影响大兴机场形象。各单位要高度重视，主动作为，根据各自职责，有效防范和妥善处理各类讨薪事件，及时化解风险，为大兴机场创造安全有序的建设运行环境。

“指挥部领导非常重视。首先从支付这块，督促及时发放工资。还有一个是合约的签订。不管是签订总包合同还是分包合同，都有层层要求。人社局也过来及时进行指导培训，包括在现场进行各种宣传。薪资发放时，工人基本上都是办的卡。还有的单位条件比较好，工人进来之后就发一卡通，可以通过刷卡到食堂、门店消费，并且工资按时打到工人卡里边。”

2.制定预案，清晰处置程序

各单位要参照《北京大兴国际机场建设指挥部处理讨薪事件应急预案》，结合实际情况，制定各自防范和处理讨薪事件的应急预案，进一步清晰处置程序。

3.应急联动，快速有效处置处理

讨薪事件涉及多方，各单位须固定一名讨薪事件联系人，与指挥部相互配合、相互协作，形成联动机制，以提高处置效率。对于欠薪事件，指挥部都及时地进行妥善处置。每一起讨薪事件的成因都不相同，包括工人自身、分包单位、施工进度、结算期、原材料涨价导致的经济纠纷等各种原因。指挥部对于欠薪事件全程跟进，尽量去协商解决，实在不行就采用人社局调解、仲裁或诉讼等方式解决。在整个施工期间没有发生大的群体性事件，处置效果较好。

4.失责必究，严肃处罚措施

指挥部负责的机场工程，如出现欠薪情况，将严格按照预案处罚措施追究相关单位、部门责任。各单位负责的工程项目，如出现欠薪情况，由各单位酌情进行处罚，并将处罚情况报指挥部行政办公室备案。如因处理不善造成不良后果和严重影响的，指挥部将通报各单位的上级单位。

（1）处理原则

1）统一领导，分级负责。建立统一领导、综合协调、分类管理、分级负责为主的应急管理机制，落实主体责任，妥善处置各类讨薪事件。

2）预防为主，防患未然。坚持预防为主，做到早发现、早报告、早控制、早解决，将讨薪事件控制在萌芽阶段，及时消除诱发群体性事件的各种因素。

3）合理处置，防止激化。综合运用法律、经济、行政等途径以及宣传、协商、调解等方法妥善处置讨薪事件，引导民工以理性、合法的方式反映问题，维护自身合法权益，防止矛盾激化和事态扩大。

4）快速反应，相互配合。确定民工讨薪事件发生后，及时启动应急预案，严格落实应急处置工作机制，各相关主体单位、部门要相互配合、相互协作、积极参与，确保信息收集、情况报告、指挥处置等各环节紧密衔接，在最短时间内控制事态。

5）连续性与阶段性相结合。事前处置做到信息反应灵敏，事中处置做到依法、及时、稳妥，事后处置做到精确处理、追踪掌控。

（2）各部门职责

1）指挥部领导班子负责决策、指挥处理重大讨薪事件。

2）指挥部分管领导（值班领导）负责总体协调、具体指导处理各类突发讨薪事件。

3）行政办公室负责制定讨薪应急预案，设专人负责信访讨薪记录及归档，对讨薪事件提出拟办意见，呈领导审批，督促责任部门按时办理，并跟踪处理进展。

4）计划合同部负责及时审核上报的计量支付材料，并组织开展计量支付工作。如遇法律纠纷，联系律师事务所妥善处理。

5）财务部根据审批完毕的计量支付单，及时支付工程款。

6）各工程部负责对施工总包单位加强管理，要求足额支付民工工资。如出现欠薪情况，相关工程部门积极督促总包单位及时妥善处理。

7）保卫部负责对施工现场和指挥部办公区域进行巡视和监控，一经发现讨薪事件，及时上报分管领导（值班领导），根据指示要求调派保卫部人员妥善处置。

8）党群工作部负责做好舆情监控和舆论控制工作，关注事态发展趋势。

（3）处理方案

1）信访讨薪处置方案。民工通过拨打市长热线、向市（区）信访办、机场办写举报信等方式反映情况，市长热线、市（区）信访办、机场办等电话联系指挥部信访人员，要求协助解决。行政办公室接到市长热线、市（区）信访办、机场办等来电反映民工讨薪情况后，应在第一时间做好记录，了解民工所在施工项目、所属施工单位、欠薪金额等具体情况。如欠薪方为指挥部负责的机场工程总包或分包单位，行政办公室报请分管领导（值班领导）批示后，及时协调指挥部相关工程部门按照要求敦促总包单位妥善解决欠薪问题，要求总包单位向指挥部反馈处理结果，作出书面情况说明和不再欠薪承诺。行政办公室联系讨薪人员，确认对总包处理结果是否满意，党群工作部跟踪做好后续舆情监控。如欠薪方为其他驻场建设单位负责的工程总包或分包单位，行政办公室报告分管领导（值班领导）后，及时联系相关驻场建设单位，通报事件情况，由驻场建设单位负责处理，并回复处理结果。行政办公室跟进后续处理情况，避免发生次生问题，党群工作部跟踪做好后续舆情监控。

2）现场讨薪处置方案。各相关单位、部门在施工现场发现讨薪事件后，应及时上报指挥部保卫部及指挥部值班领导，保卫部按领导要求调派保卫部人员迅速赶赴现场。保卫部值班室通过电话或视频监控掌握现场基本情况，并及时通报相关情况。保卫部人员到达现场后立即组织维持秩序，向讨薪人员了解详细情况，宣讲相关法律法规，劝说引导讨薪人员与相关单位协商解决，依法维权。同时联系总包或分包单位派员前往现场做工资发放或解释工作。如聚集讨薪人员不听劝阻，引发群体性事件或存在个人极端行为等，保卫部视情况报首都机场公安局指挥中心，由公安局按照群体性事件处置预案进行处置，造成严重后果或影响的，依法追究法律责任。保卫部值班人员应及时将处置情况上报分管领导（值班领导），通报行政办公室。

3）在对以上两类讨薪事件的处理过程中，分管领导（值班领导）根据情节轻重酌情向指挥部主要领导报告，如有必要，指挥部行政办公室向集团公司行政办公室报告，指挥部主要领导向集团公司主要领导报告（如遇紧急情况，可越级直接报告）

（4）相关要求及处罚措施

指挥部计划合同部、财务部、各工程部、保卫部和党群工作部须固定一名讨薪事件处理联系人，报行政办公室备案。红线内其他驻场建设单位（东航、南航、中航油、空管、项目中心、地产、各轨道单位等）应结合实际情况，制定各单位讨薪应急预案，并固定一名讨薪事件处理联系人，报指挥部行政办公室备案，共同做好红线内讨薪事件处理工作。

各部门应根据职责分工，积极稳妥处理各类讨薪事件，不得推卸责任、互相扯皮。如因未履行职责导致事态升级、造成严重后果的，将严肃追究相关部门责任。指挥部负责的机场工程，施工单位如出现一次欠薪情况，指挥部将约谈相关负责人，责成作出不再欠薪承诺；如出现两次（含）以上欠薪情况或出现一次欠薪情况并造成不良后果和严重影响的，指挥部将约谈相关负责人，责成作出不再欠薪承诺，在全场范围内进行通报，并上报集团公司，列入黑名单，考虑取消其在集团范围内的竞标资质。

其他驻场建设单位负责的工程，施工单位如出现欠薪情况，由驻场建设单位酌情进行处罚，并将处罚情况报指挥部行政办公室备案。如因处理不善造成不良后果和严重影响的，指挥部将通报相关驻场建设单位的上级单位。

11.2.4 两类流动人口差异管控

大兴机场建设规模大、建设周期长，参建人员多，机场建设人员峰值可以达到7万余人。由于大兴机场地理位置独特，处于两省市交界地带，人员管理不便。且施工人员来自全国各地，鱼龙混杂，如果不加以筛选，很容易混入违法犯罪分子。大兴机场的流动人口主要分为两个部分：一个是来自全国各地的农民工，这些人需要进入施工现场工作，如果某些不法分子混入施工队伍，会对整个工程构成严重的安全隐患；另一个就是流动摊贩，大多来自周边河北廊坊等地，在施工区域贩卖食品、饮料等。由于二者形式存在差异，因此指挥部在管理这两类流动人口时选取了不同的方式。

1.对于施工人员，采取信息化方式提高管理效率

（1）下发身份信息采集器。面对来自全国各地的施工人员，如果采取人工筛查的方式，不仅效率低下、耗时耗力，而且十分混乱，不具有条理性，因此保卫部采取信息化手段对流动人口进行统计。采用身份证读卡器和流动人口管理系统对流动人口信息进行管理。关于读卡器的使用方法，指挥部对承包单位进行现场培训。然后把读卡器发给总包单位和较大的分包单位，由其统一登记流动人口身份信息。这种方式可以使指挥部了解流动人口的相关信息，包括工作地点、所属项目部、流动情况等，同时比较简便、高效。

（2）对重点人员进行及时干预。在数据后台，对比选出来的重点人员进行及时干预和处理。

“流动人口信息要到公安数据库进行比对筛选。对于筛出的有违法前科的人员，指挥部会及时反馈给施工单位。但是只能在小范围内通报，因为涉及个人隐私。对于有严重违法前科的重点人员，会解除合同。这种情况会通报给各个承包单位，进行清退。”

2.对于流动摊贩，对重点区域进行管控以防止消防隐患

流动摊贩大都来自本地，目的是提供廉价的食品并从中盈利。由于流动商贩证件不齐全，食品安全无法得到有效保障，有可能会造成施工人员食物中毒。而且很多流动商贩会现场加工食品，需要动火作业，形成消防隐患。保卫部为了预防流动摊贩扎堆出现，特地在流动商贩聚集地加班加点值守。倘若流动摊贩扎堆出现，则安排值班人员对场地进行监管，对动火作业的流动摊贩进行实时监控，确保人走火灭，避免出现消防隐患。

11.3 人车证相结合保障交通安全

11.3.1 通行证件管理

指挥部生活基地实行封闭式管理，进出指挥部生活基地的人员、车辆应到指挥部保卫部办理人员、车辆通行证件，按照证件通行区域通行。

指挥部人员通行证按照区域和通行权限分为两类：一类人员通行证（蓝色）：适用指挥部生活基地和大兴机场施工现场的全区域通行（仅限指挥部内部人员办理）；二类人员通行证（黄色）：适用指挥部生活基地通行。

指挥部车辆通行证按照区域和通行权限分为两类：一类车辆通行证（蓝色）：适用指挥部生活基地和新机场施工现场的全区域通行（仅限指挥部内部人员办理）；二类车辆通行证（黄色）：适用指挥部生活基地通行。

进出指挥部生活基地的访客应当遵守以下管理规定：

（1）凡不持有指挥部人员通行证的人员，因工作或其他原因需要进入指挥部生活基地的，原则上在传达室接待；需要进入指挥部生活基地内工作的，由被访部门人员（需携带本人有效证件）到传达室进行确认，抵押来访人员的有效证件，登记联系电话、来访事由等待由传达室发放临时人员通行证，方可进入。

（2）被访单位是来访人员在指挥部生活基地安全行为的负责部门。

（3）来访人员进入指挥部，须将人员通行证佩戴在胸前明显位置，自觉服从和配合安保人员查验证件，自觉接受人身和携带物品的安全检查。

（4）来访人员严禁携带易燃、易爆、腐蚀、剧毒、放射物品，以及枪支弹药、爆炸物、管制刀具等违禁危险物品。

（5）人员通行证仅限本人使用，不得涂改、转借、故意损坏，一经发现，立即没收。

保卫部安保人员负责查验证件。人员、车辆通过查验岗时，应主动出示证件，自觉服从和配合安保人员查验。对不服从指令、冲闯查验岗的车辆，安保人员有权进行拦截，造成后果的，由车辆驾驶员和所属部门自负。进入指挥部生活基地的车辆不得私自带领无人员通行证的人员进入。如需进入的，须到传达室办理访客登记手续，办理临时通行证。

11.3.2　现场车辆管理

大兴机场在建设过程中有大量的施工车辆、运输车辆和特种车辆。保卫部对现场车辆进行分类管理，对加油车等特种车辆严格监管，确保安全。

“交通管理当时分了几块。一块是施工车辆，然后是办公车辆，还有进场拉料的车辆。因为进场拉料基本上都是晚上来，我们针对进场时间段进行了专门布置。对于加油车辆，我们也是跟属地安监多次进行协商。最早安监部门建议我们在现场建设简易的临时加油站，但是其实现场不具备条件，因为整个都是施工区域，连道路都会随时更改。所以只能进入一些加油车。施工车辆加油车的管理我们也是专门跟北京市安监局等政府相关部门一起开了协调会，允许加油车的使用。但是也是严格按照北京市关于危险物品运输管理的规定，对加油车辆进行了规范，包括运输要求、车辆配备安全员的要求等。我们严格按照这些要求来备案，并在现场进行检查，同时也能更好地保障施工进度。”

11.3.3　垃圾运输管理

大兴机场建设期间产生大量的建筑、生活垃圾，不妥善处理会导致大兴机场内存在卫生问题以及各类安全隐患。在处理垃圾时往往选择大型运输车辆，将施工区以及生活区内产生的各类垃圾统一运输到指定的垃圾处理厂内处理。产生的垃圾需要雇用大量运输人员，运输人员的职业道德参差不齐，时常会出现垃圾运输车量随地倾倒垃圾的现象，即装载的垃圾没有运输到规定的垃圾处理厂，而是到无人监管的荒地随意倾倒，严重危害自然环境和大兴机场建设形象。面对此类问题，指挥部采取扣押违规车辆的处理办法。指挥部会扣押违规车辆，通知其负责人，由负责人将违规车辆领回，并教育违规人员。而违规人员所驾驶的车辆大多属于租赁车辆，每天的租金也相对昂贵，被扣押之后会产生一定的经济损失。因此这种处理方式能够很好地约束垃圾运输司机的行为，避免其产生“钻空子”的想法。经此处理，大兴机场内的垃圾车违规倾倒案件基本归零。

11.4　严格保障重大活动安全顺利

11.4.1　保障重大活动安全

在举办重大活动时，主办单位应事先搜集参加活动的人员及车辆情况，按照相关程序提前办理人员和车辆准入等准入手续。同时，做好重大活动方案的准备工作，以应对各种突发事件，确保活动安全。

“在大兴机场建设期间有过两次大型活动，一个是全国总工会五一‘心连心’现场慰问演出（图11-2），另一个是在施工现场搞了一个比较大的新人集体结婚典礼。这两个活动需要指挥部安保部门组织。因为现场涉及较大场地，通过召开协调会确定演出规模、演出方案、演出节目单，然后就现场进行选址。选址之后进行舞台及备场区搭建。保卫部在前期进行消防管控，后期演出前进行防爆检查，配置现场安保人员，提前制作嘉宾的证件。演出过程中进行现场消防和巡视。由于用电量比较大，确定了突发事件应急处置方法。现场警卫、消防、急救等单位人员也都在现场待命。由于是以航站区为背景，也涉及河北方面，通过区域协调，北京和河北方面都配备了力量，整个都是一盘棋。”

图11-2　大兴机场2017年4月26日“心连心”文艺汇演

11.4.2 加强反恐防恐工作

公共场所和标志性建筑发生的极端暴力犯罪已成为当前反恐维稳的突出问题。大兴机场是国家重点工程，举国关注、举世瞩目，同样面临暴力恐怖活动的现实威胁。指挥部高度关注大兴机场建设期间的反恐维稳工作，多次通过实地检查、专题汇报、提示督导等方式推动大兴机场航站楼、空管局塔台、航油油库等项目施工企业严格按照《民航反恐怖防范工作标准》、《民用运输机场安全保卫设施》MH/T 7003相关要求落实反恐防恐主体责任。“十九大”安保期间，保卫部在施工现场组织开展了反恐处突演练，模拟接到暴恐袭击警情后迅速启动反恐防暴应急处突预案，施工现场各单位应急处突力量携带装备迅速到指定地点集结。通过演练，提高施工人员反恐防恐意识，提升反恐防暴快速反应能力和综合处置能力，有效检验整体联动、协同作战效果。

11.5 本章小结

面对工程建设期间复杂繁重的安全保卫工作任务，大兴机场形成了以人为本的安全保卫管理模式。该模式包含三个要素，即“为了人”“依靠人”“塑造人”。

“为了人”是指通过加强关键环节安保管理，确保人的安全状态，保障人的合法权益，该要素的内容主要包括：切实加强成品保护管理，重点加强易制爆危险化学品管理，综合防控群体讨薪事件，对两类流动人口进行差异化管控。“依靠人”则是通过落实各单位及人员的安全保卫责任确保安保实效，主要措施包括：明确保安人员管理要求，落实参建单位安全保卫责任，施工单位进场登记备案。“塑造人”则是通过加强交通安全管理和重大活动安全保障，规范有关人员的安全行为，保障项目访问者、参观者、使用者等有关人员的人身安全，进而提升以上人员的安全感，主要工作包括：加强交通通行证件管理、现场车辆管理和垃圾运输管理；加强重大活动安保管理，保障重大活动安全；加强反恐防恐工作。

总而言之，大兴机场通过实施以人为本的安全保卫管理模式，克服了建设期间面临的各种安保难题，通过多方联动和精准治理，获得了较好的安全保卫管理效果，真正践行了“人民至上”理念和“人民城市”思想。

第12章 以智慧化为手段的安全信息化管理

工程信息化管理是为了更好、更有效地实施工程管理、利用信息技术、构建信息系统，并在工程管理实践中加以应用的过程。信息化管理不仅是信息技术系统建立的问题，同时也是与之相适应的组织架构与沟通机制、信息共享与知识创新模式不断调整、不断完善的过程。涉及不同组织内部、相关组织之间、不同工程之间以及工程与政府和社会公众之间的信息沟通问题。[①]大兴机场在规划、设计、施工、运行等各个阶段对项目范围、投资、进度、质量、安全、环保等各个目标进行管理时都采取了信息化技术，把大兴机场打造成为智慧机场。其中，在安全管理方面，大兴机场在安全生产、消防、机场运行等方面建立了信息化安全管理系统，保障了生产安全、消防安全和运营安全三大安全模块业务的高效、平稳。本章主要介绍大兴机场在安全生产信息化总控、消防信息化管控、安全运行信息化管理、网络与信息安全管理等方面的做法。

---

① 刘人怀，孙凯. 工程管理信息化的内涵与外延探讨［J］. 科技进步与对策，2010, 27(19): 1-4.

12.1 安全生产信息化管理

大兴机场加强安全生产信息化建设，通过大数据分析、物联网运用等手段，提高安全监管效率。安全委员会要求所有部门要先完成安全生产管理信息系统课题，与工程部门协同参建单位稳步推进信息化、智慧化管理试点。指挥部及各部门深刻认识和理解高质量发展的内涵，坚定贯彻新发展理念，坚持系统安全观念，坚持“新基建+科技创新”战略引领为目标，深刻领会数字转型、智能升级、融合创新的新型基础设施建设内涵，以技术创新为驱动，以科技手段助力机场建设安全管理能力实现质的飞跃，构筑面向新时代机场建设高质量发展的坚持根基，助力大兴机场打造“平安机场”“智慧机场”标杆。构建大兴机场工程“安全生产管理信息平台”，通过数据一张网，共享机场BIM模型，安全生产一平台的设计思路，打造成实用的、易于推进的、易于维护的、易于扩展的安全生产管理信息平台。落实全员安全生产责任制，安全风险分级管理、安全隐患排查治理相关流程均通过“安全生产管理信息平台”线上开展，实现了风险、隐患管理流程的全程痕迹化、可视化、可追溯。大兴机场安全生产信息化管理平台包括：

（1）数据一张网：平台将施工现场来源不同、结构各异的数据编织成一张网，如监测设备、高清摄像头、激光扫描仪、机械控制数据、北斗GPS（Global Positioning System）数据、生产管理数据、人员数据、巡检机器人数据等。

（2）共享机场BIM模型：通过许多三维可视化BIM模型进行融合呈现，并将模型数据共享于安全生产管理平台，根据现场施工数据实时结合，实现动态的可视化的作业场景及安全生产、质量管控。

（3）安全生产管理信息平台：系统集成可视化平台、生产管理平台、安防平台、调度平台为一个统一的安全生产管控平台，实时展现并管控安全生产业务场景。通过统一集中的平台实现安全生产管控中心、智能巡检中心、风险分级管理中心、隐患排查治理中心的集成化。

大兴机场安全生产信息管理系统架构如图12-1所示，共包括7个层次。

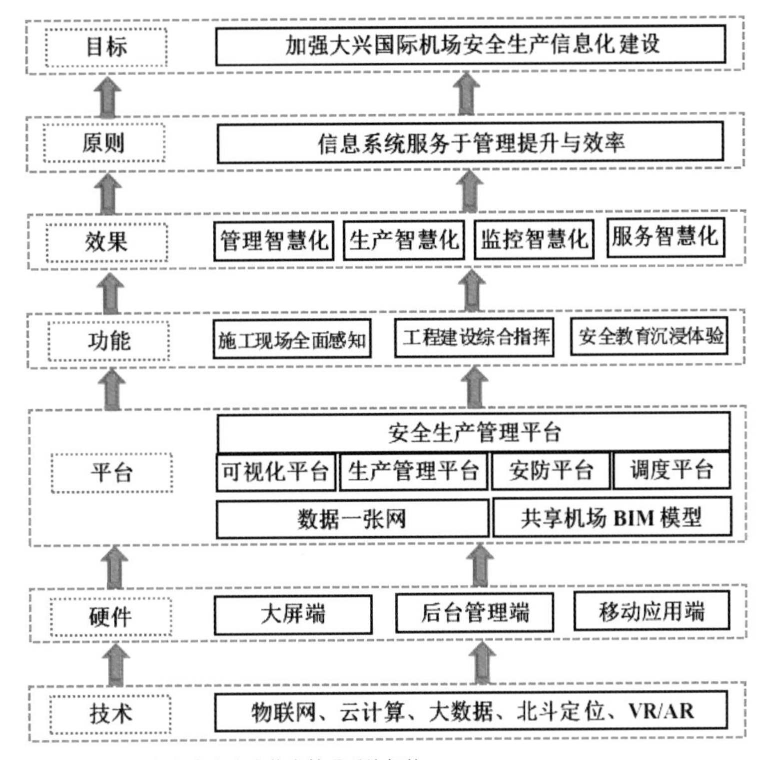

图12-1 大兴机场安全生产信息管理系统架构

12.1.1 系统整体架构

大兴机场建设工程安全生产数字化管控平台，基于物联网、云计算、大数据、VR/AR（Virtual Reality/Augmented Reality）多媒体、北斗定位等技术，以“加强大兴机场安全生产信息化建设”为目标，以“信息系统服务于管理提升与效率”为建设原则，实现“施工现场全面感知”“工程建设综合指挥”“安全教育沉浸体验”，全面实现机场指挥管理智慧化、生产智慧化、监控智慧化和服务智慧化。

系统由大屏端、后台管理端、移动应用端三部分组成，其中大屏端主要为机场指挥部提供监控现场、远程指导服务；后台管理端主要实现施工现场业务管理；移动应用端主要为指挥部、施工现场管理人员实时监管提供服务（图12-2）。

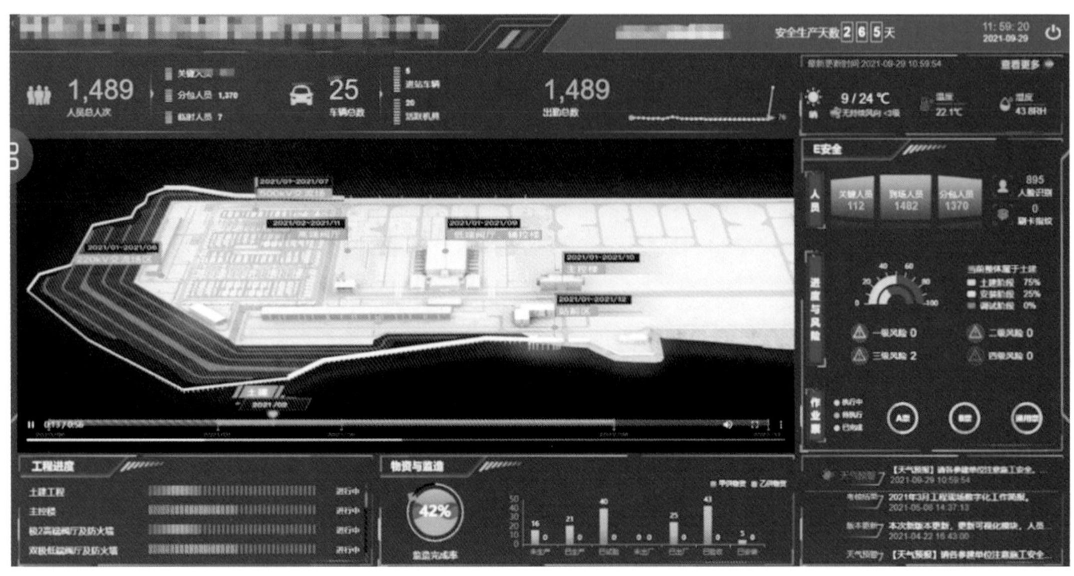

图12-2 大兴机场可视化安全管控平台界面

12.1.2 系统管理职责

安全生产信息化系统管理职责见表12-1。

安全生产信息化系统管理职责表 表12-1

业务分类	感知层	网络层	平台（数据层）	应用层
业务定义	通过现场各类传感器自动获取人员实名信息、机械设备运行情况、施工过程监测数据	通过通信网络进行信息传输，连接感知与平台层	为应用服务提供开发、运行环境并存储系统数据	为系统用户提供应用程序等服务
建设内容	现场采集、感知类设备	现场网络交换、传输设备	在原有升级优化，新建安全生产信息管控平台	面向所有用户各类业务应用
面向对象	现场用户	所有用户	系统管理用户	分权限各类用户
建设主体	施工单位	施工单位、指挥部	机场指挥部	机场指挥部

12.1.3 数字管控平台

逐步推进数字管控物联网在机场的应用，探索智能物联、5G应用、三维设计等技术在实际生产的应用（图12-3）。

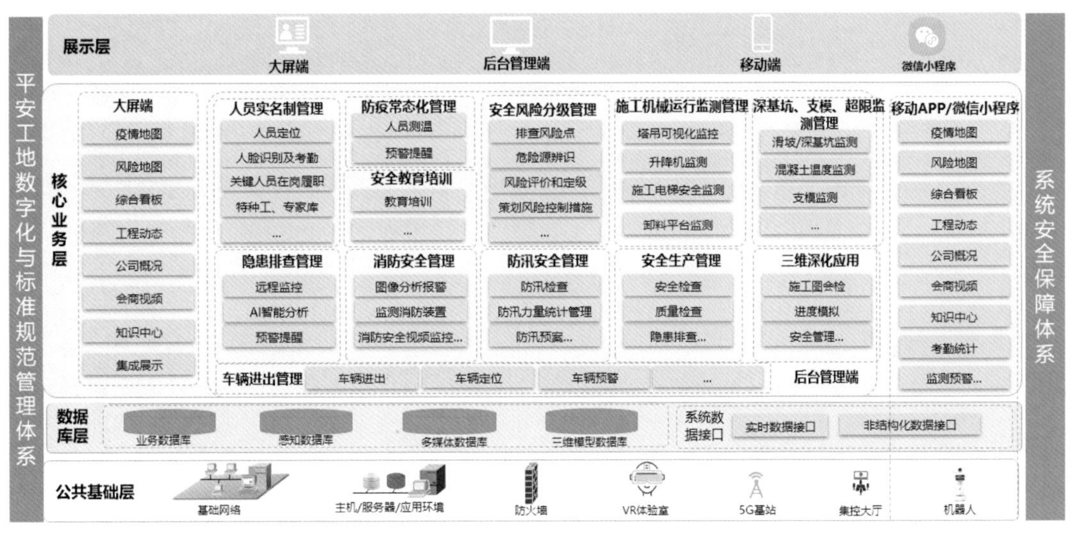

图12-3　大兴机场安全数字管控平台标准方案

1.数字管控+安全（构建数字管控基础平台）

通过构建安全生产数字化管控平台，整合安全管控机制和流程，以及规章制度系统执行化，及时发现安全问题并解决，建设基础软硬件。

2.数字管控+扩展（深化应用挖掘价值）

通过安全生产数字化管控平台，为机场后续物联网应用提供快速支持，并将更多物联网、信息化应用在生产各个领域，接入现场施工试点单位。

3.数字管控+整合（建立标杆引领行业）

整合机场建设各种智能化应用，建立行业内标杆。跟踪物联网、大数据、云计算等各个领域技术，应用到机场全面建设方面。

12.1.4　平台部署流程

对于安全生产安全管理信息化平台，指挥部采用云部署，该方式有如下优点：

（1）快速应用：缩短部署、配置、调试时间，企业能更快地使用和产生价值；

（2）扩展性强：可以根据业务量增加配置，而不影响使用；

（3）及时性高：完备系统更新与升级策略；

（4）安全性高：保证数据安全的情况下可以在任何有网的地方开展工作。

12.1.5　大屏展示端

1.电子地图

实现在电子地图上标注三级以上施工作业现场，同时关联视频设备进行视频联动、远程指挥。

2.综合看板

通过人员实名制、安全生产管理、综合安全管控、消防安全管理、智能检测等维度展示工程现场建设过程的综合情况。

3.工程动态信息

展示各工程项目基本信息，从人员考勤、环境管理、安全检查、质量检查、地图、BIM、全景影像、无人机录播等多方面综合展示在建工程的工程动态信息。

4.公司概况

实现对公司简介、工程信息、宣传片等基本信息展示。

5.BIM应用

三维可视化BIM模型与现场的施工业务紧密结合，实现动态的可视化作业场景应用。

6.视频监控

实现对工程施工现场远程实时监控、视频录像存储及回放、云台控制等，保证信息安全和持久储存，方便管理人员随时查看。

7.知识中心

整理工程现场建设相关的技术、安全知识、应急方案等资料库中心。

12.1.6　后台管理端

基于物联网的安全生产数字化管控平台，客观分析施工现场环境、安全、质量及风险等的特征和规律，将采集的现场设备进行分析，并通过数字管控平台进行展示和预警提示，实现安全和谐的施工管控体系（图12-4）。

图12-4　大兴机场安全生产数字化管控平台

1.人员实名制

（1）人员基本信息

实现对工程人员实名制信息，如基本信息、从业信息、诚信信息等内容统一维护。为闸机识别、人员工卡制作、移动端查询人员信息提供数据。

（2）人脸识别及考勤

通过闸机设备进行人脸识别。实现自动测温，如有异常则进行异常提醒。实现对人员进出站数据统计和考勤分析。

（3）人员定位及轨迹

提供多种定位设备，采用北斗定位、UWB（Ultra Wide Band，超宽带）定位方式。根据采集人员轨迹信息，查询人员实时运动轨迹、历史轨迹。

（4）专家库

维护专家信息资料库。便于指导施工现场技术难题，提供问题解决方案。

2.施工机械运行监测管理

施工机械运行监测管理主要是对现场使用的塔式起重机、升降机、电梯等机械信息监测，通过在机械设备安装运行检测装置，使用物联网检测装置，使用物联网监测传输，对传输数据分析、对比进行预警提醒，有效保障施工作业中人机安全，实现机具活跃数量、使用频率、运动轨迹、活跃状态实时监测，提高对大型机具的综合管理水平。

3.施工作业过程监测管理

通过物联网监测设备实现施工现场的滑坡深基坑监测、混凝土温度监测、支模监测、超限梁浇筑安全监测、视频监控及结构化分析等施工安全重点的实时监测与统计功能，为管理人员施工安全质量的监督工作赋能。

4.消防安全管理

实现图像分析报警、监测消防装置设备状态、消防安全视频监控、电气火灾监控系统接入、扬尘监测、智能喷洒系统、智能烟感系统、智能用电监测、智能用水监测等保障消防安全防患于未然的安全管理。

5.综合安全管控

综合安全管控集成视频监控及预警、远程会商和应急处理(智能安全帽、单兵等)、风险预警提示(基于APP位置信息)、VR安全体验与教育、应急救援指挥推演、三维场景展示、基于位置的电子围栏应用等多视角进行安全管控，用以辅助和拉近现场情况与决策的距离，可快速指挥现场突发情况，并且针对突发情况如何处理做好演练和防御工作。

6.防汛管理

防汛管理主要包括防汛检查、防汛力量统计管理、防汛物资储备管理、防汛应急组织架构图和防汛预案。

防汛应急组织架构图可以编辑维护各部门岗位信息职责。防汛预案中管理员可以对预案类型进行增加和编辑。

气象站采集风力、风速、温度、降雨量、大气湿度等多个指标，通过显示屏实时展示天气信息，达到了“天气人人知”的效果。可在系统上实时展示环境监测数据，并可查看历史监测数据。

7.安全生产管理

安全生产管理主要包括安全检查、检查计划安全事件交办、安全生产组织架构图、应急预案。

安全检查、检查计划及安全事件交办项目需要由相关人员对其进行状态变更，变更的状态有“整改中”“整改完毕”“整改通过”和“整改完成”；整改通过的项目可以进行审核。

安全生产组织架构图可以编辑维护各部门岗位信息职责。应急预案中管理员可以对预案类型进行增加和编辑。系统管理员可以增加和编辑安全类型，以便于质量检查项目的组化分类。

12.1.7　航站楼工程安全信息化管理案例分析

大兴机场航站楼施工期间，智慧建造水平发展迅速，建立了智慧平台，在人员管理、现场安全隐患排查、机械管理、物资管理、造价管理等方面取得良好效果。

1.劳务实名制管理

在大兴机场航站楼工程施工阶段，建立了劳务实名制管理系统，通过在办公区、生活区、施工区设置闸机系统，工人进场安全培训教育考核合格、保险生效后一次录入，可实现行动轨迹、作业时间的统计以及工人性别、年龄、籍贯、工种的大数据分析，很大程度上避免了劳务纠纷的产生。

2.现场安全隐患排查管理

大兴机场航站楼施工阶段采取了多种方式加强安全管理力度。首先是可视化安防系统，通过在办公区、生活区、施工区布置摄像头实现公共区域全覆盖，同时通过手机可实现移动端的实时查询，动态掌握现场实际情况。塔式起重机是施工物料运输的主要设备，航站楼核心区工程1个标段就布置有27台塔式起重机，中心区域塔式起重机会与周边相邻的6台塔式起重机存在大臂交叉，通过在塔式起重机上安装传感器可实现塔式起重机状态的自动监控，对运行状态进行监测，可实现吊重、变幅、高度等预警，并在达到设定临界状态自动停机，预控作业风险。同时，通过建立安全管理平台，记录、统计现场风险，分析风险发展趋势，有针对性地采取预控措施。

3.建立BIM 5D管理平台

大兴机场航站楼工程施工过程中建立了基于BIM模型的BIM 5D 管理平台，为项目安全管理提供准确信息，帮助项目管理人员基于数据进行有效决策。基于BIM模型的管理平台可根据工程实际进度进行模型数字化同步虚拟施工，在现场人员巡查过程中可对模型中的构件或部位赋予相应的检查记录信息，形成安全与质量巡检记录，并提示相关部门进行工作跟进[1]。

---

① 张晋勋，李建华，段先军，刘云飞，雷素素．从首都机场到北京大兴国际机场看工程建造施工技术发展［J］．施工技术，2021，50(13):27–33.

12.2 消防信息化监管

12.2.1 消防信息化监管的必要性

1.消防监管面临的挑战与需求

（1）管理手段落后，难以跟上“放管服”改革变化

监管方式单一、经验主义突出，消防监管目前处于“放管服”工作的盲区，无法响应中共中央办公厅《关于深化消防执法改革的意见》的改革要求，现亟需新技术应用，亟需构建科学合理、规范高效、公正公开的消防监督管理体系。

（2）《消防法》修改后带来的消防监管形势变化

2019年版《消防法》第五十三条规定，公安派出所仅保留“日常消防监督检查、开展消防宣传教育”两项职责，原有验收备案、消防处罚等有力监管手段去除，如何有效利用现有职责开展工作，成为新形势下消防监管工作的重点。

2.大数据技术对消防监管的意义

2019年3月，习近平总书记主持召开中央全面深化改革委员会第七次会议，审议通过了《关于深化消防执法改革的意见》。该意见指出，“完善‘互联网+监管’，运用物联网和大数据技术，实时化、智能化评估消防安全风险，实现精准监管。”大数据技术对推进消防监管体制改革，实现精准监管，在“采集、管理、分析、服务”四个方面有重要意义：

（1）实现更全面、更广阔的消防信息采集

2018年消防安全月的主题是“全民参与，防治火灾”，2019年主题为“防范火灾风险，建设美好家园”，消防监督旨在吸引社会各界参与防范。利用大数据技术，进行无纸化消防信息采集，不仅能丰富现有消防监管的途径，扩宽人民群众参与消防监督的渠道，更能实现更全面广阔的管理体系建设。

（2）实现更准确、更扎实的消防数据管理

充分利用消防检查、社会监督和专项任务的检查数据，统一形成逻辑集中的数据库，摆脱经验主义和“亡羊补牢”的工作作风，实现以客观数据做决策。以数据为核心，让数据成为开展消防监管工作的有力抓手，以数据作为消防清理整治和专项行动的重要依据，开拓消防监管新局面。大数据技术不仅先进，而且有效。经过几年运营，消防隐患检查单已经积累了8 000多份。后来就把这些数据全都录入系统中，形成较大的消防隐患数据库。管理人员能看到每个隐患的评分和相应责任人员。同时制定评分机制，落实安全隐患管理责任。这些数

据相当于一个经验库，可以供后续检查做参考。

（3）构建更实时、更智能的消防安全分析

利用大数据技术，对消防监管数据实现高效处理与深度挖掘分析，对消防安全状况实现智能模型建设和实时风险评估。建立智能的安全风险隐患库，形成动态的消防安全基础台账，分析掌握辖区静态隐患和动态风险，切实做到辖区消防安全状况“情况清、底数明”。

（4）构建更灵活、更便利的消防应用服务

提供大数据分析的增值服务，利用消防监管平台的收集的各项数据，定制各种服务，满足更多监管场景下的需求。为职能部门提供隐患点位调研，决策支持等服务。对辖区消防形势形成整体把握，以系统思维开展前瞻性工作，实现消防监管工作高质量发展（图12-5）。

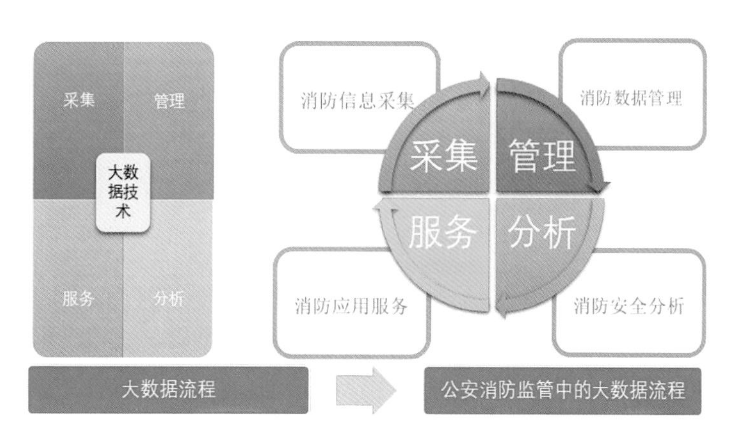

图12-5　基于大数据技术的大兴机场消防信息化监管平台架构

12.2.2　消防信息化监管平台架构

依托大数据技术建设消防监管信息化平台，该平台包括：消防信息采集平台、消防数据管理平台、消防安全分析平台、消防应用服务平台。方案底层使用大数据算法，工具使用在线表单平台及编程语言，构建四个平台的具体功能，实现消防监管信息采集、数据管理、安全分析、应用服务间无缝衔接。

1.消防信息采集平台建设

传统消防监管检查工作的开展，主要以现场填写检查记录单为主，无纸化消防信息采集，通常通过民警执法记录仪取证、被检查单位通过电子邮件报送消防信息等方式开展，存在采集渠道窄、报送门槛高等不便之处。

消防信息采集平台即为更丰富的无纸化采集渠道，在提供便利化的同时，旨在吸引社会化监管力量的参与，同时灵活的表单设置可以满足专项任务的监管需求。搭建消防信息采集平台的具体软件，一般是在线表单平台、微信公众号或小程序、移动APP等。

无纸化消防信息采集分为日常检查无纸化、社会监督无纸化、专项任务无纸化三个应用场景，分别借由监管力量、社会参与、专项整治三个方向同时发力，采集全面的消防信息基础数据。

“当时消防检查，我们最初开的是纸质单子，后来做了平台之后可以开电子单据，后来做成了APP。另外还有社会监督模式，我们在网上做了一个二维码，让大家进行举报。如果发现动火或者安全隐患，扫描二维码进行举报。手机就可以填写消防隐患位置、内容、相关照片，当时因为场内也没有什么位置，所以在里边加了定位功能。”

2.消防数据管理平台建设

消防数据管理平台，即对前期采集的大量消防数据，通过一定的逻辑集中进行管理，建立统一的消防信息数据库，实现大数据的存储、备份、检索。

消防数据管理平台的功能实现，采用大数据应用的数据预处理（Data Preprocessing）技术，分四步处理前期数据。第一步，数据集成（Data Integration），不同渠道取得的消防数据进行初步汇总，集成到一个数据库，审核原始数据的完整性和准确性。检查数据资料是否真实地反映了客观实际情况。第二步，数据清洗（Data Cleansing），通过缺失值处理、噪声数据光滑、识别删除离散值等方法来提升数据质量。实现数据格式标准化，异常数据清除，错误纠正，重复数据的清除。第三步，数据规约（Data Reduction），缩小数据挖掘所需的数据集规模，具体方式有维度规约与数量规约。实现接近于保持原数据的完整性，并结果与归约前结果相同或几乎相同。第四步，数据转换（Data Transform），通过标准化、离散化与分层化让数据变得更加一致，更加容易被逻辑算法处理。

以上四步在数据分析和服务之前完成，能提高逻辑算法质量，降低实际运算所需要的时间，提升运算结果的可信度。

3.消防安全分析平台建设

消防安全分析平台对消防信息数据库中的有效数据进行分析，针对监管需求与数据异构特点，实现对海量复杂、异构大数据的高效处理和智能挖掘。

消防安全分析平台的实现过程，即构建评估模型、设计逻辑算法、执行程序挖掘，呈现分析结果。

流程的重点在于如何处理消防数据管理平台的数据库信息，消防数据管理目标的实现，是依靠一定的逻辑算法。

如果说消防信息采集和建立消防信息数据库，是储备大数据应用的前期工作，那么如何从消防信息数据库调取信息才是使消防工作融入大数据技术的重要一步。

4.消防应用服务平台建设

应用服务平台是一个高度定制化的服务平台，通过接入机器学习、神经网络等应用接入，可以实现更加便利和灵活的功能。

应用服务和需求分不开，通过分析服务需求、应用解决步骤、提供决策支持三个步骤来实现。

12.2.3 消防信息采集平台建设

本部分介绍指挥部在大兴机场建设运营期间的消防无纸化监管工作应用开展，在三个应用场景，借助在线表单平台工具，实现了更广泛的信息采集渠道、更便捷的移动端应用、更健全的管理体系搭建。通过相应的表单设置，确保采集的消防信息真实可靠。

每个应用场景的最后，依次从“表单设置、平台运维、管理体系”角度作经验小结。

1.日常检查无纸化应用

2019年4月23日《中华人民共和国消防法》修改调整，指挥部坚持责任意识，始终将消防安全监管作为各项工作的重中之重，及时调整消防监管方案，通过提升检查频次，加强隐患排查，无纸化监督发现整改问题隐患共179处，在监管职能过渡期确保大兴机场的消防安全。

（1）消防监督检查无纸化工作流程

为便捷监督检查流程、辅助新入职员工规范填写，大兴机场公共区派出所设计并下发日常消防监督检查电子表单，其流程如下：通过“金数据”在线表单平台，将《派出所日常消防监督检查记录单》检查内容转为电子表单，生成网页链接或二维码（图12-6）。

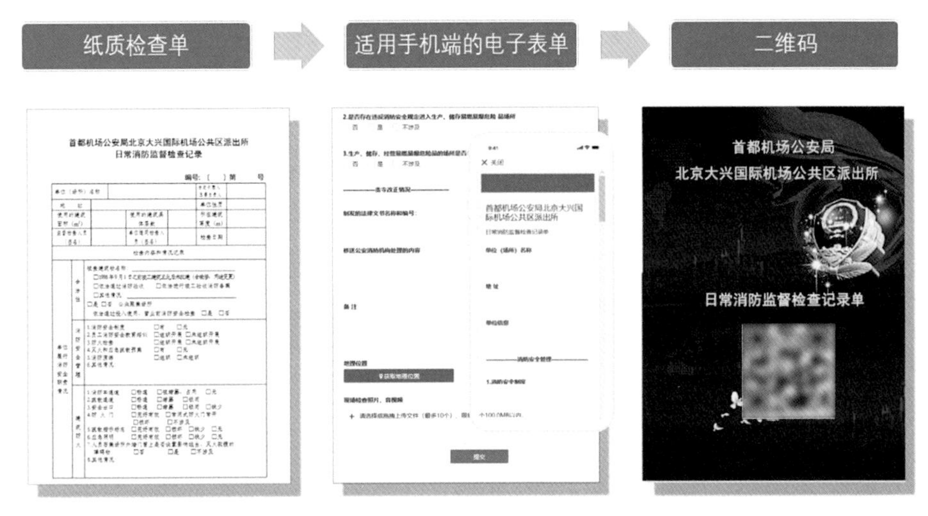

图12-6 消防监督检查无纸化工作流程

（2）由员工到检查现场使用微信客户端输入信息，配以执法记录仪全程录像保证执法活动效力。同时最后定位提供地理位置及图片、音视频信息（图12-7）。

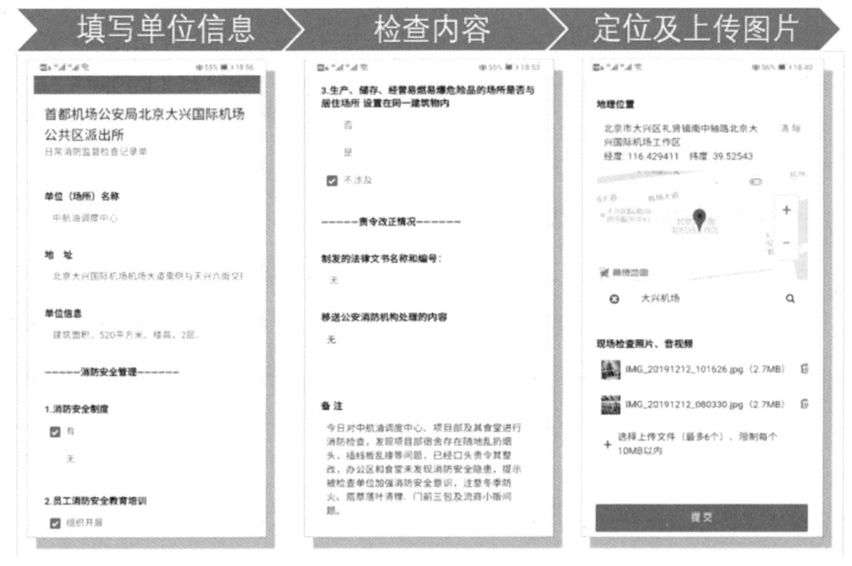

图12-7 微信客户端输入信息流程

检查后点击采集上传后，自动将信息保存至后台，平台自动记录填写者信息、填写时间和位置，形成一份完整的检查记录单，供后续大数据管理、分析、服务使用（图12-8）。

微信OpenID	提交时间	修改时间	填写时长
oJGF7wW5_spPwU...	2019-09-10 09:44:58	2019-09-10 09:44:59	18分26秒
oJGF7wT410Lx5YX...	2019-09-09 19:09:26	2019-09-09 19:09:26	5分48秒
oJGF7waxql02i476...	2019-09-09 16:53:11	2019-09-09 16:53:12	8分4秒
oJGF7wbEM6_bzUB...	2019-09-09 16:35:19	2019-09-09 16:37:50	4分10秒
oJGF7wXQB_yZuVz...	2019-09-09 16:03:43	2019-09-09 16:03:43	14分55秒
oJGF7wYm_6OjiY-v...	2019-09-09 16:02:13	2019-09-09 16:02:13	19分25秒

日期	所在项目部	具体检查部位或场所	检查简要情况	存在问题隐患
2019年9月9日	中建一局	航兴路南（南航航食机上勤务用房）	消防监督检查情况正常。	无
2019年9月9日	中建八局	航兴路与航泰街交叉口东南侧（非主航基地生活服务设施一办公区）	1、缺少疏散指示标识	1、缺少疏散指示标识
2019年9月9日	中建八局	航兴路与航泰街交叉口东南侧（非主航基地生活服务设施一工地）	1、建筑材料未按规范堆放。 2、建筑垃圾未及时清理。	无
2019年9月9日	Ⅱ3雨水泵站配电室	（大安路南段东侧）	当日抽查，你单位配电室温度较高，注意通风，并每日派人值守检查该无人配电室，补充消防设备，规范用电安全。 安全提示，未抽查的地方你单位要落实好单位主体责任，做到安全自查、隐患自除、责任自负，并规范用电制度，检查制度。	你单位配电室温度较高，注意通风，并每日派人值守检查该无人配电室，补充消防设备。
2019年9月9日	Ⅱ3雨水泵站水泵	（大安路南段东侧）	当日抽查你单位及时配置消防设置，派人值守雨水泵站。 安全提示你单位落实好消防主体责任，未抽查到的地方继续进行自查，做到安全自查、隐患自除、责任自负，并严格执行用地接制度。	无
2019年9月10日	AOC运控中心大楼	东高架桥右侧	1、消防栓未设置消火栓标识。 2、二层会商室弱电机房火灾探测器被封闭且未设置水喷淋灭火系统，配电盘未使用防火泥封堵。 3、末端试水通道未排气。 4、宿舍部分喷淋头安装不规范。 5、一层指挥大厅显示屏滤网清洁，上有杂物。	1、二层会商室弱电机房火灾探测器被封闭且未设置水喷淋灭火系统，配电盘未使用防火泥封堵。
2019年9月10日	北京建工	苑景东四路（北京建工项目部）	本次检查发现如下消防隐患： 1、配电箱未定期未定期进行检查。 2、厨房灭火器长时间未进行更换。已口头责令其立即整改。 安全提示：你单位要落实安全主体责任，未检查到的场所和部位要做到安全自查，隐患自除，责任自负，确保消防安全。	1、配电箱未定期未定期进行检查。 2、厨房灭火器长时间未进行更换。已口头责令其立即整改。

图12-8 检查记录单示意图

（3）无纸化采集表单设置经验小结

其中，为保证检查活动有效，在表单制作中设置以下几项：确保由执法者本人填写；将采集者信息与微信账号绑定，检查页面需要在微信内打开，无法由他人代填或电脑端填写；确保检查工作在现场开展：采集页面通过定位设置，关闭“允许填写者在手机上自行标注位置”项，可保证检查记录单位在检查现场开具；确保检查内容真实：采集页面上传照片可上传现场照片、音视频，反映具体检查内容和消防隐患情况。通过这三个设置保证消防监督检查的真实性。

2.社会监督无纸化应用

为吸引社会群众积极参与消防监督，共建大兴机场平安公共区，保卫部采用多种形式，通过多种渠道，广泛开展消防安全宣传。保卫部在辖区工作群等微信群内，建立“大兴机场公共区消防监督平台”，鼓励群众参与消防监督。自平台上线以来，收到机场员工、施工人员及旅客反映消防安全隐患共60余处，极大弥补了消防监督力量的不足，确保了消防监督无死角，真正实现了“人人参与、防治火灾”。

（1）社会消防监督无纸化工作流程

指挥部运行和维护“大兴机场公共区消防监督平台”简要流程如下：通过在线表单平台搭建基础数据服务和对外访问链接，生成网页链接或二维码（图12-9）。

图12-9 “大兴机场公共区消防监督平台”简要流程

群众扫描二维码进入平台后，阅读监督平台使用须知，填写消防隐患内容、位置、上传相关图片及视频（图12-10）。

在平台数据库对群众提交的信息进行比对，对举报反映的火灾隐患或消防安全违法行为的地点、情形等情况进行确认，对消防违法行为视情况约谈涉事单位或移交消防救援机构处理。

（2）无纸化采集平台运维经验小结

在平台的运行中，前期收到大量反映与消防安全无关内容，为避免占用平台资源，指挥

图12-10 平台使用流程

部对平台布局进行了改版，主要变化是首页添加《监督平台使用须知》，告知该微信平台用途、注意事项等，提示文明举报、勿重复提交信息等，提高平台运行效率；强制验证提交者手机号码，鼓励实名举报，提交信息必须接收填写手机验证码，防止虚假举报；静默采集提交者微信身份，填表时获取填写者微信OpenID（网上身份认证），进一步确保信息真实性。开启推送提醒，当有新的消防隐患信息提交，平台自动将该信息推送至管理员的微信，确保信息及时传递。有针对性地选择目标用户，在平台的推广上，主要面向驻场单位员工，作为推进检查消除火灾隐患能力的重要措施，进而全面提升机场员工消防安全“四个能力”。

3.专项任务无纸化应用

2019年9月，为迎接大兴机场开航仪式，保卫部需要对全机场消防情况进行摸排，该任务时间短、点位广、要求高。面对生产和运营高度交叉的复杂状况，保卫部对摸排工作采用无纸化采集，通过微信平台报送，移动手机定位，表单平台汇总，实现了对200余家的施工及运营单位的动火点位、料场库房、危险品管理等消防基础信息全面、精准掌握，形成完整的消防台账，为后续工作打下坚实基础，切实做到了消防数据的“情况清、底数明”。

（1）无纸化摸排工作的两个重点

对消防情况摸排任务进行细致的分解量化，细化各项数据设置，设计制作表单。例如摸排施工单位位置项，包括单位位置、项目部位置、施工工地位置、工人宿舍区位置四项信息，在“细”上确保“精益求精”（图12-11）。

图12-11 消防情况摸排任务分解量化流程

力争全面开展该工作采集信息工作，保卫部召开消防摸排动员会，对场内施工动员单位进行全部传达。采用各种渠道将摸排工作通知到每一家单位，防止数据出现遗漏。从2019年9月初至开航仪式前，共开展三次大的无纸化摸排统计，实现了1 892条信息的统计，5 006人员信息报送，在“全”上确保“万无一失”(图12-12)。

图12-12 采集信息流程

(2)无纸化摸排管理体系经验小结

本次采集在设计及运维中做了更多的设置，比如表单的二次填写及冗余数据去重等，有很多可道之处。而笔者认为无纸化摸排更大的意义不在技术层面，而在于管理层面，即以摸排工作为抓手，实现更广阔、更健全的管理体系。9月的消防隐患摸排，实现了机场内流动人口、制高点、围界安防、危险品等信息的全面掌握，对治安群防群治建设，内保人、地、事、物、组织摸排，反恐一体化建设的开展，都能起到重要的数据支撑，对公安机关开展各种专项工作打下夯实的根基。其中用无纸化采集的各种信息，绘制出大兴机场基础信息地图（图12-13），仍在各种公安工作中发挥作用。

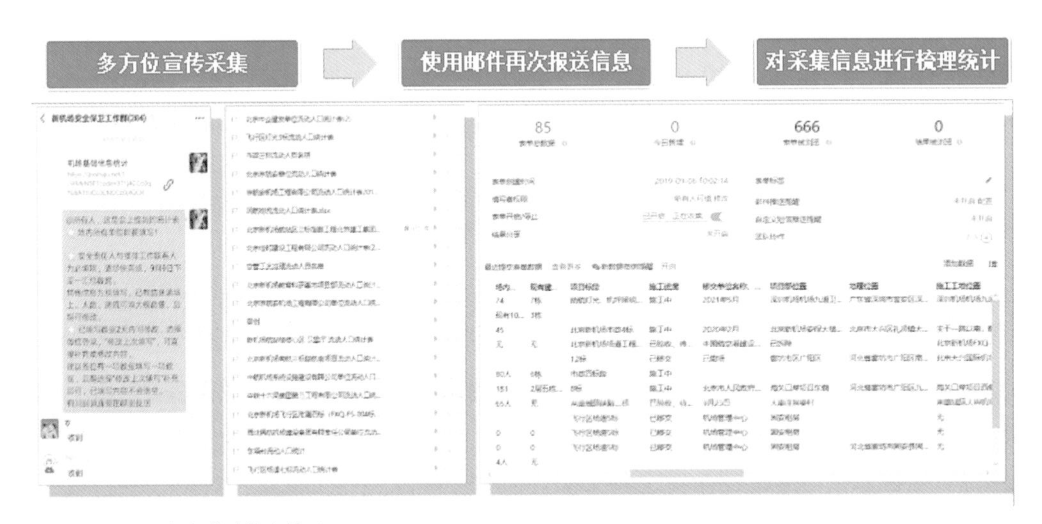

图12-13　大兴机场基础信息地图

12.2.4　消防数据管理平台建设

本部分介绍指挥部保卫部消防数据管理平台的工作流程，即大数据技术的基础—数据，采集后是怎么保存在数据库中的。保卫部存有4087张日常消防监督检查记录单，通过使用Python3.7编程语言，设计算法实现消防检查记录单数据的“集成、清洗、规约、转换”四步，成为消防数据管理平台的有效数据。

1.数据集成

保卫部自2018年4月19日至今共开具4 087张检查记录单，使用“df.read_excel”命令读取所有记录单，对空行和空列进行删除，汇总成原始的隐患数据库。审核后的数据共57 218条数据，此时的原始数据库中还有大量的NaN（Not a Number，非数）及空项数据，俗称为脏数据（Dirty Read），无法直接使用。

2.数据规约

使用df[]命令筛选指定信息，去除无用数据。筛选出我们需要的8列数据，分别为“检查日期、单位名称、具体检查部位或场所、检查简要情况、存在问题隐患、整改或替代措施、检查警组、检查民警”8列数组，汇总为一号数据库df1，此时数据由5万多规约成32696条数据。

3.数据清洗

使用“try:except:continue”对一号数据库df1进行确职处理，当遇有NaN项和空项数据跳过处理，不改变数据库结构。此时以单位“北京城建”为例，建立包含北京城建的二号数据库df2。此时结果区的551行表示自2018年4月9日至今，共填发551次消防检查记录单。待处理数据总量由上一步的3万多条变为4 408条。

4.数据转换

使用iat[]函数对数据形成定位，split()函数将数据标准化和进行分层，便于下步逻辑算法处理。本步将二号数据库的“存在问题隐患”列进行标准化分解，并分层为单项数据，在结果区简要展示。至此，数据预处理完毕。

通过以上四步，将原始数据转换为后续使用的可靠数据，其中一号数据库df1为全单位的消防信息数据库，二号数据库df2为具体某一单位的消防信息数据库。消防数据管理平台动态更新，随着新的检查记录单开具，数据库及时进行刷新。

12.2.5 消防安全分析平台建设

使用大数据技术的过程抽象，不易直观展示，现以“如何对一单位的消防安全状况进行打分?”为切入点，通过构建模型、设计算法、执行程序、呈现结果，直观展示大数据应用的运作过程。

1.大数据技术应用思路

首先建立消防评估模型，根据消防记录单对单位消防安全情况进行计分，视消防隐患情况进行不同分值的扣减，最后的平均分即该单位的消防信息评分。使用Python程序对记录单数据进行筛选，使用pandas函数和正则表达式将《日常消防监督检查记录单》数据预处理，设计逻辑算法对单位消防信息评分。

2.构建单位消防安全量化模型

对检查单位从消防安全管理、建筑防火、消防设施、危险品管理、施工现场管理五个维度进行打分，配以权重，形成单位的消防安全量化模型（表12-2）。

消防安全情况量化规则　　表12-2

编号	指标	计算逻辑	权重
1	消防安全管理	①消防安全制度，无制度，减30分； ②员工消防安全教育培训，未组织开展，减10分； ③防火检查，未组织开展，减10分； ④灭火和应急疏散预案，无预案，减20分； ⑤消防演练，未组织，减10分	0.3
2	建筑防火	①消防车通道，被堵塞、占用，减10分； ②疏散通道，堵塞或锁闭，减10分； ③安全出口，堵塞或锁闭，减5分；缺少，减10分； ④防火门，常闭式防火门常开，减5分；损坏，减10分； ⑤疏散指示标志，损坏，减5分；缺少，减10分； ⑥应急照明，损坏，减5分；缺少，减10分； ⑦人员密集场所外墙门窗上是否设置影响逃生、灭火救援的障碍物，是，减10分	0.1
3	消防设施	①室内消火栓，未设置，减10分；损坏，减5分；无水，减5分；配件不齐，减5分；被遮挡、圈占，减5分； ②灭火器，未配置，减10分；失效，减5分；缺少，减5分；配置类型错误，减5分；设置地点不当，减5分； ③建筑消防设施，无定期维修保养记录，减5分；未定期维修保养，减10分； ④物业服务企业对管理区域内共用消防设施是否维护管理，否，减10分	0.2
4	危险品管理	①是否存在违反规定使用明火作业或在具有火灾、爆炸危险的场所吸烟、使用明火，是，减20分； ②是否存在违反消防安全规定进入生产、储存易燃易爆危险品场所，是，减20分； ③生产、储存、经营易燃易爆危险品的场所是否与居住场所设置在同一建筑物内，是，减20分	0.2
5	施工现场管理	①施工动火审批，无，减10分； ②动火现场设置专职看火人、消防水桶和灭火器，未设置，减10分； ③施工现场人员宿舍、办公用房的建筑构件燃烧性能是否符合消防技术标准，不符合，减10分	0.2

3.使用Python设计逻辑算法

将单位消防安全量化模型转为逻辑算法，对于预处理好的数据使用正则表达式进行判断，若含有符合条件的隐患情形，即扣减相应的分值。以“动火现场设置专职看火人、消防水桶和灭火器，未设置减10分”为例，逻辑为“动火场所”与“看火人”与“消防水桶”与“灭火器”为合格条件，扣分与非公式为“动火场所”与（“看火人”与“消防水桶”或“灭火器”）与（“无”或“未”或“缺少”或“没有”），结果为真即扣10分。

将消防安全量化模型全部转为程序语言，循环对二号隐患库df2的551张消防监督检查记录单的每一条隐患进行比对。

4.执行Python打分程序

以初始消防安全状况分数为100，每次消防评分为一次分数，对551次分数取平均分。输出每日检查分数及平均值。同时随机抽取中铁北京工程局、河北建设、中建一局三家单位，输出评分结果。

5.图形化呈现结果

上述结果区输出了每次评分，由于数据量大只能显示部分的评分结果，直观展示最好的办法还是图形化显示点位图信息。使用“matplotlib.pyplot”方法建立二维坐标轴，X轴方向为检查次数，Y轴方向为每次消防监督检查评分。同时选取上步三家单位进行图形化呈现（图12-14）。

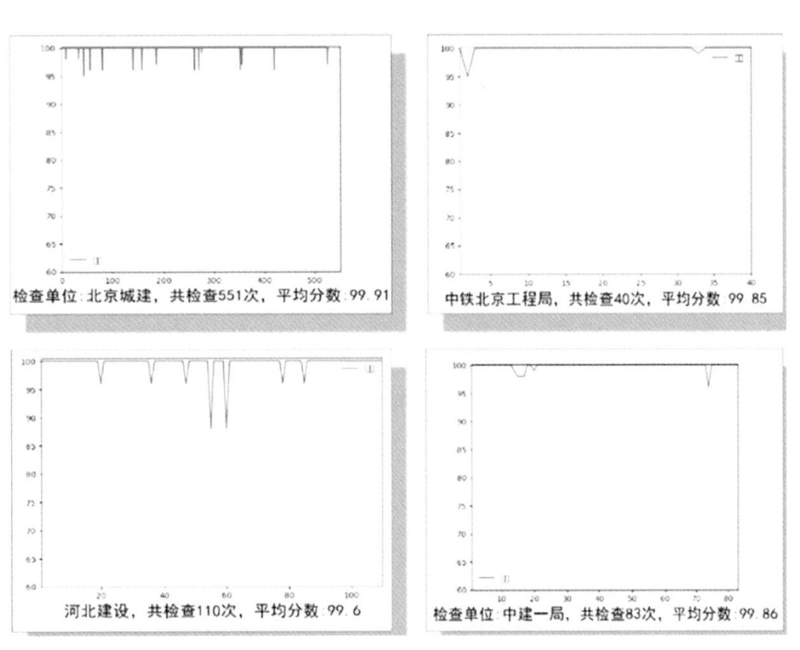

图12-14 图形化呈现编码与结果

通过四家单位的平均分和评分图形对比，可以直观看出不同单位的消防安全状况。对于一家单位500多张的消防检查记录单，常人很难对全部信息进行有效掌握，但可以通过大数据应用对4 000多条信息进行快速且有效分析。

12.2.6 消防应用服务平台建设

在消防整治专项行动中，我们常常需要对某一特定类消防隐患开展专项检查。本案例使用消防监督检查库的大数据查找，可以对全场的消防信息进行全面梳理摸排，寻找特定的隐患信息，确定隐患高发区域，制定相应的整治政策，有针对性地开展消防工作。

此处依据《中国消防年鉴》2015年版的综合事故致因论，把火灾隐患分为直接隐患、间接隐患和基础隐患，根据隐患的分类将检查出的动态隐患分类为直接隐患和间接隐患。

1.任务需求

本书以《北京大兴国际机场“防风险保平安迎大庆”消防安全执法检查专项行动方案》为任务需求，对大兴机场的薄弱点位进行梳理，寻找薄弱环节，有针对地开展工作。

2.分析服务需求

根据消防专项任务方案，使用Python的PANDAS函数，对消防数据库里的“存在问题隐患”（对应直接隐患）和“检查简要情况”（对应间接隐患）进行查找比对，找出存在该问题的点位，以一定方式呈现。

3.应用解决步骤

（1）读取保卫部消防安全信息平台数据库。

（2）使用PANDAS，str.contains函数对需要进行查找的项目进行挖掘。此处以“电气”类安全隐患为例，检索关键字。记录出现消防问题的频次，对出现该问题的单位进行计数统计。

4.提供决策支持

通过结果区单位出现数量，可以确定此次消防专项行动的重点区域，从而有针对性地开展工作。例如加大对涉及单位的检查频次或责令限期整改问题，确保隐患归零见底。下一步开展新一轮的消防信息采集，再次进入“采集、管理、分析、服务”的流程，不断重复搜集隐患、消除隐患的过程，形成一个管理上的闭环，推动消防监管工作向更高的质量发展。

舍恩伯格在《大数据时代》书中说道，“大数据是通往未来的必然改变”。当“大数据”被人们常常提及的时候，大数据的时代已经悄然来临，必将与各种事物发生碰撞。大兴机场公共区消防监管平台在一个极低的成本下搭建和运维，未使用任何现有的大数据工具，平台推进了无纸化监管，吸引了社会监督，完善了消防台账，健全了隐患评估，取得了良好的监管效果。

消防监管大数据应用，在深度学习、丰富移植、简化操作上都有很多可发挥的空间。“不会存在压箱底的数据”，每一条数据都会发挥价值，这正是大数据技术无法抵挡的优势所在。公安部门是掌握海量数据的政府机关，唯有依靠大数据技术的深入应用，才能有效发挥全部数据的作用，建立健全更多业务领域的监管体系。

12.3 安全运行信息化管理

12.3.1 安全运行信息化管理系统架构

大兴机场运行方面的安全管理信息化系统架构主要由以下几部分组成。

1.信息网络系统

主要包括机场内部网络系统和旅客无线接入网络系统。内部网络系统主要由数据中心网、核心骨干网、内联网、外联网、运营管理网、离港网、地面运行网、安防网和综合业务网组成。内部网络系统主要为大兴机场运营机构及各驻场单位提供网络平台。旅客无线接入网络系统主要为旅客访问互联网等提供网络平台。

2.综合布线系统

综合布线系统采用单、多模万兆光缆、6类非屏蔽双绞线、6A类非屏蔽双绞线以及3类50对大对数电缆，为信息集成系统、安防系统、离港系统、航显系统、安检信息系统、时钟系统、内通系统、有线通信等系统，以及各驻场单位，提供数据、语音传输的物理链路。

3.智慧建筑管理（Intelligent Building Management System, IBMS）系统

通过智能化系统、电梯监控系统、物业管理模块和综合报警模块的整合，利用BIM（Building Information Modeling，建筑信息模型）管理技术，能很好地对整个大楼的整体运行情况进行监测，提高了管理效率。一共有各类控制设备30台套，控制点位25万个。

4.火灾自动报警系统

采用控制中心报警系统，设计成一个中央及分布式集散控制管理系统，消防总控制室设在航站楼西北指廊，现场设置火灾报警复示屏。系统包括火灾自动报警系统集中操控管理设备、通信网络设备、报警及联动控制主机、图形显示装置、消防专用对讲电话机通信系统、消防紧急广播系统、电气火灾报警系统、消防电源监视和防火门监视系统、消防应急电源系统等。

5.安全技术防范系统

视频监控（报警）系统：主要负责前端摄像机接入、管理及录像存储等。系统由前端设

备、传输设备和后台设备三部分组成。

6.防雷与接地系统

弱电及建筑物防雷各系统的接地，采用共用接地装置，主要利用基础底板承台桩基内的结构钢筋自然做接地装置，设计共用接地极电阻值小于0.5Ω。

7.门禁巡更系统

采用数字化的门禁管理系统，实现了对航站楼内不同区域间通行路由、重要机房、办公区等的通行管控。系统采用分布式系统结构，建立简洁灵活的三层结构：管理层—控制层—执行层，通过普通、密码、指纹等多类型读卡器、面相识别和虹膜识别等技术，可以根据安保需求对门禁点启用不同的认证组合方式。

12.3.2 安全运行信息化管理基础设施

1.信息基础设施打造机场数据底座

泛在先进的基础设施是信息化发展的基石，大兴机场的信息基础设施遍布全场，构成了服务机场运行与发展的硬件资源平台。建成覆盖全场的3 000余孔公里的通信管道；敷设6 500余公里的通信线缆，连接飞行区、航站楼、公共区的重要单体建筑，形成通信“高速公路”；建成185个信息机房，保障机场所有驻场单位的信息化设备运行和网络联通；通过10 000余台摄像机、4 000多个蓝牙信标、2 300余个无线接入点、600余套客流采集设备，为各类应用系统提供实时准确的运行数据。完备的硬件资源平台为智慧触达各个业务角落提供重要依托。

2.大数据助力机场数据融合

建成智能数据中心，汇集航班运行、旅客服务、安全管理等近百个内外部系统的业务数据，涵盖航班、旅客、员工、车辆、环境、位置、经营、机构、货运、行李、事件、资源等全业务11个主题，为航班运行效率、旅客服务质量、安全保障水平的提升提供数据支撑能力，支持大兴机场数据资源的高效管理和深层次数据价值挖掘。

12.3.3 安全运行信息化管理业务应用

1.构建防患于未然的安全运行管理平台

建成统一的安全和安防管理平台，整合联动各区域视频监控、门禁、围界报警、消防报警等多种安防手段，形成全面的安防保障体系。深度运用安防智能分析技术，通过图像分析、生物识别等技术，实现安全事件预测和主动预警，提升安全防范能力。为驻场单位提供安防视频共享服务，便于各单位开展全面安全管理，提升机场整体安全水平。

2.促进安全业务与其他业务的广泛融合

多数据集成，实现安全信息智慧联防。将离港控制系统、行李安全检查系统、安防视频管理系统、生产运行管理系统的运行数据与安检信息管理系统进行集成，全面获取旅客及行李信息，采取科技手段，满足安检人员对旅客及行李信息的查验和处理要求。整合实现工具、商品、大宗液态等物品的流程审批与安全检查，与飞行区围界道口系统、货运安检系统建立接口，完善空防安全检查数据，为机场提供包含安检、海关、检疫等单位的综合信息联防手段，全面提升机场空防安全保障能力和水平。

12.4 网络与信息安全管理

《中华人民共和国数据安全法》于2021年9月1日正式实施，这是我国第一部有关数据安全的专门法律。在信息化快速发展的时代，大数据技术迅速普及，如今已作用于社会生产和生活的方方面面，社会公众对数据安全的关注也不断增强，保障数据安全、网络安全已越来越受到社会各界的重视①。数据安全合规是指企业数据运营合乎相关法律、法规、标准等，其中包含两个层面的含义：一是确保数据自身的安全；二是需要满足数据所在环境的安全合规。要求数据本身和所处环境都要合规。具体来说，数据合规要求企业的行为符合国家的法律、规章等，也不得违背企业内部制定的制度。数据管理是预防安全风险的必要手段，也是对企业进行高质量管理的基本内容②。

12.4.1 建立网络与信息安全管理制度

网络与信息安全管理是指保护各单位企业门户网站、互联网业务系统、企业内部管理信息系统以及关键信息基础设施、企业计算机终端的安全稳定运行而开展的一系列管理工作。2019年首都机场集团公司对《首都机场集团公司网络与信息安全管理暂行办法》进行了修

① 张鸿霞, 周婷婷. 大数据时代强化央企数据安全合规管理的新思考［J］. 国有资产管理, 2021, (10):48-52.

② 戚凯月. 数字经济背景下数据安全合规管理［J］. 经济研究导刊, 2021, (36):95-97.

订完善，下发了《首都机场集团公司网络与信息安全管理规定》。大兴机场依照上述规定，开展网络与信息安全管理工作，具体制度要求如下。

1.建立健全网络安全保障体系

网络与信息安全是安全管理体系的重要组成部分。首都机场集团公司网络与信息安全管理工作采取坚持网络安全与信息化发展并重，预防为主、综合治理、依法管理、确保安全的方针，建立健全网络安全保障体系，提高网络安全保护能力。其中，大兴机场承担网络安全属地主体责任，负责对属地各单位的网络与信息安全进行统一管理。各专业公司是本企业的安全责任主体，接受属地机场的统一监管。大兴机场主要领导是网络与信息安全第一责任人，主管网络安全的分管领导是直接负责人，各级管理人员和员工为本岗位的安全责任人。大兴机场主要领导总体负责本单位网络与信息安全工作，对网络与信息安全风险进行定期、系统评估，掌握当前的信息安全态势，开展信息安全等级保护、风险评估、容灾备份、安全审计、安全自查等工作，每年年底前向集团公司提交年度网络安全工作报告，且年度未出现重大事项应报未报情况。

2.加强信息数据安全管理

根据信息数据使用情况，加强数据资源的安全管理和使用管理。及时采取数据安全管理措施，加强对个人信息、重要数据的安全管理。在中国境内运营中收集和产生的个人信息和重要数据应当在境内存储，因业务需要确需向境外提供的，应当进行安全评估。

3.严格人员信息安全管理

加强对关键岗位和重要区域的人员管理，人员入职时，明确信息安全职责和各项权限，并向系统管理部门申请相应的用户权限。人员离职时，要回收账号、资料等所有重要信息资产，离职人员所在部门应向系统管理部门申请注销账号。定期对相关岗位人员开展信息安全培训，增强安全意识。对于合同方及第三方人员，在合同条款或相关协议中明确信息安全责任和义务。外部人员接入受控网络前要设置访问申请流程，经批准后由专人开设账户并分配必要权限，访问需求完成后，应及时清除其所有访问权限。获得权限的外部人员要签署保密协议，不得进行非授权操作，应对外部人员的所有操作行为保持追踪和全程监控，防止外部人员复制或泄露任何敏感信息。

4.确保物理与环境安全管理

机房应划分物理安全区域，加强工作环境的安全管理，严格执行人员进出和重要区域的门禁制度，保护设备免受物理和环境的威胁。

5.增强系统运维安全管理

规范系统运维管理流程，对信息系统的通信和操作过程进行有效控制，规避 信息安全风险。采取有效的技术手段和控制措施，防范病毒、恶意软件的入侵。 信息管理部门建立网络访问控制流程，按照最小授权原则，控制人员对内外部网络的访问，保护网络服务的安全性与可靠性，防止内部重要信息泄漏。信息系统建设或管理部门应根据业务要求建立用户对信息系统的访问规则，并采取措施对用户访问权限的分配进行控制。严格管理用户权限和口令，防止非授权访问。

12.4.2 加强网络与信息安全管理力度

1.深刻认识网络与信息安全工作的重要性

网络与信息安全关系国家发展和国家安全，习近平总书记多次做出重要指 示，强调没有网络安全就没有国家安全，没有信息化就没有现代化。要深刻认识网络与信息安全对民航安全生产运行的重要意义和重大影响，切实做好各类生产运行信息系统、办公网络系统以及官方网站、微博、微信、航站楼航显系统与电 子广告媒体等的安全管理工作，杜绝发生被攻击、入侵、篡改、窃密、插播等情况。

2.严格落实网络与信息安全管理主体责任

各生产运营单位是网络与信息安全管理的主体，要按照“谁主管谁负责、谁运行谁负责、谁使用谁负责”的原则，建立健全各项安全管理制度，明确管理责任，立即组织开展一次面向全员的网络与信息安全教育，重点是关键岗位人员和特殊岗位人员。有计划地开展相关知识和技能培训，切实提高员工对潜在风险的识别与防范能力。

3.排查整改网络与信息安全隐患

举一反三，切实吸取事件教训，严格落实民航局有关会议部署，以专包机、重大运输任务、军事活动保障等为重点，组织开展网络与信息工作全面自查，对存在的薄弱环节、安全隐患和具体文件泄露情况进行深入分析，制定并采取有针对性的整改和安全防范措施，坚决杜绝发生同类情况和问题。

4.提升网络与信息安全管理层级

将网络与信息安全纳入机场整体安全生产运行管理工作中，进行统一部署、统一推进、统一检查，定期评估网络与信息安全状况，及时防控相关风险。进一步细化信息管理工作，按照涉密、关键、敏感、受控、一般等不同类型，分别制定相应的管控措施。同时，教育和引导员工保护好自身工作与生活息，防止信息被泄漏或利用。

5.加强数据安全

严格按照“涉密电脑不联网，联网电脑不涉密”的要求，加强对电脑终端的安全防护，确保终端电脑都安装有效的企业防病毒软件，内部信息数据通过外网传输时应采取加密措施。要根据本单位安全防护水平采取相应的数据防护措施，必要时应进行封网处理。

12.4.3 智慧机场移动办公的案例分析

1.引接和利用数据资源

大兴机场依托智能数据中心建立集数据引接、汇集、管理、统计分析、服务和共享功能于一体的信息系统。在确保安全、稳定、可靠的前提下，引接分散在多节点、多系统中的数据资源。面向业务主题整合数据资产，开展统计分析应用，为管理和运行决策支持提供数据依据。通过对数据内涵的挖掘，进一步为提升管理水平服务。

2.移动办公APP的安全要求

大兴机场“智慧移动办公”良好体验的背后，是对移动APP安全性和可控性的极致要求，安全可信的开发部署环境、可靠的隐私数据保护、严格认证的安全架构，全面支撑起安全可靠的公司移动端沟通协同平台。为了做到“绝对安全”，移动APP基于强大的安全技术和理念，采用了多重加密和防护技术。具体来说，移动APP在安全方面有四个特点：“进不来”——支持分级分权管理，权限分明全方位管控；“拿不走”——采用私有化部署，消息、数据等只在内部流转，保证数据、信息的绝对安全；“防泄密”——高安全设计，多重加密模式，全链路密文处理，图片、聊天信息均经过水印处理；“防扩散”——具备消息已读未读显示、分支隐藏、水印管理等功能，还为敏感信息特设“屏障”，例如当管理后台开启功能后，客户端传输的文件将不可以被下载，只支持在线预览；关闭功能时，文件发起者可选择是否让文件只预览不被下载等。

随着科技的创新、技术的迭代、数据融合的应用，智慧机场的形态亦被改变。未来智慧机场的探索是一个合纵连横的过程，运用物联网、大数据、5G等新技术推动行业变革，在行业助推之下，“超级APP”也将是移动端协同平台的应用趋势①。

---

① 武志，孙兆丛. 智慧机场移动办公建设［J］. 大众标准化, 2021, (23):104-107+120.

12.5 本章小结

以智慧机场为目标，大兴机场在安全生产、消防监管、安全运行等方面建立了信息化管理系统，保障了大兴机场的智能建造和智慧运营。

在安全生产方面，建立了大兴机场安全生产信息管理系统。该系统基于物联网、云计算、大数据、北斗定位、VR/AR等技术，硬件上由大屏端、后台管理端、移动应用端构成，形成了异源异构数据网和共享机场BIM模型，建设了可视化平台、生产管理平台、安防平台、调度平台，能够实现施工现场全面感知、工程建设综合指挥、安全教育沉浸体验等功能，进而达到管理智慧化、生产智慧化、监控智慧化、服务智慧化的效果，服务于安全管理业务，提升安全管理效率。

在消防监管方面，构建了大兴机场消防信息化监管平台。该平台依托大数据技术、在线表单及编程语言技术，建立了4个子平台，包括消防信息采集平台、消防数据管理平台、消防安全分析平台、消防应用服务平台。消防信息化监管平台融合了消防监管过程中信息采集、数据管理、安全分析、应用服务的不同环节，能够实现消防安全状况的智能建模和实时风险评估，进而提升消防监管工作质量。

在安全运行方面，建设了大兴机场安全管理信息化系统。该系统架构包括信息网络系统、综合布线系统、智慧建筑管理系统、火灾自动报警系统、安全技术防范系统、防雷与接地系统、门禁巡更系统共7个子系统，保障了机场运行安全。同时，通过制度建设和管理赋能，大兴机场加强了网络与信息安全管理，确保信息和数据安全。

由此可见，各层面、各功能的大兴机场安全信息化管理系统契合了“新基建”数字转型、智能升级、融合创新的发展战略，促进了“平安机场”“智慧机场”建设，实现了机场建设安全管理能力质的飞跃，增强了机场建设高质量发展水平，是新时代机场信息化建设的有效手段。

18

第13章 航站楼工程施工安全管理案例分析

施工安全管理工作应当以预防为主，即通过有效的管理和技术手段，防止人的不安全行为和物的不安全状态出现，从而使事故发生的概率降到最低。除了自然灾害以外，凡是由于人类自身的活动而造成的危害，总有其产生的因果关系，探索事故的原因，采取有效的对策，原则上讲就能够预防事故的发生。施工安全管理应遵循本质安全化原则，该原则的含义是指从一开始和从本质上实现了安全化，就可从根本上消除事故发生的可能性，从而达到预防事故发生的目的。本质安全化是安全管理预防原理的根本体现，也是安全管理的最高境界。本质安全化的含义也不仅局限于设备、设施的本质安全化，而应扩展到诸如新技术、新工艺、新材料的应用，甚至包括人们的日常生活等各个领域中[①]。承包单位可以通过提升各级管理者的安全领导力，构建高水平的安全文化，深度管控人的不安全行为[②]等方式加强本质安全水平。本章以大兴机场航站楼工程为案例，分别介绍航站楼核心区工程和指廊工程施工安全管理的技术要点和管理措施。

---

① 住房和城乡建设部工程质量安全监管司. 建设工程安全生产管理［M］. 北京：中国建筑工业出版社，2008：11-13.

② 李建华. 凤凰之巢 匠心智造 北京大兴国际机场航站楼（核心区）工程综合建造技术（施工管理卷）［M］.北京：中国建筑工业出版社，2022：275.

13.1 航站楼核心区工程安全管理

13.1.1 核心区工程简介

1.标段划分

航站楼工程核心区由北京城建总承包施工，航站楼指廊工程由北京建工总承包，停车楼及综合服务楼由中建八局总承包。航站楼与总合同造价140亿元，建筑面积140万m²，有效工期24个月。工程实行大总包管理，基坑工程、主体结构、钢结构、非公共区装修、公共区精装修、机电安装、高架桥、消防工程、室外工程均由总承包完成（图13-1）。

图13-1　航站区工程项目组成结构

2.工程特点

航站楼工程具有规模大、难度大、标准高、人数多的管理难点，其中北京城建所占的合同金额达63.9亿元，涉及200多个专业、分包单位上百家、各类设备24.7万台、屋面吊顶17万块、钢结构桁架10万t、混凝土用量100万m^3、用钢量21万t、地面石材17.5万块、水磨石4.5万块，其中结构施工阶段高峰期工人达到了8 000人。面对浩大的工程规模，团队将管理难点分解突破分为机电设备订货、网架屋面施工、轨道一体化减震隔离体系、机电与土建协调、特殊装修以及新工艺和新技术等。

13.1.2　核心区技术管理要点

航站楼工程面临一系列工程技术管理和内部交叉施工的重点及难点（表13-1、表13-2），由此带来了工程安全管理的重点及难点，相应采取了系列措施（表13-3）。

航站楼核心区工程技术管理重难点及对策　表13-1

序号	重点分析	对策
1	结构设计复杂，施工技术难度大：深区地下二层为轨道交通层，其柱网与其上部结构柱网不一致，因此设计有大量转换劲性结构，另外，大量采用三角、弧形柱网，由于结构平面超长超宽，以及柱网的变化给测量控制带来极大挑战；地下一层柱顶设置隔震支座，竖向结构刚度不连续，结构变形控制难度是无先例新课题	（1）劲性结构施工之前，尽早展开深化设计，深化劲性结构中钢筋与钢结构的连接方式，钢结构加工之前完成所有深化设计图纸的原设计单位确认工作。 （2）集成并开发最先进的测量技术进行测量控制，包括：建立"基于网络RTK技术的CORS系统"，建立并应用高标网，应用数字测量设备。 （3）通过BIM技术对隔震支座近20道工序进行施工模拟，增强技术交底的可视性和准确性，提高现场施工人员对施工节点的理解程度，缩短工序交底的时间。 （4）结构施工之前通过数字仿真模拟温度场，研究季节性温度变化对结构的影响，指导结构后浇带封闭时间、顺序
2	专业工程多，深化设计量巨大：航站楼设计新颖、功能先进，涉及专业多，屋盖钢结构、屋面、幕墙、机电系统和装修均需要进行施工图深化设计，大量深化设计图纸的编制、审核、审批，是技术工作的重点之一	（1）成立深化设计领导小组，负责深化设计管理工作。 （2）制定招标、采购计划，各专业招标文件明确深化设计进度、设计手段要求，各分包中标后严格落实。 （3）建立深化设计例会制度，由建设单位、设计单位参加，保障深化设计进度及质量。 （4）采用BIM技术，明确各专业建模标准进行合模，消除碰撞，满足功能，布排美观，使用及检修空间合理
3	钢结构安装量大，方案选择至关重要：8颗C形柱分四组关于南北向中心轴空间对称，为空间结构，形式复杂，安装技术难度大；屋盖钢网架面积超大，安装工况多，安装精度、位型控制难度大；楼前高架桥国内首次采用双层钢桥、重量大、构件多，施工场地受阻，施工进度事关全局	（1）和设计院及时沟通，高效完成深化设计。 （2）多方案对比选定施工方案，并根据方案工况模拟计算，模拟预拼装。 （3）C形柱采用原位吊装安装方案，屋盖钢结构采用"分区安装，分区卸载，位形控制，变形协调，总体合拢"施工方案，楼前高架桥采用提升施工方案。 （4）采用策略机器人、焊接机器人等先进技术助力现场施工

续表

序号	重点分析	对策
4	高大空间范围广，混凝土框架梁截面大、荷载重，支设拆除难度大，模板及支撑设计是技术控制的重点：地下二层层高11.55m，面积为9.9万m^2，核心区南区首层至三层跃层区域12.5m，面积为1.7万m^2，上述区域框架梁截面大，支撑体系量巨大，搭设拆除方案与施工进度密切相关	（1）施工前编制专项方案，并完成方案论证。 （2）选用先进的盘扣式脚手架作为支撑体系，施工安全、高效，设置通道更灵活；模板龙骨体系选用可周转的钢方通和钢木复合龙骨。 （3）首层、地下一层、地下二层设置拆除通道，通往高大空间模架区，并就膜架体系运出通道进行专门设计，保障材料运输。 （4）利用4m宽结构后浇带作为垂直运输通道，设计专门的提升设备
5	作为国内最大的隔震建筑，施工技术要求高：地下一层柱顶设计隔震系统，大直径隔震支座共计1152个，阻尼器160个，水平结构、竖向结构墙体预设变形缝，各种机电管线、设备管道等均采取抗震节点设计，材料要求高，技术标准高	（1）尽早确定材料设备标准及验收标准，明确生产设备和原材料的要求，制定厂家考察方案，通过严格考察、筛选，选择国内一流设备厂家。 （2）针对穿越隔震层的机电管线，组织设计、专家、专业厂家对施工技术进行分析研究，进行技术攻关和科学计算，完成机电软连接深化设计及管道布排，组织厂家定制生产，施工前编制详实的安装方案和技术交底，在样板验收后大面积展开
6	建筑造型新颖，自由双曲面造型建造难度大：屋盖钢结构、金属屋面、采光顶、室内屋顶大吊顶均设计自由双曲面造型，深化设计、空间位型控制难度大	（1）使用全过程数字建造技术，集成运用并发展全球领先的自由曲面数字设计技术。 （2）相关专业深化设计同步进行，界面处统一合图。 （3）从深化设计、材料下单、工厂加工到现场安装，采用最先进的物联网技术辅助生产

航站楼核心区工程内部交叉施工管理重点及对策 表13-2

序号	重难点分析	对策
1	劲性钢结构与混凝土交叉施工管理：劲性结构点多面广，与混凝土交叉范围大，安装运输路线长，是管理的重点	（1）应用BIM技术，统一深化设计。 （2）预埋钢结构提前加工，提前进场。 （3）编制专项安装方案，部署运输路线、吊装设备，施工过程密切配合。 （4）重点协调劲性结构节点部位焊接、绑扎、预应力、机电预留预埋管线的施工次序
2	钢筋混凝土与钢结构交叉施工管理：钢结构安装难度大，时间紧，混凝土施工提前为钢结构提供工作面为重点	（1）成立钢结构部，专门负责管理、协调。 （2）协调管理大型吊机及塔式起重机的施工时间和范围。 （3）协调场地、道路、吊机行走路线。 （4）楼板超载的验算及提前加固。 （5）运输路线上的混凝土结构楼板提前部署。 （6）协调用电负荷及接驳位置
3	钢结构（含高架桥）与屋面及幕墙交叉施工管理：封顶封围是工期里程碑节点，钢结构施工紧紧围绕屋面、幕墙的施工安排，尽可能为其创造条件，是管理的重点	（1）屋盖钢结构、屋面、幕墙施工界面，在分包招标时详细明确，避免盲区。 （2）屋面、幕墙尽早完成招标工作，实现各专业同时深化，同时审图。 （3）相同工种施工人员共享，减少人员重复进出场管理。 （4）钢结构部负责协调屋盖钢结构、屋面、幕墙、施工场地、材料存放规划等具体事宜。 （5）交叉部位统一制定施工工序并严格执行，以便做好成品保护
4	土建与装修及机电安装交叉施工管理：施工质量目标鲁班奖，装修面板上机电末端点位数量大，交叉施工工序繁琐，是管理的重要工作之一	（1）装修工程与机电工程专业深化设计集中办公，统一合图，协调末端点位。 （2）高架桥安排在装修及机电大面积施工前完成，作为3层以上的材料运输通道。 （3）楼内提升架的布置统一考虑，为土建、装修及机电工程全面服务。 （4）装修及机电工程共同排定交叉位置施工工序并严格执行，装修面板安装时各专业负责人现场共同协调，推进现场安装

航站楼核心区工程安全管理重难点及对策 表13-3

序号	重难点分析	对策
1	群塔作业，钢结构吊装量大	(1)编制群塔作业专项方案，报请监理审批后实施，群塔方案要同时考虑到相邻标段的塔式起重机布置和安全。 (2)塔式起重机按照施工分区布置，每个区的塔式起重机由各个区进行管理。 (3)每个施工区的塔式起重机喂料区分别布置，避免交叉跨越吊运。 (4)制定不同类型钢结构的吊装方案，吊装重量和吊点加固措施经计算分析和专人检查确定
2	设备机具投入量大，电焊点多面广，消防压力大	(1)大型设备进场验收，备案管理，定期检查。 (2)电焊机实名制管理，焊接前申请动火证，作业时设专人看火。 (3)油漆、防水材料、包装等易燃材料及时清理，用电线缆保护到位，防止短路造成火灾。 (4)加强用电管理，潮湿环境、夜间施工漏电保险灵敏有效
3	安全保卫防盗任务重	(1)施工场区设置严格的门卫管理，出入需有证件，材料进出须有项目部安保部及相关部门开具的证明。 (2)大门口设置门禁系统。 (3)成立场区护卫队，24小时不间断巡逻。 (4)项目部安保部与当地的公安保卫部门取得联系，建立联防联控体系
4	交叉作业多	(1)合理安排工序，尽量避开竖向交叉作业。 (2)安全网、操作平台等防护到位。 (3)高平台作业，支撑、防护措施到位，移动时按照操作规程严格执行。 (4)上下交叉作业没有防护措施隔开时，必须划出隔离区，下部严禁施工
5	超高大跨度模板支撑体系坍塌、高处坠落风险大	(1)编制《施工现场安全条件验收》《模板支撑体系“四级”验收》《安全条块管理》《安全生产检查记分考核》等管理办法，通过制度约束人、管理人。 (2)实施严厉的处置问责手段，逐渐形成系统、程序化的管理
6	钢结构屋面高处作业多	(1)要求各屋面施工单位所有施工人员必须体检合格才可上岗作业。 (2)在屋面上人马道下方设置保安，逐一检查工人证件、安全带佩戴情况，确保每人持证上岗。 (3)要求分包单位对钢结构全过程施工阶段安全设施进行策划，搭设样板。将安全设施提前在地面安装，避免工人在安装安全设施过程中发生安全事故。 (4)规范施工安全程序。每日施工前，先由分包项目经理组织安全条件验收，确保工人有可靠的安全通道，确保安全带有稳固的系挂点，作业区安全网无破损。班后由生产经理组织安全、技术及班组长进行班后条件验收，确保恢复安全作业环境
7	二次结构及机电施工阶段预留洞口数量多	(1)编制《临边、洞口作业安全管理规定》，划分责任区及洞口责任单位，与其签订《临边、洞口安全管理协议》，明确责任人及工作任务。 (2)要求责任单位成立单独的临边、洞口防护安全管理组织机构，将安全责任落实至施工班组。 (3)分区域、分楼层对所有洞口进行详细统计、编号，建立台账，张贴临边、洞口标识牌，每天派专人检查。 (4)要求各分包单位如需拆除洞口防护，必须向总承包安保部提交申请，经现场探查，洞口作业安全措施到位后方可拆除。 (5)洞口施工完毕后，分包单位向安保部提出洞口验收申请，待验收合格后，才可进行下一道工序
8	使用高空作业平台从事超高大吊顶施工	(1)要求各分包单位项目经理为曲臂车、升降平台安全管理第一责任人，并确定一名专职人员负责机械设备安全管理，操作人员必须经过厂家培训，持证上岗。 (2)各分包单位曲臂车、升降平台要严格执行进场验收手续，由使用单位上交机械设备进场资料至总承包单位安保部，审核通过后现场验收并粘贴已验收的标识。 (3)坚持曲臂车、升降平台定期维修保养，每月不少于一次。 (4)各分包单位机械负责人每日作业前进行安全条件检查，在运行过程中进行实时监督。 (5)根据不同型号曲臂车，编制有针对性的操作规程。 (6)曲臂车作业区域必须用醒目警戒线与其他区域隔离，在场外临近区域设置“作业区域，严禁进入”的立式警示牌、曲臂车使用公示牌

续表

序号	重难点分析	对策
9	超高大吊顶施工分布广、面积大	(1)在方案编制阶段，项目部对方案研讨，对施工过程全程模拟，并邀请专家对方案进行评审。 (2)针对大吊顶施工，要求分包单位单独成立安全管理体系，划分区域负责人及安全旁站人员，与其签订安全管理协议，明确具体工作任务及责任。 (3)对从事危险性较大施工人员单独建档，集中培训，开展针对性安全技术交底。 (4)每天要求各分包单位上报大吊顶施工人员名册、班前讲话、安全技术交底、安全条件验收等内容。 (5)待安全网及安全绳挂设完成后，对安全网、安全绳进行冲击试验，班组、施工单位先对安全设施进行自查，自查合格后，联合总承包单位及监理单位进行安全设施的验收，履行签字手续。 (6)每日吊装施工点位有50多处，要求各分包单位对每一个卷扬机及吊点（定滑轮）编号，张贴施工机械日检表，要求分包单位每天派专人巡查。 (7)设置安全可靠的上人通道、操作平台及生命线防坠落系统。 (8)在安全网拆除阶段，各施工单位应单独编制《安全网拆除安全管理措施》，经总承包单位审批合格后才可进行安全网的拆除工作
10	幕墙施工吊篮数量多	(1)编制《电动吊篮安全管理办法》。 (2)将吊篮分区进行统计编号，按照分区管理原则，明确总承包、分包、租赁单位相应人员具体负责吊篮安全管理的数量。 (3)所有吊篮经验收挂牌，明确具体责任人。 (4)现场吊篮实行使用申请制及每日巡检制。 (5)吊篮四周设置警戒区域，并安排专人进行安全旁站监督。 (6)每台吊篮设置两个独立的安全绳和锁绳器。 (7)要求产权单位派驻5名专业人员驻场，每日检查后才可使用，并每月至少进行一次吊篮全面检查

13.1.3 核心区施工单位安全管理措施

航站楼工程的安全管理，秉持以人为本，实行最严格的安全管理标准的管理理念，通过体系创新、手段创新，坚持严格执行，最终实现了工程的安全管理目标。在安全管理过程中，为做好消防工作，按照职工10%的比例建立义务消防队，高峰期人数达800多人，60名消防纠察队每日进行消防检查，150名保安成立工程护场保卫队，80名保洁成立消防保洁队。

1.安全管理组织体系

在安全环保管理体系上，一改传统总承包管理模式，创新实行区域管理，形成“总包统筹、分区管理”的集约高效的管理模式，减少管理层级，管理效率大大提升。管理如此庞大的工程，更需要充足的精力和体力，在安全人员配置上，从50岁以下人员中择优，分专业优选经验丰富、责任心、执行力强的人员，集成行业优秀资源，实现高效管理模式。

（1）总包安全管理体系建立及人员配备

设置了以北京城建集团工程总承包部总经理、项目执行经理为组长，项目各系统副经理为副组长，相关人员为组员的安全管理机构，配备了1名安全副经理，2名安全总监，4名注册安全工程师，高峰期配备安全防护、脚手架专职管理人员2人；塔式起重机、机械安全专职管理人员3人；临时用电安全专职管理人员2人；消防保卫专职管理人员3人；环境保护、文明施工专职管理人员2人；安全培训师（兼安全资料员）3人，并按照土建分区、机电分区、钢构分区、装饰装修分区进行区域划分管理，由二级单位驻场管理，设置分区安全管理机构，要求分区配备不少于2名专职安全管理人员、环保监督员1名，并根据《安全条块管理》的要求及安全管理各专业要求，适时增设专职安全管理人员。统一纳入总包管理，形成纵向到底、横到边的安全网格化监管体系。

（2）分包及劳务队伍安全管理人员配备

为将安全管理职责抓实、抓细，要求分包单位进场前必须向总包上报安全生产、文明施工及环境保护管理体系，将分包人员安全环保管理人员配备标准纳入分包合约中具体要求：配备专职机械员不少于1名、专职消防保卫管理人员不少于1名、专职临时用电安全管理人员不少于1名、安全培训师1名（兼安全资料员）及专职应急救援人员1名（经红十字会培训、发证），至少1名专职环境保护管理人员，班组长兼做班组最基础安全管理人员，每日佩戴袖标旁站，另要求分包指定专人负责日常临边、洞口、消防设施配备情况、防火措施落实进行巡视检查，并根据分包单位所属责任区域的施工难点、特点，监督管理面积、施工人数，适时增加相应安全管理人员，保证专职安全管理人员配备要求不低于50：1。分包安全管理人员达120余人。另设，消防、机械、保卫、环保专业巡查队伍（图13-2）。

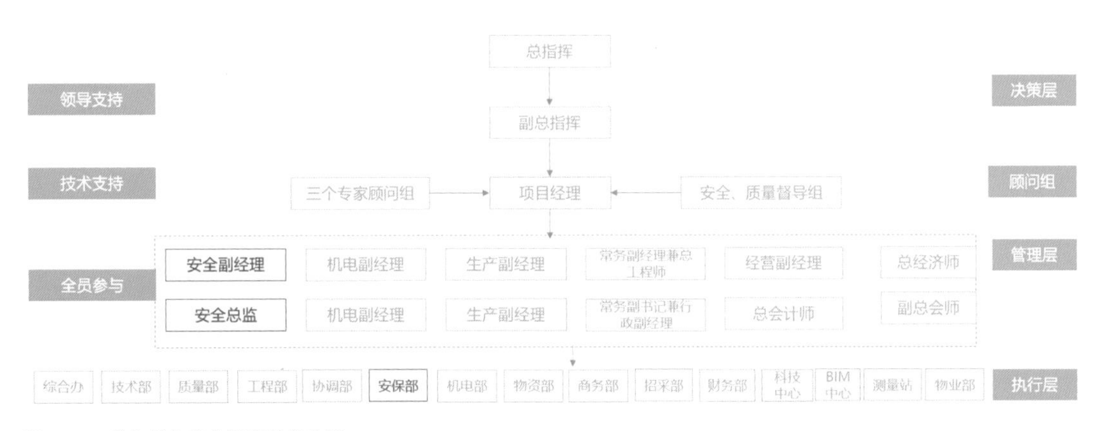

图13-2　总包单位安全管理组织体系

2.“九化”安全管理措施

为了实现项目的精细化管理，提升管理标准，总承包单位实行了“九化”安全管理措施，即：

（1）安全管理制度化：建立行之有效的管理制度，实行制度动态管理，实时分析生产作业流程和管理上的薄弱环节，结合安全新形势和上级部门的要求，及时更新安全管理制度。

（2）安全设施标准化：针对不同施工阶段特点，编制安全设施策划，建立现场标识系统，同时在现场设置安全设施样板区，验收合格后推广使用。统一安全设施标准，建立标准化小组，严格检查分包单位标准化设施的落实情况。

（3）安全教育人本化：成立培训基地、环保培训体系，“以人为中心”开展安全教育工作。对经常违章的人员从心理上、个性上分析其不安全行为产生的原因，有针对性地进行教育和引导，从而提升施工人员的安全意识。树立“三心”安全管理理念：第一，恐惧心：如果没有做好，出了问题，我会受到惩罚；第二，羞耻心：如果没有做好，出了问题，这是作为项目部人员的耻辱；第三，良心：如果没有做好，出了问题，自己会极其良心不安。

（4）管理手段智慧化：通过“人脸识别”“移动电子平台”“塔式起重机防碰撞”“高清视频全覆盖”等信息化系统，集成项目管理手段，指导项目安全生产，有效地提高项目管理和现场管理水平。

（5）日常管理精细化：结合现场实际要求，制定行之有效的管理流程和切实可行的安全管控措施。将安全管理渗透到施工过程的每一个环节、每一个人、每一件事、每一处地方，确保“人人、事事、时时、处处”都有规范的制度来约束。

（6）行为作业规范化：通过编制简易的图形安全工作程序，梳理5S管理文化，严格细化岗位标准和操作标准，不定期地对工人进行培训和指导，减少施工人员的盲目性和随意性，避免安全隐患的发生。建立治安巡逻队、消防巡查队、起重吊装巡查队，实施现场的消防保卫及起重吊装管理。

（7）责任落实网格化：根据现场实际情况，将工程区域划分为多个区块，明确每一个区块的责任主体和职责分工，区块负责人为本区域职业健康安全及环保第一责任人，在做好本职工作的同时，负责职业健康安全及环保工作。

（8）施工环境整洁化：总承包单位常态化成立80多人的专业保洁队，分包单位施工人员按照20∶1配备保洁人员，每天清洁作业区域，保持现场卫生整洁。每周召开安全环保例会，对各承包单位文化施工进行考核评比。

（9）安全监管独立化：为了确保目标的顺利实现，设置1名安全经理、2名安全总监，将安全环保部列为独立监管部门，直属项目经理统管，对于违章行为有停工和处罚权力，不受其他部门的约束。

3.特色安全管理实践

（1）各分包单位建立安全管理体系，责任落实至班组级。全场推行班组化管理，尤其针对危大工程，化整为零，要求专业分包单位安全生产管理体系落实到班组，班组长是最基层的安全管理负责人，佩戴安全员袖标，负责本班组安全监督管理工作（图13-3）。

图13-3　班组长现场安全监督

（2）全员网格化管理。为进一步加强安全生产主体责任的落实，实行全员、全系统安全管理格局，实行网格化管理，总包副职以上领导担任区域管理第一责任人，切实做到“党政同责、一岗双责、齐抓共管”的管理要求。

（3）严格落实“班前、班后5分钟”安全条件验收制度。制定“班前、班后5分钟”安全条件验收管理规定，安全条件验收工作由生产系统主管，生产负责人直接负责本施工区域各项施工作业环境安全状态的确认，同时组织技术、安全负责人对施工区域进行验收，经验收合格后相关人员填写《班前安全条件验收表》《班后安全条件验收表》并签字确认，在群里公示。总包单位安保部每日安全联合检查时对照条件验收表进行考核检查，未进行条件验收或条件验收与作业现场条件不相符的，停止施工，总包按照管理办法进行记分处理并对责任人及相关单位进行经济处罚（图13-4）。

图13-4 班前5分钟安全条件验收

（4）实行安全条块化管理。结合施工现场合署办公、分区的管理的特点，现场制定《施工现场安全条块管理办法》，做到合理分工，责任明确，各分区必须按照安全条块管理责任划分的职责督促、检查分包单位做好每道工序施工安全条件验收工作，确保各项安全防护措施到位，坚决杜绝轻伤及以上事故的发生。对于不落实安全条块管理或落实不到位且现场存在安全隐患的工程，按照有关规定进行严厉处罚，存在重大安全隐患、文明施工较差的单位现场责令停工整改（图13-5）。

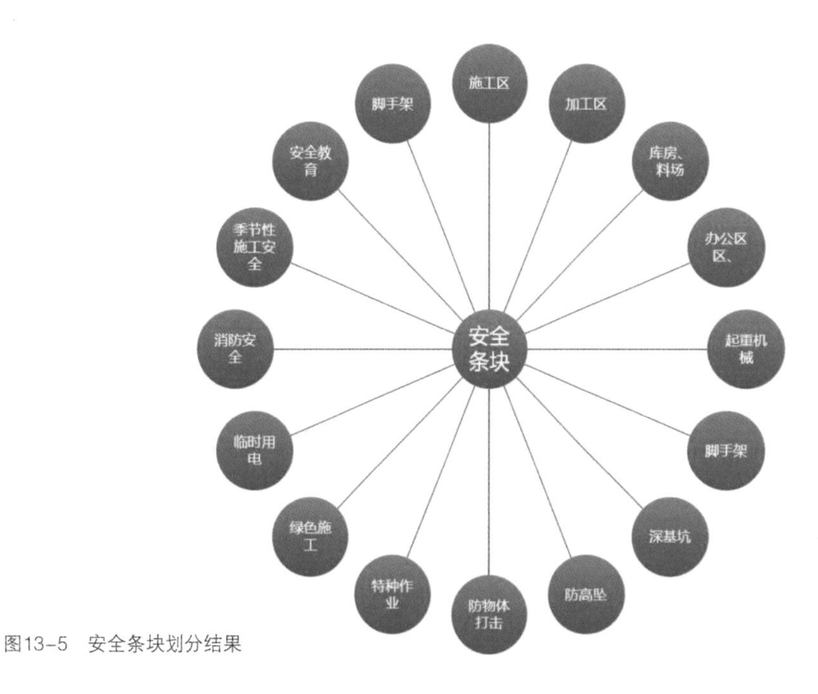

图13-5 安全条块划分结果

（5）严格落实领导带班检查制度。每周一项目领导带队进行联合安全检查，每周三复查隐患整改情况。根据不同施工阶段特点，每周开展专项安全检查活动，每天对施工现场进行不间断安全巡查及隐患排查。通过各项安全检查，及时消除施工现场存在的各类安全隐患，确保施工安全始终处于受控状态（图13-6）。

图13-6 领导带班安全检查

（6）安全风险及隐患分级管控。从原材料的进场运输、装卸储存、加工到施工过程中各个环节可能发生的危险因素及构件的不安全状态进行辨识、登记、汇总，制定详细具体的安全管理措施，责任落实到人。针对施工各阶段重点部位，加强重大风险源的辨识和管控，在本区域重点部位及出入口以公示牌形式公示，对施工中临时增加的危险源、危险点及时补充到公示内容中，保证每天更新一次。并且将重大风险源内容及时向班组长、施工人员进行交底（图13-7）。

（7）创新安全管理思路，开发安全管控平台。为了进一步加强现场安全系统化、标准化管理，邀请软件公司协同开发本工程安全管控平台，每周分专业、分单位统计安全隐患数量，通过数据分析，确定下一步安全管控重点，同时通过每日安全条件验收、用工统计、动火上报的上报情况，了解每日安全重点管控内容，系统有效地开展日常安全管控措施（图13-8）。

（8）危大工程履行“四级”验收会签手续。对于模板支撑体系搭设、装饰装修大吊顶等危险性较大施工项目开展前，必须严格执行班组级、施工分区、施工总承包部、监理单位“四级”验收程序，履行验收会签手续（图13-9）。

图13-7 航站楼核心区钢结构施工现场

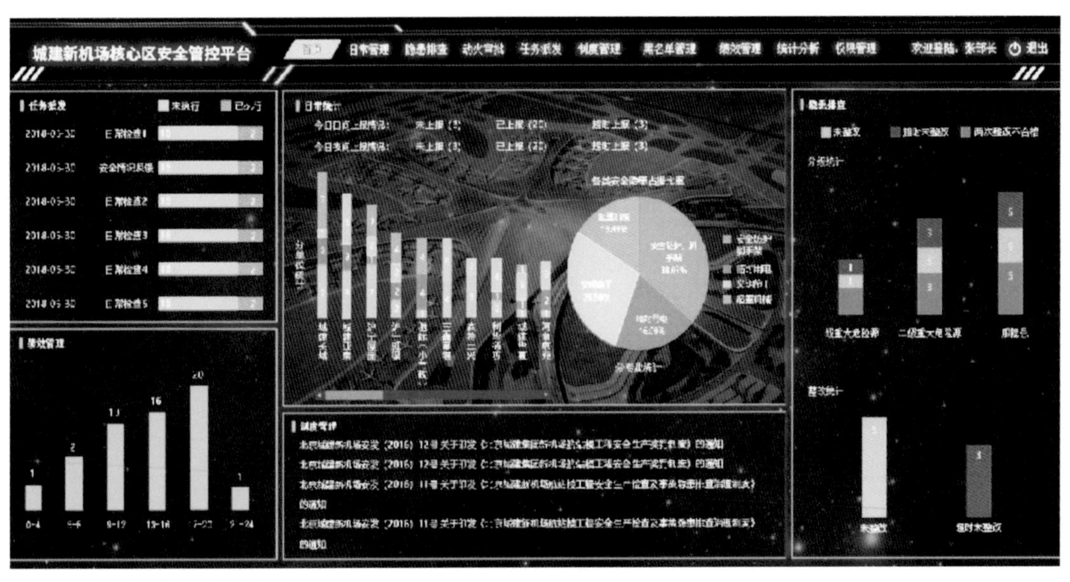

图13-8 总包单位安全管控平台

图13-9　危大工程“四级”验收检查

4.航站楼工程安全管理成果

大兴机场航站楼工程获各类奖项105项，其中国家、省市级荣誉62项；接待参观调研2000余批次，总数人5万余人；国内外一线权威媒体500余次采访报道，中央电视台、新华社、人民日报、北京电视台等主流媒体持续跟踪报道；获得国家优质工程奖、中国建设工程鲁班奖、国家科技进步奖、全国建设工程施工安全生产标准化工地、全国建筑业绿色示范工程、中国工程建设安全质量标准化优秀单位、北京市“安康杯”竞赛优秀班组、北京市绿色安全样板工地等一系列重要奖项①②。

13.2　航站楼指廊工程安全管理

13.2.1　指廊工程简介

北京建工集团承建的大兴机场航站楼指廊工程，由长度411m的东南、中南、西南三座指

① 李建华. 凤凰之巢 匠心智造 北京大兴国际机场航站楼（核心区）工程综合建造技术（工程技术卷）[M].北京：中国建筑工业出版社，2022：12-16.
② 李建华. 凤凰之巢 匠心智造 北京大兴国际机场航站楼（核心区）工程综合建造技术（施工管理卷）[M].北京：中国建筑工业出版社，2022：270-322.

廊和长度298m的东北、西北两座指廊组成，总建筑面积约30万m^2，它们以主航站楼为中心向四周散射，配合上下双层平台，使得航站楼中心前往各登机口的距离得到最大的优化，旅客从航站楼大厅沿指廊前往最远端登机口乘机，步行距离最远不超过600m，所需时间不超8min。工程总计打下7 195根基础桩，浇筑50万m^3混凝土，撑起总投影面积13.3万m^2重达1.3万t的钢网架，以误差不超过1mm的精度完成9万m^2铝板吊顶安装，以传统技艺和现代科技在指廊端头打造5座美轮美奂的空中花园（图13-10）。

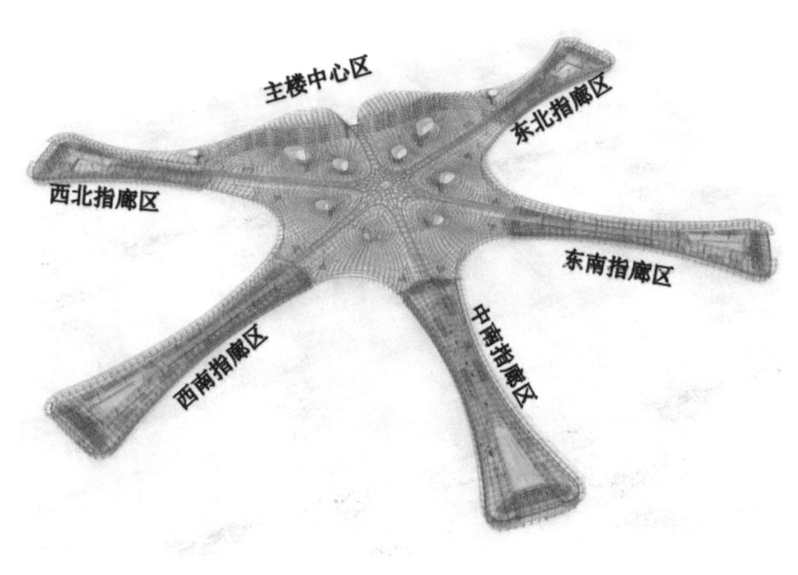

图13-10 航站楼指廊工程示意图

13.2.2 指廊工程技术管理要点

（1）综合协调难度大。指廊场区分散、占地广，覆盖面积2km^2，统筹协调难度大。五个指廊为五个单体，个别分包单位可能对接2~3个指廊，有些分包单位（甲指单位）需要和5个指廊同时沟通，高峰阶段几十家单位同时施工，沟通难度大，五个指廊需同步保证工期，各指廊之间较为分散且施工作业面大，对分包单位施工及总包单位整体协调产生巨大考验。实行各指廊分区管理，配备相应管理团队，项目部统筹协调，全过程智能管理，打造智慧工地，资源均衡配置，工程管理高效合理，完美达到设计意图，实现节点目标。

（2）钢结构施工标准高。网架钢结构约2万t，材料场地要求面积广，场外无拼装场地，球型节点焊接难度大。针对钢结构施工，工程部与两家钢结构部进行专题交流，详排施工计划、材料到场计划、吊车站位及行走路由安排等工作部署。订立在施工过程中不堵路、不与塔式起重机冲突、不降效的施工原则。

（3）双曲吊顶安装难度大。指廊候机区双曲铝蜂窝条板吊顶施工面积大、结构形式复杂，空间坐标控制精度高，网架距地面最高处达20m，安装难度大、风险高，选择合理的吊顶施工方案，实现安装过程的质量、施工、安全可控，加快安装进度、降低成本是本工程的难点。400m长双曲铝蜂窝条板吊顶采用三维激光扫描建模与BIM模型对比，精确调整构件空间位置，安装精度小于3mm，板缝均匀；采光天窗落地柱铝板曲线流畅，曲面平顺，与吊顶浑然一体（表13-4）。

航站楼指廊工程技术管理的重点难点及对策 表13-4

序号	重难点分析	对策
1	钢屋盖造型复杂，面积大，施工难度大	（1）三个指廊屋盖钢结构均分3次提升，即屋盖分三段分别提升，具体做法为：在结构外侧或结构楼板上的拼装场地进行小拼，采用塔吊或汽车式起重机将各个拼装单元在楼板上对应的投影位置进行组装，待整体拼装且焊接完成后，利用提升支架进行整体提升。 （2）对于存在混凝土浮岛的部分，采用累积提升的施工方法
2	大面积钢结构整体提升难度大、同步控制难度大	（1）提升吊点布置。 （2）提升设备布置。 （3）安全系数储备大。 （4）整体提升同步控制
3	钢屋盖杆件多，现场焊接量大，焊接变形控制难度大	（1）制定详尽的焊接方案。 （2）严格控制焊材采购及使用，派具有经验的专业工程师到现场指导施工。 （3）焊工必须持建筑工程焊工合格证和安全操作证，并进场后再次进行焊接考试，由公司焊接方面专家给予指导评价。 （4）焊接顺序与吊装顺序协调一致。 （5）控制焊接变形，可采取反变形措施。在约束焊道上施焊，应连续进行；如因故中断，再焊时应对已焊的焊缝局部做热处理。 （6）严格执行钢结构工程质量验收规范和焊接技术规程规定，并按相关操作工艺实施，施工防风、预热、焊后保温等措施严控实施

13.2.3 指廊工程施工单位安全管理措施

（1）健全安全组织机构。建立了扁平化的高效管理体系，在安全管理工作中，各区域安全员直属安全管理部统管，加强对施工现场的管控力度。按施工区域划分为中南指廊、西南指廊、西北指廊、东北指廊、东南指廊，每个指廊区有一定数量的安全员负责，负责施工现场日常安全管理工作。按管理内容划分为机械管理、临时用电管理、架子防护、消防安全、文明施工、安全教育等，由专人对五个指廊进行专项管理。整个安全管理系统共计15人，老、中、青三代结合，是一支具有较强战斗力的高水平安全管理团队。

（2）实行安全条块化管理。为了更好地开展安全生产工作，按照“一岗双责、党政同责、失职追责”的工作要求，北京建工集团项目部根据大兴区住房和城乡建设委制定的《大兴区建设工程施工现场安全条块管理暂行办法》，在项目部、指廊范围内按照专业和区域相结合进行安全管理责任划分，形成横到边、竖到底的安全管理网络，并在分包单位内部进一步推行实施，真正将安全隐患排查工作落实到实处。

（3）实施施工安全生产条件检查公示。为保证施工现场安全生产时时处于受控状态，安全部制定公示制度，各分包单位必须将本单位安全管理重点工作、重大危险源等进行公示，同时将每日检查记录、班前讲话、现场安全条件验收等相关资料进行公示。对安全责任不落实、违反项目部安全管理规定的项目部将约谈分包单位负责人并制定整改措施，按照罚则给予上限处罚。

（4）施工现场严格安全检查。各指廊安全每日进行自查，将隐患整改通知单形式下发至责任单位，分包单位需以书面形式将整改情况（含整改前后照片）上报至现场安全管理人员，安全管理人员进行复查。周一各指廊负责人、安全主管组织进行自检；每周二总承包部项目经理、安全总监联合建设单位、监理单位组织各指廊负责人、安全主管、分包单位负责人、安全主管进行安全联合检查，各指廊安全负责人组织相关负责人针对联合检查提出的问题进行整改，现场安全管理人员复查，并将整改前后照片上报至安全部，安全检查小组对整改情况进行确认。每周三至周日安全部相关负责人组织各指廊安全主管及分包单位安全主管进行针对性检查，检查出的问题下发整改通知并限时整改，各指廊安全负责人监督整改及复查，对逾期未整改的单位进行处罚。

（5）建立考核评比机制。指廊考核。检查小组将每月对各指廊进行一次评比，评比倒数第一的指廊，由指廊负责人和安全负责人作书面报告，说明情况及整改措施，连续两次倒数第一的指廊，项目经理、安全总监将约谈指廊负责人、指廊安全负责人。对有上级行政主管部门罚款的，对指廊予以计分处罚。分包单位考核。北京建工集团项目部每月对分包单位进行一次评比，评比倒数第一由分包单位项目经理和安全负责人作书面报告说明情况及整改措施，连续两次倒数第一的分包单位，总包单位将约谈其公司负责人。对分包单位的安全生产行为和安全管理情况考核的成绩将作为安全保证金返还依据[①]。

① 北京建工集团有限责任公司. 北京新机场工程(航站楼及换乘中心)(指廊)中国建设工程鲁班奖复查汇报资料［A］. 2020.

13.3 本章小结

本章以大兴机场航站楼核心区工程和指廊工程为例，分别介绍了两家总承包单位安全管理的具体做法。航站楼工程具有一系列独特的技术管理难点，包括建筑造型新颖、结构设计复杂、施工技术难度大、钢结构安装量大、高大空间范围广。作为国内最大的隔震建筑，大兴机场航站楼钢结构施工标准高，自由双曲面吊顶安装难度大，综合协调难度大，施工技术要求高。承包单位针对性地明确了安全管理重点、难点及相应对策，采取了各种安全管理措施，保障了航站楼工程施工本质安全。较有特色的安全管理措施包括：建立安全管理组织体系、“九化”安全管理措施、“班前、班后5分钟”安全条件验收制度、安全条块化管理、安全管控平台、危大工程“四级”验收会签手续等。这些安全管理措施可作为复杂航站楼工程施工安全管理的有益参考。

E90-E95
E84-E89
中国园 China Garden
E84-E89
E90-E95

第14章 实践与理论双螺旋互动的安全管理进路

实践是检验真理的唯一标准，实践和理论之间具有密不可分的互动关系。安全管理既是一种实践活动，也是一种理论凝练的过程。大兴机场在工程建设安全管理实践过程中采取了一系列创新做法，在能力和结果等方面获得了良好绩效，回答了中国重大工程安全管理“凭什么行”的问题。这些实践活动也从应然性、实然性和必然性方面，解答了中国重大工程安全管理“为什么能”的问题，搭建了从安全目标到安全结果的桥梁，贡献了重大工程安全管理的中国方案和中国智慧。同时，随着要素和环境的变化，实践活动又是动态变化的，在疫情防控、品质工程、智慧工地等方面都出现了一系列新的挑战和要求，需要逐步探索重大工程安全管理“向何处去”的问题。本章从实践绩效、理论创新、发展趋势三个方面总结大兴机场工程建设安全管理的具体实践、理论和挑战，剖析实践与理论双螺旋互动的中国特色重大工程安全管理进路。

14.1 安全管理实践绩效

14.1.1 能力绩效

指挥部始终秉承“安全隐患零容忍”理念，以最强担当、最高标准、最严要求、最实措施打造平安机场。“安全隐患零容忍”是平安机场建设的核心思想，理念上要正确认识隐患零容忍是对“安全第一、预防为主”安全方针的科学阐释，是安全工作的价值观和方法论；态度上要坚持“眼睛里容不得沙子”，只有对隐患零容忍，才能实现安全生产零事故；方法上要实现常态抓安全隐患、重点抓风险管控、长远抓系统建设；管理上要把隐患排查治理与安全管理体系有机结合，形成隐患零容忍长效机制；责任上要通过责任拼图、网络化，建立横向到边、纵向到底的安全责任体系；文化上塑造遵章守纪、诚实守信、落实责任、全员主动的企业安全文化。大兴机场安全管理能力绩效主要体现为如下方面：

（1）工程建设安全标准逐步提升。引入了项目全生命周期的安全、环保、健康（HSE）管理服务单位，建立全流程的HSE管理体系和“7S管理”制度，搭建全员参与式HSE管理组织架构，实现安全零事故、质量零缺陷、工期零延误、环保零超标、消防零火情、公共卫生零事件的总体目标。

（2）工程安全管理体系不断丰富。制定了具有大兴机场特点的安全管理体系，主要包括安全生产风险管控、事故隐患排查治理管理、安全生产绩效考核管理、安全生产教育培训管理、工程发包与合同履约管理、参建单位汛期施工安全管理、施工现场安全资料管理、安全生产例会等20余项制度。

（3）工程安全措施逐步完善。设立消防监督巡逻和应急处置驻勤岗，完善消防安全责任制度，保障了建设高峰期间全场上千家施工单位、7万余人同时作业；集中对违法犯罪高危群体比对筛查，实现场内流动人口信息全面采集，做到“底数清、情况明”；开展矛盾纠纷“大排查、大化解”和治安环境整治行动；保障农民工合法权益，实现“零上访”。

（4）安全管理顶层设计不断完善。推进大兴机场安全规划“白皮书”与“十四五”平安机场专项规划编制，稳步推进平安机场建设；构建安全管理全景图，形成多维、动态的业务管理全景图及手册；编制完成《安全管理体系手册》，建立预防预警预控体系；扎实开展以"三个敬畏"为内核的作风建设，提炼发布《北京大兴国际机场安全承诺九条》；制定《北京大兴国际机场相关方安全管理实施细则》，实施分类分级管理；建立"违章问题直达高管"工作机制，促进安全问题及时解决。

（5）安全管理基础持续夯实。编制"三基"建设方案，对核心流程、保障要求进行"安全交底"；将机场安全"四个底线"指标体系细化分解，对安全底线指标进行动态监测；鼓励班组人员发挥创造性，推动科技创新和课题研究；创新开展全过程和差异化风险评估，建立风险隐患评估小组，制定风险管控清单，识别882项危险源，开展安全隐患清零"提速"专项行动，做好隐患动态管理。体现扎实的安全管理基础的案例如下：2016年，"7·20"北京暴雨，为了缓解工地防汛压力，航站区工程部、总包单位、监理单位等几乎所有驻场人员全部冒雨到工地参与防汛。2017年12月，航站楼屋面封顶前一个月，现场连续遭遇大雾和低温天气，每天早上屋面都需要先由一位经验丰富的工人，像登山一样，系上安全绳，沿已完成屋面的作业面徒手攀爬至新工作面，为后方人员架设好绳梯及安全防护设备后，其他人再轮流往上爬。在这样极端的条件下，施工团队全力以赴，克服了重重困难，如期实现了2017年12月30日航站楼功能性封顶。

（6）安全保障能力有效提升。开发安全运行管理平台，实现安全工作的统一管理；全国率先启用毫米波门安检模式；推广人脸识别技术；行李100%实现X光机和CT机双机安全检查；建立多圈层安保防线，推动机场地区安全防范工作逐步向外围拓展，实现"多层级"联动防控；将货运、机库等区域纳入机场控制区统一管理，确保空防红线统一值守；强化资质管理，对所有入场单位、人员、设施实施准入管理，建立企业入场黑名单工作机制；对入场工作的人员进行全员安全培训考核，对入场设备进行安全评估，从源头减少风险隐患。

（7）保持了安全生产的良好态势。指挥部成立了安全委员会，设立专职部门，狠抓安全措施落实。持续完善安全生产管理体系，出台了《安全生产监督管理办法》等多项制度，统筹各参建单位，层层落实安全责任。强化安全教育培训，针对大兴机场工程施工单位多、人员流动性大的特点，为切实增强安全意识、提高安全技能，创造性地在现场建设了"安全主题公园"，要求所有参施人员必须接受9大类50项安全体验培训，取得"大兴机场安全培训护照"后方能上岗。落实安全主体责任，实施分区域、精细化管理，每周召开安全生产例会，定期开展安全生产讲评，不定期安全巡查，始终坚守安全底线。提升消防安全管控力度，加强微型消防站和视频监控系统建设，强化核心区消防监督巡逻和应急处置。整治"低慢小"（低空、慢速、小型飞行目标），做好成品保护、出入口证件和车辆交通管理，多措并举加大治安管理力度，未发生责任不安全事件和群体性事件。以上各种措施让大兴机场一直保持着“施工安全零事故”的成绩，成为名副其实的“平安工程”。同时考虑到该项目工期长达几年，高峰期有7万余人同时施工，这一成就更显得意义非凡。

14.1.2 结果绩效

1.体现了社会主义政府工程安全监管制度的优越性

大兴机场作为国家重大工程和雄安新区的先导工程，各级政府高度重视，加强安全监管力度，体现了在建设重大工程项目时社会主义政府工程安全监管制度的优越性。例如，北京市住房和城乡建设委现场派驻了三个处长；安监局成立了专门的处室，加强对大兴机场工程建设安全的监管工作；民航局也高度重视，针对大兴机场项目成立了专门机构。这些政府机构对于加强重大工程项目的安全监管力度、推动安全法规和安全制度的落实起到了不可替代的引领作用，很好地保证了工程项目安全绩效。

2.建成了“平安工程”和“平安机场”

大兴机场在建设过程中保持了安全责任事故为零的良好安全绩效。杜绝因违章作业导致一般以上生产安全事故，杜绝因人为责任引发一般以上火灾事故及环境污染事故，建设期间火灾防控形势持续保持高度平稳，实现了人为责任火灾事故零发生；杜绝发生影响工程进度或造成较大舆论影响的群体性事件；建设了安全管理体系，健全了各项安全管理制度。2019年6月30日前，大兴机场顺利通过竣工验收，在整个建设过程中安全责任事故为零，实现了“平安工程”的建设目标。大兴机场安全管理体系独特而全面，代表了“平安工程”“平安机场”的安全水准和标杆，值得其他大型机场建设项目推广和借鉴。“十四五”期间，我国仍将面临众多大型机场的建设任务，在机场建设过程中，大兴机场打造“平安工程”的经验和模式有助于机场建设者们进一步学习和借鉴。

3.形成了基于大安全观的重大工程建设安全管理模式

基于大安全观思想，大兴机场工程建设安全管理工作形成了系统化的“建设期+运营期”“安全生产+安全保卫+疫情防控”“政府部门+建设单位+承包单位+第三方机构”“工地内+工地外”“人防+物防+技防+源防”“硬件+软件+斡件”相结合的重大工程建设安全管理模式。该模式有助于化解巨型工程面临的复杂安全风险，有助于探究重大工程安全零事故背后的成因和机制，有助于形成中国情境下重大工程建设安全管理模式。

4.构建了覆盖建设和运营全过程的安全生产管理体系

大兴机场安全生产管理体系自2018年7月正式施行。指挥部严格安全生产管理体系落实工作，全面细化压实安全生产责任，确保体系核心内容执行到位。该体系从无到有，区别于传统的安全生产总局、安监系统的体系要求，形成了覆盖建设和运营全过程的安全生产管理体系。此外，该体系已获得安监局颁发的国家二等奖。该体系的责任落实机制包括如下方面：

一是在完成安全生产责任书的签订后，切实把安全生产责任落实到位，特别要强化各个工程项目现场具体负责人的管理责任。

二是把各项制度细则与专项措施落到实处，确保安全生产责任制、安全风险管控、隐患排查治理、安全绩效考核、事故应急处理、工程发包与合同履约等体系核心内容执行到位。安全质量部负责推进落实、组织督查，各工程部负责组织落实、检查监管，各参建单位负责现场实施、自查自检，保卫部做好消防专项检查和监督管理。同时各部门加强沟通、协调与合作，建立联动机制。

三是组织引进第三方服务机构开展安全检查和绩效考核工作。对在大兴机场承担多个项目的施工单位，形成“项目群”管理。对在建工程项目，按所属工程和所属“项目群”合理分区域、分组进行考核评比。

四是每季度通报安全生产绩效考核与评比情况。通过公示项目名称、所属工程部门、现场具体负责人、总承包单位、项目经理、监理单位、总监理工程师与排名，增强荣辱感与责任感，逐步形成协同配合、齐抓共管的长效机制，推动安全生产工作深入有效地开展。

五是制定具体办法管理约束第三方服务机构，确保考核评比结果公正、公平、公开，形成良好竞争风气，提升安全管控效果。

5.践行了“人民至上”“以人为本”的安全生产文化

大兴机场是习近平总书记亲自谋划、决策、命名、推动、宣布运营的工程，是习近平新时代中国特色社会主义思想在京华大地的生动实践。该项目把习近平总书记“人民至上”“以人为本”的安全思想和安全理念作为根本遵循，体现了人的生命在整个项目建设过程中的至高价值，“人民至上”思想得到了体现，塑造和升华。具体包括以下方面：

首先，指挥部组织开展了形式多样的安全文化活动。为提高职工身心素质，指挥部组织开展了“同心携手行、共筑新国门”主题健步走活动；为弘扬劳模精神，开展了2018年民航劳模大讲堂活动；开展了运动会活动，增强体质，促进交流；中国广播电视总台“心连心”艺术团赴大兴机场进行演出，慰问广大职工（图14-1）；开展了EAP（Employee Assistance Program）服务计划，通过线上微课和健康驻场两种方式了解员工身心健康问题，解决身心困扰；开展了困难职工、老党员、老干部慰问等活动，关怀员工生活。

图14-1 大兴机场2019年10月15日“心连心”文艺汇演

其次，指挥部组织实施了“安康杯”竞赛活动。指挥部成立了“安康杯”竞赛活动领导小组，负责组织、监督、检查、协调安全生产的全过程，做到有组织，有领导，有条不紊地组织开展安全生产。竞赛主题是：落实全员安全责任，促进企业安全发展。竞赛活动目标是：认真贯彻落实全国民航“安康杯”竞赛活动总体要求，落实企业全员安全生产责任制，增强职工安全责任意识，加强班组作风建设，提高安全管理水平和效能，夯实大兴机场工程建设安全基础，树立并提升全员安全意识，大力营造“平安工程”建设的浓厚氛围，持续提升大兴机场工程质量、安全工作水平。同时提出了具体的工作要求和部署，要求各参建单位要广泛发动全体施工人员，积极参与，努力提高参建人员的安全生产意识和安全操作水平。

再次，积极开展群众性隐患排查和安全文化普及教育活动，推进安全文化建设。在机场建设全过程牢固树立安全发展理念和安全生产“红线”意识，保持安全隐患“零容忍”，增强指挥部全体职工安全健康意识和技能素质。在机场建设中落实“五化”（发展理念人本化、项目管理专业化、工程施工标准化、管理手段信息化、日常作业精细化），保障大兴机场“平安工程”建设。

6.实现了大型机场项目的安全信息化管理

安全生产管理效能要持续提升，构建安全管理体系之后的重要工作是要实现安全信息化管理。大兴机场项目契合了新基建、科技赋能等新型工程建设理念，借助于BIM等信息化技术，建立了安全生产、消防安全、施工安全等多种形式的安全信息系统和安全监管平台，实现了智慧建造。

14.1.3　获奖情况

大兴机场项目获得了安全生产方面的一系列奖项，例如：航站楼核心区、指廊、停车楼及综合楼工程获得全国建设工程项目施工安全生产标准化工地；市政六标获得全国AAA级绿色安全文明标准化工地。指挥部获得2019年全国“安全生产月”优秀组织单位、“2019年北京市安全生产先进单位”、2019年度首都（大兴）机场地区内保维稳工作“先进单位”称号等殊荣。北京大兴机场安全生产管理体系荣获“第一届中国安全生产协会安全科技进步二等奖”。具体获奖清单如表14-1所示。

大兴机场安全获奖情况　　表14-1

获奖时间	获奖项目或单位	授予奖项
2015年12月	北京大兴国际机场建设指挥部	北京市人力资源和社会保障局授予“首都国家安全工作先进集体”
2017年2月	北京大兴国际机场旅客航站楼及综合换乘中心（指廊）、安置房项目	2016年度北京市绿色安全样板工地
2017年4月	北京大兴国际机场建设指挥部	2017年全国民航五一劳动奖状
2017年4月	北京大兴国际机场	国家AAA级安全文明标准化工地
2017年6月	北京大兴国际机场旅客航站楼及综合换乘中心、停车楼及综合服务楼工程、飞行区场道工程、安置房项目	2017年度全国建筑业绿色建造暨绿色施工示范工程
2017年8月	北京大兴国际机场	大兴区绿色安全样板工地
2017年9月	北京大兴国际机场	住房和城乡建设部绿色施工科技示范工程
2017年11月	北京大兴国际机场建设指挥部	中央精神文明建设指导委员会授予“全国文明单位”
2018年2月	大兴国际机场工作区工程（市政交通）道桥及管网、停车楼及综合服务楼等工程	2017年度北京市绿色安全样板工地

续表

获奖时间	获奖项目或单位	授予奖项
2018年2月	北京大兴国际机场安置房项目	2017年度北京市绿色安全工地
2018年4月	北京大兴国际机场建设指挥部	全国五一劳动奖状
2018年10月	北京大兴国际机场旅客航站楼及综合换乘中心（核心区）工程	北京市建筑结构长城杯金质奖
2018年12月	北京大兴国际机场建设项目	2018年度国际卓越项目管理（中国）大奖金奖
2019年1月	北京大兴国际机场	北京市2018年度施工扬尘治理先进建设单位
2019年2月	北京大兴国际机场建设指挥部	民航科学技术一等奖
2019年2月	北京大兴国际机场空防安保培训中心、工作区（市政交通）、临空经济区市政交通配套、西塔台、污水处理厂等工程	2018年度北京市绿色安全工地
2019年2月	新机场货运区、配套供油等工程	2018年度北京市绿色安全样板工地
2019年4月	北京大兴国际机场旅客航站楼及综合换乘中心（核心区）钢结构工程	第十三届第一批“中国钢结构金奖”
2019年4月	北京新机场旅客航站楼及综合换乘中心、停车楼及综合服务楼工程	第十三届“中国钢结构金奖年度杰出工程大奖”

14.2 安全管理理论创新

大兴机场基于大安全观理念，遵循人民至上的指导思想，建成了平安工程，实现了生产安全责任事故为零的总体目标，形成了独具特色的安全管理模式，很好地回答了中国重大工程安全管理“凭什么行”的问题，同时也从应然性、实然性、必然性三个方面回答了中国重大工程安全管理“为什么能”的问题。

14.2.1 重大工程安全管理的应然性

从应然性来看，大兴机场工程建设安全管理理念具有引领性和先进性。在安全思想方面，大兴机场秉承习近平总书记提出的人民至上、生命至上理念，坚持安全隐患零容忍；在管理宗旨方面，坚持以人为本、程序为要，体现了重大工程项目安全管理过程中艺术性和科学性的有机结合；在安全目标方面，提出了重大事故隐患为零、生产安全责任事故为零的先进目标。思路决定出路，理念决定行动，目标决定结果。大兴机场先进的管理理念是决定最终安全管理绩效的根本前提。

14.2.2 重大工程安全管理的实然性

从实然性来看，大兴机场在管理对象、时间跨度、管理模式、管理方式方面采取了一系列措施努力达成安全目标，形成了独具特色的一系列工程实践和具体做法。

（1）在管理对象方面，北京大兴国际机场的安全管理涵盖了全要素。这些要素既包括施工安全管理，也包括消防、防汛、安全保卫、防疫等管理内容，同时形成了安全标准化管理、六维消防监管、全过程防汛管理、以人为本的安保模式、动态调整的防疫模式等一系列特色模式和实践做法。

（2）在时间跨度方面，该项目的安全管理工作包含了项目的全生命周期。具体来说，在建设期和运营期均注重安全管理，在决策时把安全目标作为首要目标，在规划设计时把安全事项作为优先考虑，在投资时把安全投资作为必要部分，在施工时把安全第一视为首要因素，在运营时把万无一失作为基本要求。可以说，安全是贯穿于大兴机场规划、投资、建设、运营等不同环节的最优先问题。

（3）在管理模式方面，大兴机场的安全管理具有系统性。这种系统性体现在管理组织、管理体系、安全文化、管理技术等多个管理内容中。从管理组织来说，大兴机场建立了横向到边、纵向到底的安全委员会，囊括了建设单位、施工单位等多种参建单位，形成了跨边界组织，赋予了这种组织中各个部门和人员清晰明确的安全职责，实现了全员安全生产责任制，并通过五方责任主体守土尽责、各级安全管理人员压茬管理、安全委员会日常监督管理等整合机制把组织中的异质个体进行整合，形成了安全管理的合力、凝聚力和向心力。从管理体系来说，大兴机场紧密围绕安全风险分级分类防控体系和安全隐患排查治理及应急管理体系，开展了一系列安全预防和管控工作，并建立了安全法律法规保障体系，配备了政府安全监管体系，从而形成了四个体系相结合的多层次安全管理系统。从安全文化来说，形成了包含安全理念、安全精神、安全制度、安全行为的四层次安全文化模型。从管理技术来说，大兴机场在安全生产、消防安全、安全运营等方面全面采取了信息化技术，提高了安全管理效率，提升了安全管理的智慧化水平。

（4）在管理方式方面，大兴机场的安全管理具有综合性。这种综合性体现在三个保障机制中，即安全培训、社会化服务、安全绩效考核。从安全培训来说，采用了安全主题公园+安全护照的安全培训方式，增强了建筑工人在培训时的体验感、沉浸感和冲击力，提高了安全培训效果。从社会化服务来说，大兴机场在安全风险咨询、社会稳定风险评估、安全保卫等不同方面采用了第三方专业公司服务的模式，打造了工程安全管理共同体，提高了指挥部的安全管理效能。从安全绩效考核来说，形成了多层次、多方式、全时段的考核模式。多层次是指安全绩效考核对象涵盖了指挥部各工程部门、施工单位、监理单位等不同主体，同时在项目群、总包单位、分包单位等不同层级形成了完善的安全绩效考核制度。多方式是指安全绩效考核信息通过安全生产检查、安全生产例会、安全专项活动纪事、安全月度报告等多种方式获取，并采用项目群评比、安全奖惩、工程款支付等多种手段进行安全考核，强化安全管理力度。全时段是指安全管理工作覆盖到建设期间的所有环节和时段，特别是覆盖到周末、节假日、午休等“盲时”时段，确保不留安全死角，消除安全隐患。

根据以上四方面的阐述可以看出，从实然性角度来看，大兴机场在工程建设安全管理方面具有系统性和独创性，这也是大兴机场践行安全理念的具体表现，是实现其安全目标的主要路径。

14.2.3 重大工程安全管理的必然性

从必然性来看，大兴机场工程建设安全管理达成了想要的结果。具体来说，其安全管理理念影响到了所有参建者，安全管理对象覆盖到了人员、机械、材料、方法、环境等所有建设要素，安全管理跨度涵盖到了所有建设时段，安全管理模式整合到了所有建设主体和力量，安全管理方式构成了坚实的安全管理保障手段。从过程来看，以上五个方面符合安全管理的客观规律，在安全管理过程中严格落实了“以人为本，程序为要”的管理宗旨，从预案、预防、处理、响应、整改等环节筑牢了安全屏障。从结果来看，实现了重大工程安全责任事故为零的安全效果，避免了责任事故发生。

因此，可以说，大兴机场在工程建设安全管理方面实现了应然性、实然性、必然性的统一，搭建了从安全目标到安全结果的桥梁，揭示了中国重大工程安全管理“凭什么行”“为什么能”的内在规律，贡献了重大工程安全管理的中国方案和中国智慧。

14.3　安全管理发展趋势

14.3.1　疫情防控与安全生产相平衡

1.大兴机场的疫情防控任务复杂严峻

大兴机场作为新国门，是首都疫情防控的“重中之重”，面临着严峻的防疫任务，在建设和运行期间面临复杂严峻的防疫压力和挑战。民航是疫情防控的第一线。同时，民航的工作标准高，国家标准是外防输入、内防反弹。因为大兴机场有国际货运，防疫压力较大。

虽然疫情发生于2019年底，大兴机场已经投运，但仍有少量收尾工程，施工人员来自全国各地，流动性强，疫情管控难度大。同时，各项在建工程进度要求严格，复工复产任务迫切。在防疫和复工之间要总体考虑，综合决策，做好权衡。既要保证防疫工作万无一失，又要努力实现复工复产，付出了大量工作，取得了良好成效。

2.大兴机场秉承无畏担当精神做好动态防疫

面对复杂严峻的形势，大兴机场在疫情发展的不同阶段采取了不同的措施，确保防疫安全和工程进展两手抓，两手都抓紧抓牢，抓实抓好，真正践行了广大建设者的无畏担当精神，进而形成了大兴机场建设期间独特的防疫工作模式（图14-2）。

具体来说，指挥部对大兴机场建设项目全方位疫情防控工作高度重视，严格督导，慎终如始。督导检查贯彻落实习近平总书记重要指示和讲话精神、上级关于疫情防控工作决策部署的情况。督导检查的内容主要包括以下方面：集团公司工作指导和指挥部防疫工作手册落

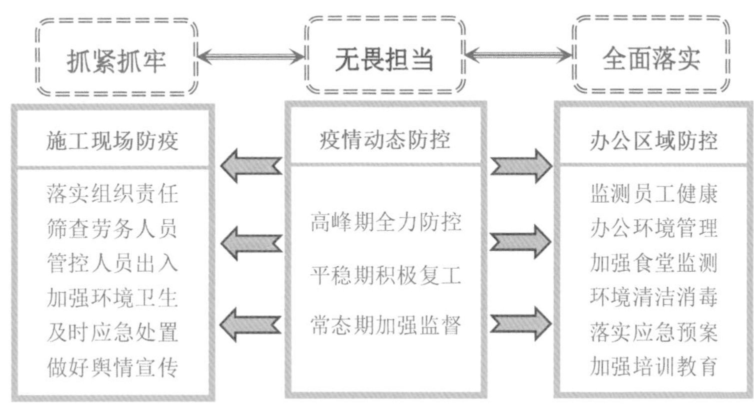

图14-2　大兴机场建设期间防疫安全管控模式

实情况；各部门、基层党支部、党员领导干部履职尽责情况；疫情防控工作中存在的形式主义、官僚主义问题；施工现场防疫情况。指挥部严格按照首都机场集团公司纪委《新型冠状病毒感染的肺炎疫情防控工作督导检查清单》《北京大兴国际机场建设指挥部疫情防控工作督导检查清单》列项进行督导检查；严格按照首都机场集团公司《关于对疫情防控工作落实不力严肃追责问责的意见》中突破“三个零”目标底线的六种情形给予相应处理。大兴机场疫情防控工作扎实，在北京市率先完成疫后复工复产，各项工作平稳有序，确保了防疫工作安全可靠。

3.根据不同的疫情发展阶段对防疫政策进行动态调整

百年难遇的新冠肺炎疫情从2019年底发生以来，对全球经济运行和社会安全造成了难以估量的影响。大兴机场在建设和运营过程中，同样受到了新冠肺炎疫情的影响，一方面要保证防疫工作万无一失，另一方面又要在时机成熟后完成复工复产，同时在复工复产后还要做好常态化疫情防控工作。

大兴机场根据不同的疫情发展阶段进行了防疫政策的动态调整，形成了行之有效的防疫安全管控模式。该模式的核心内容是以无畏担当的精神做好疫情的动态防控，同时做好两个关键场所的疫情防控工作。在动态防控方面，具体做法包括以下方面：疫情高峰期间全力做好防控，疫情平稳之后积极复工复产，疫情常态化下加强监督检查，切实保障参建人员生命安全。两个关键场所包括施工现场和指挥部办公区。在施工现场方面，通过采取一系列举措抓紧抓牢施工现场防疫工作，具体包括：严格落实组织责任，动态筛查劳务人员健康状况，严格管控人员进出，加强施工现场环境卫生，及时进行应急处置，做好舆情宣传工作。在办公区域方面，全面落实办公区疫情防控工作，具体包括：监测员工健康情况，加强办公环境管理，加强食堂监测，对环境进行清洁效度，落实防疫应急预案，加强防疫培训教育。

总之，指挥部以无畏担当精神，在相关政府部门的支持和首都机场集团公司的支持下，对疫情防控全力以赴，慎终如始，全方位做好防疫工作，在北京市率先完成疫后复工复产，形成了规范化的复工复产流程，为同类建设项目做出了表率和示范。防疫安全是“人民至上”“生命至上”思想的生动实践，也是大安全观的具体展现，并同时兼顾了安全和发展需要，体现了重大工程建设项目安全管理的系统性和艺术性。

14.3.2 品质工程与平安工地相融合

随着多领域民航强国建设的持续推进，我国机场发展已经进入规划建设高峰期、运行安全高压期、转型发展关键期和国际引领机遇期，机场建设面临新的挑战，贯彻新发展理念、推动高质量发展给机场建设提出更高要求。机场是民航贯彻新发展理念的重要载体，推动行业高质量发展的重要基础，这就要求机场建设必须率先实现更高质量、更有效率、更可持续、更为安全的发展。

民用机场品质工程是将“以人为本、优质安全、功能适用、绿色低碳、智慧高效”作为目标和成果，以推行现代工程管理为抓手，以机场建设实践为载体，实现内在功能和外在形式有机结合、内在质量和外在品位有机统一的机场工程。

1.“品质工程”是“四型机场”和“四个工程”建设成果的集中体现

“四个工程”是机场工程建设阶段的目标追求，精品工程突出项目工程质量，平安工程突出项目建设实施全过程安全，廉洁工程突出项目建设实施的各项纪律要求，样板工程突出项目示范引领作用。“四个工程”是打造“品质工程”的本质遵循，更加体现建设项目的专业属性。“四型机场”是运营管理目标追求，平安是基本要求，绿色是基本特征，智慧是基本品质，人文是基本功能，是四大要素全面并进的现代化机场建设运营发展理念。“四型机场”是打造“品质工程”的可持续发展，更加体现建设项目的社会属性。“品质工程”贯穿机场规划、建设、运营全生命周期，既包含了“四型机场”和“四个工程”建设的目标，也是“四型机场”和“四个工程”的具体成果体现，更加突出系统性①。

2.要处理好机场建设的速度、品质、效益、安全的关系

机场建设要以建设项目系统整体功能和产出最大、付出的代价和投入的资源最少为导向，平衡好建设速度、品质、效益、安全之间的关系，更加关注交付价值，而非纯粹的交付成果。机场建设安全是不可突破的底线，是项目品质的基础和前提，降成本不能忽视安全投入，抢进度不能降低安全标准，抓效益不能压缩安全裕度；机场建设速度与品质、效益是相辅相成、辩证统一的，所以要“算大账”“算总账”，一味地片面追求某一方面都是不可取的，要合理把握机场建设节奏，适度超前把握机场建设时机，以有限资源促进建设项目品质最优化和效益最大化。

3.以“七化”为抓手建设品质工程和平安工地

民航局层面，以“七化”为主要抓手，即建设理念人本化、综合管控协同化、建设管理专业化、建设运营一体化、工程施工标准化、日常管理精细化、管理过程智慧化。首都机场

---

① 冯正霖. 树立品质工程理念　推行现代工程管理全力推动民用机场建设高质量发展——在全国民用机场建设管理工作会议上的讲话［Z］.［2021-11-30］.

集团层面，以“1-4-4-2-1”为建设项目管理工作思路。

“1”是践行一个理念，即“现代工程管理”。以现代工程管理“七化”为引领，推广新模式，落实新制度，应用新技术，实施新手段，建设品质工程和平安工地。

“4”是坚持四项制度，即“项目法人责任制、招标投标制、工程监理制、合同管理制”。切实将四项制度作为基本要求、刚性约束，确保项目管理依法合规，严格按照程序组织实施。

“4”是落实四位一体，即“规划投资建设运营一体化”。规划是依据，投资是手段，建设是桥梁，运营是目的。要将规划投资建设运营四位一体DNA注入项目管理全生命周期，依托跨组织边界等机制，推动实现项目管理组织协同、业务协同、节奏协同，机场规划、设计、建设、运营、管理一体化衔接，不断提高机场发展的协同度、衔接度、融合度和便捷度，全力追求综合效益最大化。

“2”是固化两个全过程风控机制，即“全过程工程咨询、全过程跟踪审计”。全过程工程咨询重在引入专业力量，实施一体化全过程工程咨询和动态实时管控，推动从前期工作到建成投运的全过程精细化管理，提升建设项目管理品质；全过程跟踪审计重在提前防范廉洁风险，助力打造廉洁工程。

“1”是实现一个终极目标，即“建设品质工程和平安工地”。“品质工程”是顶线目标，“平安工地”是底线目标。“品质工程”和“平安工地”是保障机场高质量运营的必要前提，是落实机场责任、体现机场价值的根本保证，要全力以赴，争先创优①。

4.通过平安工地建设打造品质工程

“平安工地”是打造“品质工程”的基础所在，没有“平安工地”的保障，不可能建出有品质的工程。要切实把以人民为中心、生命至上的发展理念落到实处，把打造“平安工地”，作为工程建设领域学习贯彻习近平总书记关于安全生产重要论述、落实新《安全生产法》相关要求、开展“安全生产专项整治三年行动”的重要抓手，深刻认识民航安全工作的“五个属性”，强化“三个敬畏”意识，按照“六个起来”要求，深化“三基”建设，夯实安全生产基层建设，坚持安全隐患零容忍，强化安全监管，做到关口前移、重心下移，实现安全管理程序化、现场防护标准化、风险管控科学化、隐患治理常态化、应急救援规范化，构筑系统有效的工程建设事故防控体系，坚决杜绝民航专业工程建设领域发生较大事故②。

---

① 王长益. 推行现代工程管理 打造机场品质工程推动集团公司建设项目管理高质量发展——在集团公司建设项目管理工作会议上的讲话［Z］.［2022-2-23］.

② 冯正霖. 树立品质工程理念 推行现代工程管理全力推动民用机场建设高质量发展——在全国民用机场建设管理工作会议上的讲话［Z］.［2021-11-30］.

14.3.3 智慧工地与平安工地相统一

1.科技革命和产业变革给机场建设提出更高要求

新一轮科技革命和产业变革正在全方位重塑民航业的形态、模式和格局，“十四五”把推进智慧民航建设作为工作主线，这不仅事关破解行业发展难题，事关巩固拓展行业发展空间，更是事关构筑提升行业未来发展的竞争新优势。其中，构建“智慧机场”是智慧民航建设的重要场景，这就要求机场建设必须立足未来智慧机场场景，在项目管理理念、规划设计、组织实施等方面实现深层次系统变革。但目前在智慧机场项目建设还普遍存在顶层规划考虑不足、系统性不强、开放性不够、创新性不足等问题，特别是在数据治理、数据共享、数据融合、数据应用等方面，亟需聚焦数字化转型数据资源增值之道进行深入研究，使数据资源在挖掘中形成价值、在流动中增加价值、在使用中实现价值。

2.“智慧高效”是品质工程的关键要素之一

依托智慧化的理念、技术、管理等手段，实现机场建设运营数字驱动、智能生产、智慧管理、顺畅运行是打造品质工程的应有之义。要充分发挥数字化决策优势，推动咨询设计转型升级。在机场选址、总体规划、初步设计及施工图设计阶段综合运用BIM、GIS模拟仿真等手段，进行模型构建及方案分析，提升论证工作的精细化水平，支撑复杂问题的科学决策；加强对项目全生命周期的统筹考虑，强化设计与施工的衔接；加强协同设计组织，依托协同设计平台，推动机场设计从“以人协调为核心”向“以数据为中心”的数字化设计管理流程转变。

3.充分发挥数字化管理优势，推动机场智慧工地建设

智慧工地建设依托物联网、大数据、云计算、移动互联等信息技术，实现工程项目的全要素数字化管控。在机场工程建设中，积极推广应用智能装备，实现数字化精准施工，提高施工效率。探索数字化手段在招标投标、质量管控、进度管理、计量支付等工程项目实施过程中的应用，提升机场建设工程管理效能。

智慧工地建设能够实现管理过程的智慧化，实现管理过程的全自动控制，规范管理流程、提高管理效能、降低管理成本，弥补人为管理的漏洞和缺失。大兴机场运用数字化施工管理系统，实现了对关键工艺的自动化监控，是管理过程智慧化的典型案例[①]。

---

① 冯正霖. 树立品质工程理念　推行现代工程管理全力推动民用机场建设高质量发展——在全国民用机场建设管理工作会议上的讲话［Z］.［2021-11-30］.

4.平安工地是智慧工地的重要建设内容

平安工地是智慧工地的重要建设场景和重点建设内容。通过智慧工地建设与平安工地建设相互统一，有助于实现智慧创安、疫情智控、智能消防等新型智能建造技术，有助于打造机场建设领域的新型智慧建筑产业。在智慧创安方面，可以通过无人机、VR/AR、BIM、数字监控等方式，实现安全方案的虚拟预演，工程现场的实时感知，即时了解工地现场的安全状况，及时发现安全隐患，进而提高安全监管和决策效率，增强安全管理的智慧化水平。在疫情智控方面，可以通过采用数字哨兵、红外测温仪、人脸自动识别、核酸信息自动查询等技术，能够及时掌握参建人员的个人防疫信息，提高防疫管理时的精准度、动态性和有效性。在智能消防方面，通过采用GPS（全球卫星定位系统）、GIS（地理信息系统）、GSM（无线移动通信系统）等新型技术，有助于实现报警自动化、接警智能化、处警预案化、管理网络化、服务专业化、科技现代化，提高出警速度，使人民生命及财产安全得到很好的保护。总之，智慧工地有助于平安工地建设，智慧工地和平安工地相统一是未来机场建设的重要趋势，也是打造平安工地的必由之路。

14.4 本章小结

本章围绕大兴机场工程建设安全管理方面的实践绩效、理论创新和发展趋势进行了梳理和总结。当然，安全目标与工期、投资等其他工程项目管理目标之间存在相互影响、相互制约的关系。在进行安全管理的过程中，应统筹考虑这些不同的项目管理目标，促进各目标之间达到动态平衡，进而使得工程管理的综合效益达到最优。由于资料限制、成本难以区分等原因，本书未分析安全投入、工期等其他目标对安全目标的影响。在未来条件成熟时，可以继续分析这些内容。

在大兴机场工程建设安全管理过程中，由于项目本身具有的时空特点和管理难点，在现场围挡动态变化、航站楼固定式监控设备安装条件不具备、流动商贩管理困难、安全生产总控力度不强、安全管理人员人手不够等方面存在不足的地方。这些困难也激发指挥部采取了各种各样的安全管理措施，比如设立巡逻队、安装移动式监控摄像头、划定设立摊点的固定区域、加大巡逻监控力度、实施网格化群防群治、开展信息化安全管理、聘请第三方安全咨询单位等，尽力确保现场安全管理整体有序。

工程管理就是发现问题、分析问题、解决问题的过程，也是从实践到理论再回到实践的双螺旋互动过程。从这个意义上来看，大兴机场工程建设安全管理也符合这一规律，即在实践过程中通过不断创新，解决各种各样的现实问题，最终取得了良好的安全绩效，检验了基于大安全观的重大工程安全管理模式的可行性、有效性和先进性。

附录

人员访谈名单

附录一、丛书策划过程中接受访谈人员名单

第一轮访谈（2021年3月24—26日）

访谈时间	访谈对象
2021年3月24日下午	指挥部规划设计部总经理徐伟
2021年3月25日上午	指挥部保卫部副部长姜浩军、主管樊一利
2021年3月25日上午	指挥部工程二部副总经理董家广
2021年3月25日下午	指挥部规划设计部副总经理田涛等六人
2021年3月25日下午	大兴机场规划发展部副总经理杜晓鸣
2021年3月26日上午	指挥部工程一部副总经理赵建明
2021年3月26日上午	指挥部常务副指挥长郭雁池
2021年3月26日上午	指挥部规划设计部副总经理易巍
2021年3月26日上午	指挥部副指挥长刘京艳
2021年3月26日上午	指挥部安全质量部副总经理张俊
2021年3月26日下午	指挥部副指挥长李光洙
2021年3月26日下午	指挥部规划设计部总经理徐伟、副总经理易巍

第二轮访谈（2021年4月7—9日）

访谈时间	访谈对象
2021年4月7日下午	指挥部安全质量部副总经理张俊
2021年4月7日下午	指挥部党委书记、副指挥长罗辑
2021年4月8日上午	指挥部安全质量部副总经理张俊、业务经理王效宁
2021年4月8日上午	大兴机场副总经理朱文欣

续表

访谈时间	访谈对象
2021年4月8日下午	大兴机场党委书记、副总经理李勇兵
2021年4月8日下午	大兴机场副总经理袁学工
2021年4月8下午	大兴机场副总经理孔越
2021年4月9日全天	指挥部规划设计部总经理徐伟

第三轮访谈（2021年4月13—15日）

访谈时间	访谈对象
2021年4月13日上午	指挥部副指挥长、总工程师李强
2021年4月13日上午	大兴机场运行管理部副总经理钱媛媛
2021年4月13日下午	指挥部党委副书记、纪委书记周海亮
2021年4月14日上午	首都机场集团公司副总经理（正职级）、大兴机场总经理、指挥部总指挥姚亚波
2021年4月14日中午	大兴机场安全质量部总经理杨剑
2021年4月14日下午	大兴机场副总经理郝玲
2021年4月14日下午	大兴机场服务品质部总经理何欢
2021年4月15日上午	大兴机场行政事务部总经理聂永华
2021年4月15日上午	大兴机场商业管理部总经理张琳

附录二、图书编写过程中接受访谈人员名单

第一轮访谈（2021年5月7—9日）

访谈时间	访谈对象
2021年5月7日下午	指挥部安全质量部副总经理张俊、工程二部副总经理郭树林、保卫部副部长姜浩军、保卫部主管樊一利、安全质量部主管王新彬
2021年6月8日下午	指挥部副指挥部长李光洙、规划设计部总经理徐伟、安全质量部副总经理张俊、工程二部副总经理郭树林、保卫部副部长姜浩军、规划设计部业务经理王效宁
2021年6月9日上午	指挥部工程一部业务经理郭凯、安全质量部主管王凌云

第二轮访谈（2021年10月12—13日）

访谈时间	访谈对象
2021年10月12日下午	指挥部工程二部副总经理董家广
2021年10月13日上午	指挥部工程一部总经理高爱平、工程一部业务经理刘卫、工程一部业务经理张闯

第三轮访谈（2021年10月20—21日）

访谈时间	访谈对象
2021年10月20日上午	指挥部安全质量部总经理孙嘉、安全质量部副总经理张俊、安全质量部主管王凌云、安全质量部主管王新彬
2021年10月20日下午	指挥部保卫部主管樊一利
2021年10月21日上午	指挥部规划设计部业务经理王效宁
2021年10月21日上午	指挥部党群工作部副部长张培
2021年10月21日上午	中国建筑第八工程局有限公司项目经理刘川、项目总工程师史育兵、项目安全总监呼军佩
2021年10月21日下午	指挥部工程二部副总经理郭树林、安全质量部主管邓文、工程二部主管徐文楠

第四轮访谈（2021年12月27—30日）

访谈时间	访谈对象
2021年12月27日上午	北京城建集团有限责任公司项目安全副经理程富财
2021年12月27日上午	北京建工集团有限责任公司项目安全总监刘国兴
2021年12月27日下午	河北建设集团股份有限公司项目技术负责人杨路通
2021年12月27日下午	指挥部副指挥长、总工程师李强
2021年12月28日下午	大兴机场行政事务部总经理聂永华
2021年12月28日下午	指挥部规划设计部总经理徐伟
2021年12月29日上午	大兴区住建委机场监督工作组组长张蒙、组员陈前丞、组员张雨锋
2021年12月29日上午	指挥部保卫部副部长姜浩军
2021年12月29日下午	指挥部工程一部副总经理王超
2021年12月30日下午	指挥部工程一部副总经理赵建明

第五轮访谈（2022年6月27日）

访谈时间	访谈对象
2022年6月27日上午	北京城建集团有限责任公司项目经理李建华、项目副经理曹海涛、项目经理助理张谦

后记

付梓之际，感慨万千，如释重负。这本书像一个孩子，从构思到付印，经历了很多过程和状态，最终能够成书是一件令人激动和欣慰的事。

北京大兴国际机场工程安全管理面临组织复杂、危险源众多等诸多困难，对其经验进行总结提炼也面临很大挑战。为此，本书编写组融合了理论学术团队和工程实践团队，写作成果双方共享，达成共赢效果。同时，本书与工程管理和工程哲学这两本书在写作过程中协同推进，三本书的主创团队持续在资料收集、思路凝练、书稿修改等写作过程中加强总结交流，保证了书稿质量。此外，三本书的编写团队有一种精益求精、止于至善的学术精神，团队成员也被大兴机场建设过程中体现的高尚情怀所感染，为书稿的持续推进和完善注入了强大精神力量。

在本书的写作过程中，经历了决策定位、前期策划、文献收集、档案查阅、人员访谈、大纲提炼、书稿撰写、专家评议、出版校订、打磨修改等多个环节，每个环节的工作成果都是集体力量的凝聚和集体智慧的结晶。具体如下：

（1）在定位阶段，北京新机场建设指挥部前期组建了坚强的领导班子，对丛书写作全力支持。本书主编姚亚波和李光洙确定了大安全观下的北京大兴国际机场工程安全管理实践这一定位，提炼其中的成熟做法。指挥部罗辑书记确定了本书目标，即要达到精品工程的质量要求。感谢以上指挥部领导，为本书把握住了写作方向和目标。

（2）在丛书策划阶段，要求把握"引领""特色""精品"目标，为本书的写作奠定了基础和良好开端。感谢指挥部丛书工作组徐伟和易巍等领导，为策划工作提供了大力支持和协助。在策划过程中，同济大学贾广社教授及高显义副教授团队广泛进行了调研和访谈，先后访谈了北京新机场建设指挥部和北京大兴国际机场共29位领导，提出了系列丛书的主题和架构，共策划了十个主题，分别是：绿色机场、生态环境保护、安全管理、智慧机场、工程管理、工程哲学、人文机场、施工技术、使用指南、画册。感谢在丛书策划阶段接受访谈的各位领导，为确定本书的写作主题和重点奠定了基础。

（3）在文献收集及档案查阅阶段，感谢指挥部行政办公室的李维主任和孙凤经理，提供了大力支持和帮助，为本书收集大量丰富的写作素材创造了条件。

（4）在本书人员访谈阶段，共经过了五轮访谈，北京新机场建设指挥部、北京市大兴区住房和城乡建设委员会、北京大兴国际机场、总承包单位（北京城建集团有限责任公司、北京建工集团有限责任公司、中国建筑第八工程局有限公司、河北建设集团股份有限公司）等单位的34位参与北京大兴国际机场建设的人员接受了本书编写组的访谈，形成了35万余字的访谈稿，并提供了安全管理方面的资料。感谢这34位领导，毫无保留地贡献安全管理智慧，使得书稿获得了大量翔实的材料，特别是一些鲜活的案例和访谈内容得以充实到书稿中，提高了书稿的可读性和生动性。

（5）在大纲提炼阶段，感谢指挥部安全质量部副总经理张俊和保卫部副部长姜浩军，多次组织召开提纲提炼会议，进行头脑风暴，逐步凝练出了本书特色和写作提纲。

（6）在书稿撰写阶段，感谢上海师范大学的刘龙奎、薛晨溪、孙钰璐和许淑婷，他们参与了本书的人员访谈、资料收集、初稿撰写、格式修改等工作，付出了艰辛努力和专业智慧，为本书成稿做出了积极贡献。

（7）在专家评议阶段，感谢同济大学的王广斌教授和谭丹博士组织召开了两次专家评议会，得到了多位行业专家的指导和评阅。这些专家站在行业或专业的角度，对书稿的章节标题、结构体系、内容取舍、实践创新等方面高屋建瓴地提出了许多珍贵的意见和建议，为书稿的修改完善指明了方向，使得书稿的整体质量得到了大幅提升。这些专家有：住房和城乡建设部原总工程师，中国建筑业协会第六届理事会会长王铁宏、清华大学土木水利学院院长方东平教授、西北工业大学欧立雄教授、中建八局总工程师邓明胜、上海机场建设指挥部总工办副主任王晓鸿、中国交通运输协会副会长李刚秘书长、上海市房屋安全监察所蔡乐刚所长、上海建工集团高振锋副总工程师、中国矿业大学周建亮教授。在此对以上九位专家的敬业精神和高远见解致以崇高的敬意和诚挚的感谢！

（8）在出版校订阶段，感谢中国建筑工业出版社封毅编审和周方圆副编审的全程支持。中国建筑工业出版社从格式确定、样书设计、内容审查、出版审校等多个方面提出了专业的修改意见，确保了书稿的规范性，推进了书稿的顺利出版。在此向中国建筑工业出版社的两位老师表示真诚的感谢！

（9）在打磨修改阶段，感谢同济大学的贾广社教授、王广斌教授、高显义副教授、孙继德副教授、谭丹博士，中国科学院大学的王大洲教授、王楠副教授，上海师范大学的何长全博士，针对本书的理论建构、结构调整、内容修改、文字凝练等工作进行了多轮次、高强度、大范围地认真研讨，从不同的专业视角贡献了知识和智慧，有力推进了本书的编写进度，尽力保证本书精品目标的实现。同时，北京新机场建设指挥部组织召开了本书书稿汇报会，指挥部副指挥长李强及各部门人员提出了针对性的修改建议，使得此书逐步成熟和完善，在此一并致谢。清华大学土木水利学院院长方东平教授撰写了本书序言，在此表示诚挚的感谢！

“建筑是遗憾的艺术”，本书也存在一定的局限。本书有关不妥之处欢迎各位读者多多指正。就像一个孩子，也希望这本书能给读者带来喜悦和助益。如此就好。

本书编者

2022年8月

]（CIP）数据

人为本　程序为要：北京大兴国际机场工程安全管理实践 / 北京新机场建设指挥部组织编写；姚亚波，李光洙主编；张俊等副主编 . —北京：中国建筑工业出版社，2022.9

（北京大兴国际机场建设管理实践丛书）

ISBN 978-7-112-27896-1

Ⅰ.①以… Ⅱ.①北… ②姚… ③李… ④张… Ⅲ.①国际机场—机场建设—工程管理—安全管理—大兴区 Ⅳ.① TU248.6

中国版本图书馆CIP数据核字（2022）第165721号

责任编辑：周方圆　封　毅
责任校对：芦欣甜

大型机场是典型的复杂工程，集合了多个专业、多种功能、多元组织。北京大兴国际机场不仅是国之重器、动力之源，也是我国从民航大国走向民航强国的国家重大标志性工程，并被评为新世界七大奇迹之首。本书采用人员访谈、档案分析、理论建构等多种研究方法，以人民至上为指导思想，以大安全观为主线，围绕工程建设安全管理目标，从安全体系、保障机制、关键环节三个篇章揭秘重大工程安全零事故背后的机理和规律，从指导思想、管理对象、时间跨度、管理模式和管理方法五个方面全方位解构北京大兴国际机场“五角星”安全管理模式，从安全方面印证中国建造“为什么行”“凭什么能”，为平安工程建设提供中国方案和中国智慧。

北京大兴国际机场建设管理实践丛书

以人为本　程序为要

北京大兴国际机场工程安全管理实践

北京新机场建设指挥部　组织编写
姚亚波　李光洙　主编
张　俊　赫长山　何长全　贾广社　副主编

*

中国建筑工业出版社出版、发行（北京海淀三里河路9号）
各地新华书店、建筑书店经销
北京海视强森文化传媒有限公司制版
北京富诚彩色印刷有限公司印刷

*

开本：880毫米×1230毫米　1/16　印张：24¼　插页：1　字数：511千字
2022年9月第一版　2022年9月第一次印刷
定价：**208.00**元
ISBN 978-7-112-27896-1
（39916）